机械工程材料

（第2版）

毛松发 编著

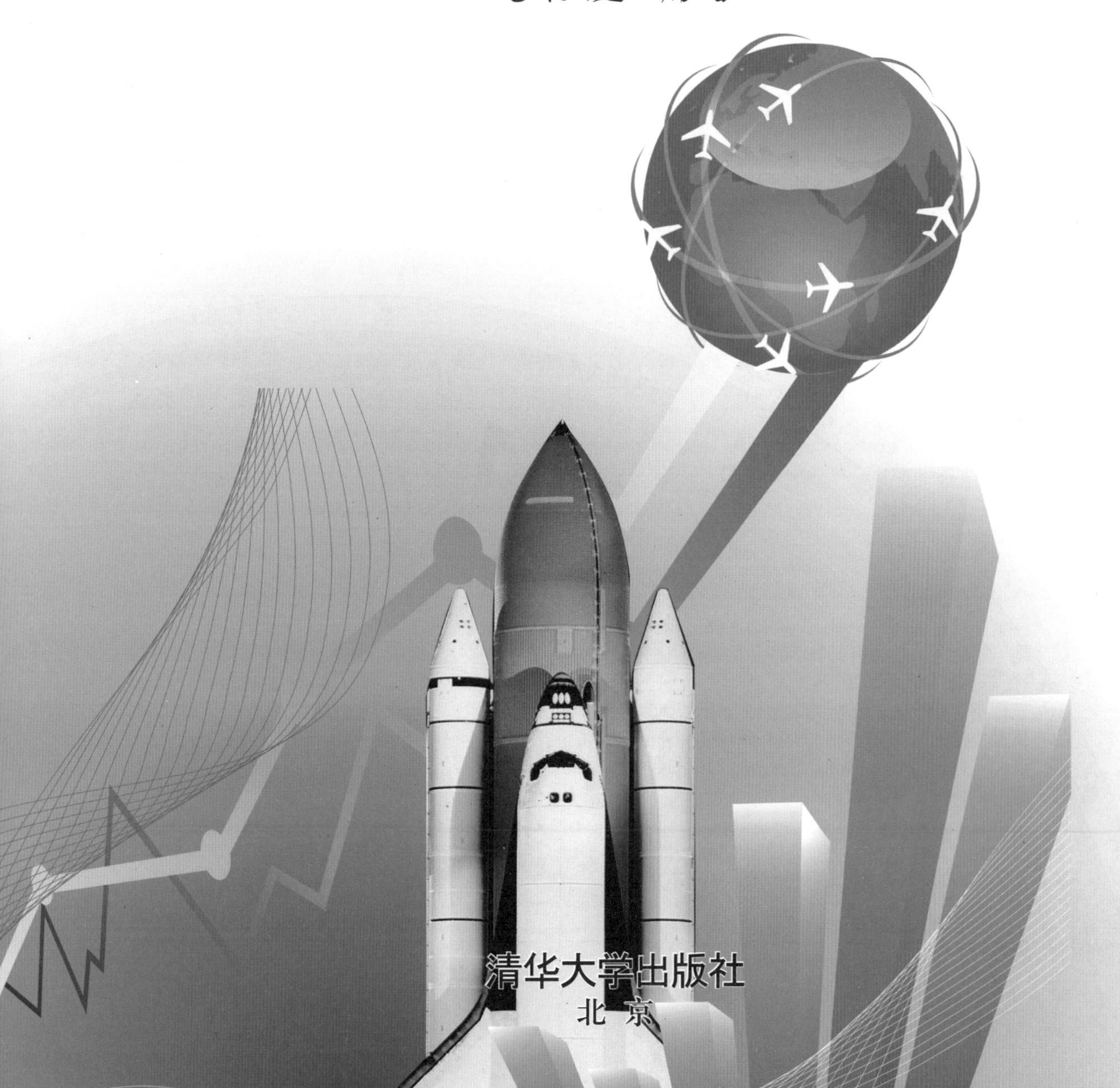

清华大学出版社
北　京

内 容 简 介

本书依据国家新的课程标准以及金属材料最新国家标准，以主干知识加“交流与讨论”“拓展视野”“材料史话”“新闻链接”等多栏目的方式编写而成，主要内容包括金属材料及其性能、金属学基础、钢的热处理和非金属材料等。

本书内容精要，文字通俗，图表色彩靓丽，史料生动丰富；创设的不同学习情景、形式多样的练习与实践，为学习起到很好的辅助作用。

本书以中等职业教育培养初中级技术工人为目标，可作为中等职业学校机电类专业教学用书，也可作为机械类初中级技术工人的培训教材，更是自学成才的好教材。

本书配有作者精心制作的课件、编写的电子教案及习题解答，需要者请登录清华大学出版社网站下载或扫描前言后面的二维码下载。

图书在版编目（CIP）数据

机械工程材料/毛松发编著. —2版. —北京：清华大学出版社，2021.6
ISBN 978-7-302-54450-0

Ⅰ.①机… Ⅱ.①毛… Ⅲ.①机械制造材料—中等专业学校—教材 Ⅳ.①TH14

中国版本图书馆 CIP 数据核字（2019）第 264476 号

责任编辑：王剑乔
封面设计：毛松发
责任校对：李 梅
责任印制：沈 露

出版发行：清华大学出版社
网 址：http://www.tup.com.cn，http://www.wqbook.com
地 址：北京清华大学学研大厦A座 邮 编：100084
社 总 机：010-62770175 邮 购：010-62786544
投稿与读者服务：010-62776969，c-service@tup.tsinghua.edu.cn
质量反馈：010-62772015，zhiliang@tup.tsinghua.edu.cn
课件下载：http://www.tup.com.cn，010-83470410
印 装 者：三河市铭诚印务有限公司
经 销：全国新华书店
开 本：210mm×285mm 印 张：13.5 字 数：347千字
版 次：2009年8月第1版 2021年6月第2版 印 次：2021年6月第1次印刷
定 价：69.00元

产品编号：085993-01

写给同学们的话

亲爱的同学们：材料，对大家来说并不陌生。生活中我们时时处处都要同它打交道，它与我们的生活密切相关。我们居住的房屋，出门乘坐的汽车、火车，工农业生产用的机器、工具，科学技术中的计算机乃至宇宙飞船等都是用各种材料制成的。各种各样的材料无处不用，无处不在，是材料为我们建造了一个丰富多彩、绚丽多姿的物质世界，是材料让我们拥有了改变世界的伟大力量，是材料把人类活动引领到浩瀚的太空，是材料给了人类认识世界的“火眼金睛”。

材料不仅是人类赖以生存和发展的物质基础，更是人类文明和技术进步的重要标志。人类社会在经历了石器时代、青铜器时代、铁器时代和钢铁时代之后，迈进了当今的新材料时代。在当今新技术革命的浪潮中，材料这门古老的学科，不断焕发青春，各种功能材料，如纳米材料、记忆合金、高温合金、储氢合金、碳纤维复合材料等新材料不断涌现。

多孔泡沫结构的泡沫金属不仅保留了金属材料的导电、可拉伸、可焊接等特性，而且具有减振、降噪等性能

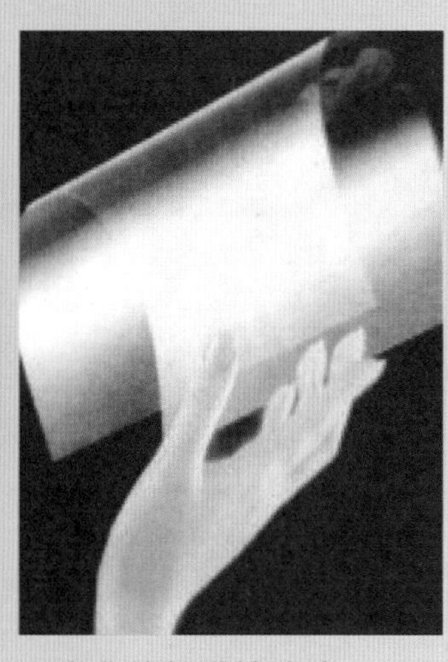
可弯曲的超弹性玻璃，一改人们对普通玻璃的印象

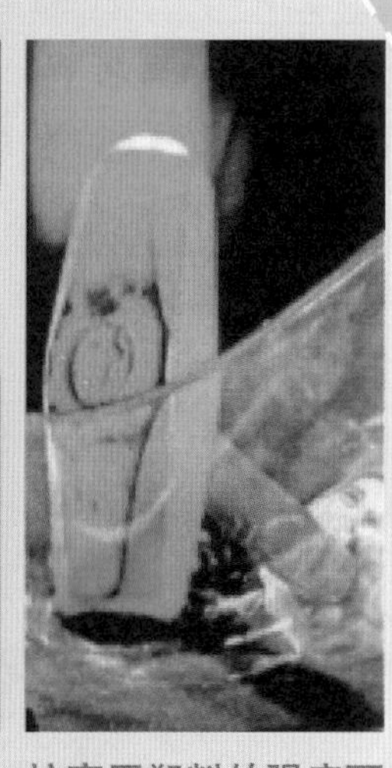
抗高压塑料的强度可与钢铁相比，在铁锤重击下毫无损伤

21 世纪将是以新材料为重要基础的知识经济时代，对我国来说，既是挑战又是机遇，谁掌握了最先进的材料，谁就能在高新技术及其产业的发展上占有主动权。作为国家建设的主力军，我们应当努力汲取前人在材料科学领域积累的经验和智慧，开拓创新，为建设强大、文明的祖国竭智尽才，建功立业。

同学们，你们将要开始学习的“机械工程材料”课程主要是学习探讨金属材料成分、组织结构、热处理和性能之间的相互关系，并熟悉它们的牌号，明确在机械和工程两大领域的应用。该课程是机械专业或近机械类专业入门的、重要的专业基础课程，更是将来我们在生活、生产中分析和解决问题的好帮手。来吧，让我们走进这异彩纷呈、奥妙无穷的材料世界，慢慢去认识并掌握它吧！

本书依据国家新的课程标准，采用金属材料最新国家标准编写，在继承学科传统的基础上，更好地融合了青少年的认知特征和学科发展的线索，阐述了各类材料的主要性能特征，揭示了每一类材料知识的规律及相互关系，并以同学们喜欢的风格设计出丰富多彩的探究活动。

书中不同功能的栏目体现了作者的编写理念，有助于同学们学习方式的多样化。

【学习要求】与**【学习重点】**是教材的学习指南，让同学们从整体上把握每一章的知识框架和要求，帮助同学们把握好学习的重点，使同学们明确学习的方向，有助于学习目标的真正实现。

【交流与讨论】设置了问题情景，引导同学们开展讨论，为充分表现大家的聪明才智和丰富的想象力提供机会，使我们享受由丰富的感性走向深刻的理性的快乐。

【活动与探究】引领同学们积极投身实践活动，使所学知识得到及时巩固、应用和内化，并在“做中学”的自主探究中享受发现的快乐。

【观察与思考】是一个培养观察能力、发展认知、挑战思维的天地，展示的实验、模型、图表中蕴含着深刻的知识原理，想象、分析、判定、推理等思维活动将使同学们体验到头脑风暴的乐趣和批判性、创造性思维的魅力。

【问题解决】是在教材阐述的知识原理、规律之后插入相关的问题，考查同学们迁移知识去解决问题的能力。

【材料史话】将科学家在金属材料与热处理研制、探索中的重大发明和发现介绍给同学们，给大家一个历史的透视，揭示他们发明和发现的意义及影响，品味材料领域的“美味佳肴”。

【新闻链接】引入发生在生活中的某些真实事件，揭示其中的课程知识内涵，体现课程知识的价值，学会运用课程知识分析社会问题。

【拓展视野】提供更多、更生动的素材，使同学们在完成必要的学习任务之余开拓视野，深化认识，锻造精神，进一步领略课程的奇妙和魅力。

【你知道吗】引导同学们回顾已有的知识，在新旧知识间架起“桥梁”，联系自己原有的经验，激发探究的欲望。

【练习与实践】为同学们提供大量生动活泼、形式多样的练习与实践活动，帮助同学们巩固知识，应用知识解决某些实际问题，打通理论与实际相结合的通道。

【学习效果检测】“温故而知新”，同学们在学完每一章内容后，要全面、系统地梳理和复习学习过的知识，依据“测评表”中知识分值认真完成自我测评，并请学习小组同学进行互评，最后请老师完成测评工作。

根据课程联系生产密切，应用性知识多，而同学们年龄小、感性知识积累少、实际生产知识匮乏的状况，对材料的典型用途和典型生产过程，本书精心配印了大量的彩色图片，直观的图示和鲜艳的色彩将有助于同学们更好地掌握课程内容。

“机械工程材料”课程内容与生产实践联系密切。因此，同学们在学习过程中，要贯彻理论联系实际的原则，重视在实验、实习和生产劳动中积累经验，观察思考问题，运用知识、深化知识、拓宽知识，提高专业素质和能力，为后续课程的学习和日后走上工作岗位打下坚实的基础，从而获益终身。

毛松发

2020 年 7 月

本书课件、教案和习题答案
（扫描可下载使用）

目录 CONTENTS

第一章　金属材料的性能

2017 年 12 月，美国航空航天局与固特异公司共同开发了一种由形状记忆合金制造的非充气式轮胎，这种轮胎除了应用在火星探测任务中之外，也可以作为传统轮胎的替代品在地球上使用。

学习要求

认识金属材料及其特性，了解常见的金属和合金。

了解金属材料的物理性能、化学性能和工艺性能，熟悉金属材料的常用防腐方法。

熟练掌握金属材料的力学性能——强度、塑性、硬度、韧性及疲劳强度。

学习重点

金属材料的常用防腐方法。

强度、塑性、硬度、韧性和疲劳强度的意义及符号。

第一节　金属材料

在浩瀚的材料世界里，金属材料是一个最大的王国。最早，人类使用的金属材料主要是天然产品。经历了石器时代、青铜器时代和铁器时代的漫长历史过程后，在冶金技术的推动下，人类又从钢铁时代迈进了新材料时代。在人类文明历程中，金属材料对推动社会的发展，促进文明的进步，丰富文化的内容，改变人们的生活方式发挥了巨大作用。当今世界，金属材料已成为工农业生产、人民生活、科学技术和国防发展的重要物质基础。离开了金属材料的“钢筋铁骨”，桥梁将断，舰艇将毁，大厦将倾，工厂将停……

材料史话

人类最早使用的铁是从天上掉下来的。据考古学者发现：在古埃及和西南亚的一些文明古国，最早使用的铁器都是“陨铁”加工制成的。陨铁是以铁为主要成分的陨石。

金属

金属是大家很熟悉的材料，像铁、铜、铝、金、银等都是金属。在人类已发现的 112 种化学元素中，有 90 种是金属元素。在常温下，除了汞（水银）为液态外，其余均为固体。

在固态下，金属有许多与非金属不同的特性，主要表现在：具有金属光泽，有良好的导电性和导热性，有一定的强度和塑性，如图 1-1 所示。

具有金属光泽

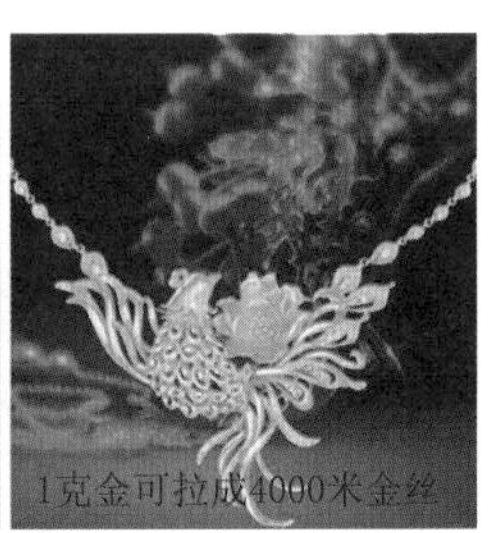

塑性好

有一定的强度、硬度

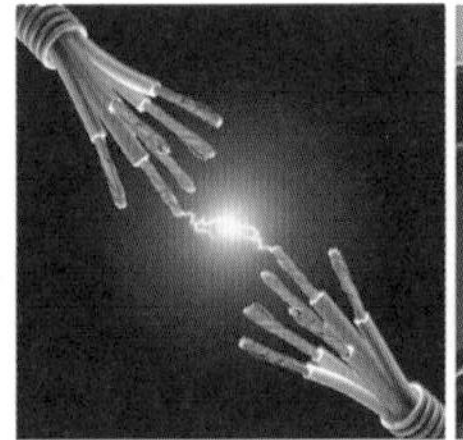

能导电、导热

图 1-1　金属特性

不同的金属，其性能是不同的，这种性能上的差别为金属提供了不同的用途。

交流与讨论

金属是一类重要的材料，人类的生活和生产都离不开金属。如表1-1所示，请说出日常生活中使用的金属名称。

表 1-1　日常生活中使用的金属

金属不同的用途	金 属 名 称
制作易拉罐的金属	
制作导线的紫红色金属	
灯泡中的灯丝	
体温计中填充的金属	
家用热水瓶内壁上的金属	

合金

在通常情况下，金属单质往往无法满足使用要求。如纯铜、纯铝及纯铁质软，强度、硬度很小，无法用来制造承受大载荷的机械零件和工具。如果将一种金属跟其他金属（或非金属）熔合，制成具有金属特性的物质，就得到合金。合金往往比组成它们的金属具有更好的性能。合金不仅具有较高的强度、硬度，以及优异的耐热、耐蚀、电磁等物理、化学性能，而且价格比纯金属低廉，因此合金的应用比纯金属广泛得多。表 1-2 是日常生活中常见的合金，图 1-2 所示为合金切削刀具。

表 1-2　生活中常见的合金

合金种类	主要组成元素	日 常 用 途
碳钢	铁、碳	刀具、学生用的课桌椅
铸铁	铁、碳	铁锅、铁质排污管
黄铜	铜、锌	门锁、弹壳
青铜	铜、锡	青铜器
硬铝	铝、铜、镁	门窗框架
焊锡	铅、锡	焊接金属
武德合金	铅、锡、铋、镉	保险丝
镁铝合金	镁、铝	计算机和照相机外壳

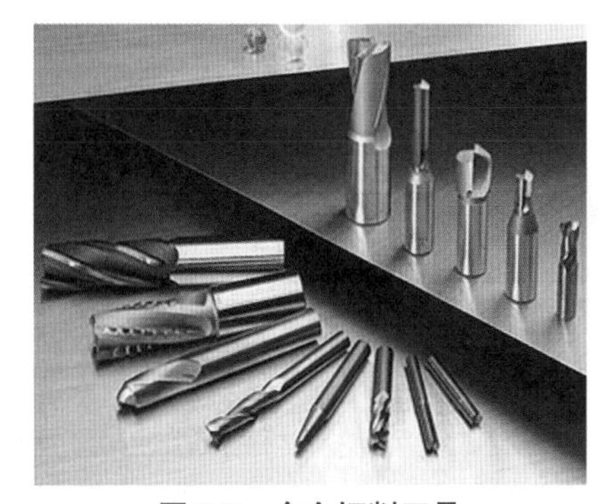

图 1-2　合金切削刀具

合金在人类的生产和生活中得到极为广泛的应用。生活中应用的各种铁器其实是铁合金；钢精锅、高压锅的锅体是用铝合金制成的；乐器中的锣、号、铃是由铜合金制成的；我国发行的第六套人民币中，1 元、5 角和 1 角硬币的材质分别是钢芯镀镍合金（1 元和 5 角）和铝合金（1 角）。我们在日常生活、工农业生产和科学研究中使用的金属材料，绝大多数属于合金。在科学技术日益发展的今天，新型的合金还在不断地开发研制，如形状记忆合金、高温合金、储氢合金、永磁合金、非晶态合金相继问世。目前，合金的品种已有几十万种，远远超过金属自身的90种。合金大大扩展了金属材料的应用范围，提高了金属材料的使用价值。

拓展视野

神奇的记忆合金

在新材料的王国里，有一种具有“记忆”功能的合金，能“记忆”它原来的形状，因此被称为“形状记忆合金”。记忆合金几乎可以百分之百地恢复原状，且可以反复加热、冷却，反复变形、复原。如今，记忆合金已在高科技领域、工业和日常生活中大显身手，发挥着独特的作用。

人造卫星在工作时，少不了天线，而它的天线要像大伞似地张开，发射时难以保证，但记忆合金能很好地解决这一难题。如图1-3所示，人们在地面上先把它做成半球状的伞形天线，让它“记住”，然后把它压缩成一个只有千分之一的小团，放在卫星的壳体上方发射升空。人造卫星进入轨道后，受到太阳光的照射，温度升高，于是便唤醒了它的“记忆”，从而使它自动张开，恢复到原来的半球伞状。

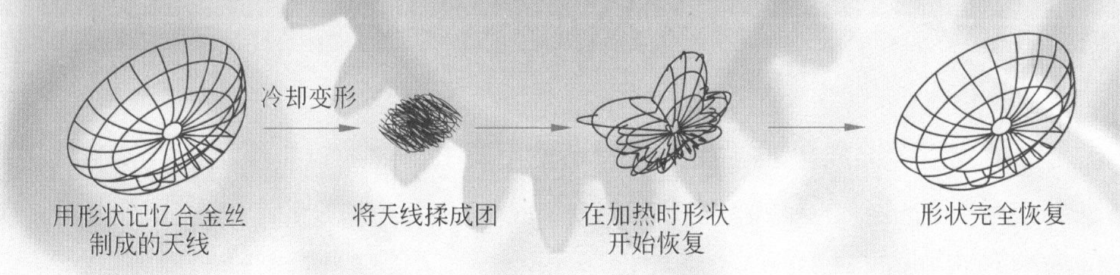

图1-3 记忆合金制成的卫星天线的记忆过程

作为一类新兴的功能材料，记忆合金的很多新用途正不断被开发。例如，用记忆合金制成窗臂，可自动控制窗户的开关。当太阳升起时，由于温度较高，窗户会自动打开；当太阳落山时，由于温度较低，窗户会自动关闭。不久的将来，汽车的外壳也可以用记忆合金制成。如果不小心碰瘪了，只要用电吹风加加温，就可恢复原状，既省钱又省力，非常方便。

金属材料

在工业生产中，将纯金属和合金材料统称为金属材料。通常我们把金属材料分为黑色金属和有色金属两大类。以铁、铬、锰或以它们为主形成的物质称为黑色金属，如碳钢、合金钢和铸铁等。除黑色金属以外的金属和合金称为有色金属，如铜及铜合金、铝及铝合金和轴承合金等。

金属材料在机械工业中应用最为广泛，在各种机械设备所用的材料中，金属材料占90%以上。这是由于金属材料不仅冶炼资源丰富，而且具有优良的物理、化学、力学和工艺性能。此外，金属材料品种多，性能各异，可以通过不同的加工方法（如热处理），使金属材料的某些性能获得进一步的改善，从而扩大其使用范围。

材料史话

司母戊大方鼎

司母戊鼎，国之重器。它是中国殷商后期商王祖庚或祖甲为祭祀其母所铸青铜方鼎，1939年3月19日在河南省安阳市武官村出土，因其腹部铸有“司母戊”三字而得名。司母戊鼎器型古朴厚重，高133cm，长110cm，宽79cm，重832.84kg，是中国目前已发现的最重的青铜器。鼎腹长方形，上竖两只直耳（发现时仅剩一耳，另一耳是后来据剩的一耳复制补上的），下有四根圆柱形鼎足，除鼎身四面中央是无纹饰的长方形素面外，其余各处皆有纹饰，其造型、纹饰、工艺均达到极高的水平，是商代青铜文化顶峰时期的代表作，具有重要的历史价值。1959年入藏北京国家博物馆，其外形被博物馆定为馆徽标志，并成为镇馆之宝。

图1-4所示为司母戊大方鼎的外观图。

图 1-4　司母戊大方鼎

练习与实践

一、填空题

1. 工业生产中将__________和__________统称为金属材料。金属材料通常分__________和__________两大类。

2. 合金是指____________________具有金属特性的物质。金属特性是指__________，__________，__________。

二、选择题

1. 下列物质中，不属于合金的是（　　）。

A. 焊锡　　B. 黄铜　　C. 钢铁　　D. 水银

2. 下列物质中，不属于有色金属的是（　　）。

A. 青铜　　B. 纯铝　　C. 钢铁　　D. 黄金

3. 下列叙述正确的是（　　）。

A. 金属在常温下都是固体　　B. 合金一定是金属与金属熔合制成的

C. 所有的金属都是银白色的　　D. 金属材料包括纯金属和它们的合金

4. “垃圾是放错了位置的资源”，应该分类回收。生活中废弃的铁锅、铝制易拉罐、铜导线，可归为同一类回收，它们属于（　　）。

A. 金属或合金　　B. 氧化物　　C. 非金属　　D. 白色垃圾

三、简述与实践题

1. 在生产和生活中，我们很少使用纯金属，而大量使用的是合金，请问这是为什么？

2. 阅读下面的一段故事，谈谈你的感想。

形状记忆合金的发现

许多重大的发现都源于偶然事件。20世纪60年代初，美国海军研究所的一个研究小组把一些乱如麻丝的镍—钛合金拉直，以便使用。他们无意中发现，当温度升高到一定值时，这些已被拉直的镍—钛合金突然"记忆"起自己的模样，又恢复到弯弯曲曲的"本来面目"。经过材料专家的反复实验，证实了镍—钛合金"变形—恢复"的现象能重复进行。其实，类似的现象早在20世纪50年代初就不止一次地被观察到，只不过当时没有引起人们的足够重视。

这一发现引起了科学家们的极大兴趣，经研究发现，铜基合金、铁基合金等都有这种奇妙的记忆本领。

3. 参观学校钳工和金工车间，在老师的指导下填写表1-3。

表1-3 记录表

零件或工具	锉刀、锯条	台虎钳底座	普通车床主轴	车床床身	高速钢车刀
制造材料					

说明：制造材料主要是指碳钢、合金钢、铸铁等。

4. 收集你所能得到的不同种类的金属材料，并制成金属材料的实物标本，观察收集到的金属的颜色和光泽。

提示：可从电线中收集铜、铝，从镀锌铁丝、废弃雨伞中收集钢丝，从白铁加工店中收集白铁皮（镀锌薄钢板），从易拉罐中收集薄铝板，从装潢店中收集铝合金、不锈钢板、黄铜和钛板等。

第二节 金属材料的物理性能

金属的物理性能是指金属固有的属性，它包括密度、熔点、导热性、导电性、热膨胀性和磁性等。

密度

金属的密度是指单位体积金属的质量，其单位为kg/m^3。

密度是金属的特性之一，不同金属的密度是不同的。表1-4为常用金属的密度。大多数金属的密度都比较大，密度最大的金属是锇（22.48×10^3kg/m^3），但也有些金属的密度比较小，钠、钾能浮在水面上，密度最小的金属是锂（0.534×10^3kg/m^3）。

表1-4 常用金属的密度

金属	铝	钛	铁	铜	银	金
密度/(kg/m^3)	2.7×10^3	4.5×10^3	7.87×10^3	8.96×10^3	10.49×10^3	19.3×10^3

【例 1-1】 有一块质量为 5×10^{-2}kg 形似黄金的金属，投入盛有 $125\times10^{-6}\text{m}^3$ 水的量筒中，水面升高到 $128\times10^{-6}\text{m}^3$ 的地方，请问这块金属是纯金吗？

解：已知金属的质量为　　$m=5\times10^{-2}(\text{kg})$

则金属的体积为　　$V=128\times10^{-6}-125\times10^{-6}=3\times10^{-6}(\text{m}^3)$

密度为　　$\rho=\dfrac{m}{V}=\dfrac{5\times10^{-2}}{3\times10^{-6}}=16.7\times10^{3}$（$\text{kg/m}^3$）

答：此金属密度与纯金的密度 $19.3\times10^3\text{kg/m}^3$ 不符，故这块金属不是纯金。

在体积相同的情况下，金属材料的密度越大，其质量也越大。金属材料的密度直接关系到由它制成设备的自重和效能。

交流与讨论

一架波音767飞机，如图1-5所示，约70%的零件是用铝和铝合金制造的。请问飞机上的零件为什么要大量选用铝和铝合金制造？

图 1-5　波音 767 飞机

熔点

金属材料从固态向液态转变的温度称为熔点。金属都有固定的熔点。合金的熔点取决于它们的成分。熔点是金属材料冶炼、铸造和焊接的重要工艺参数。

工业上一般把熔点低于 700°C 的金属称为易熔金属，如锡（231.2°C）、铅（327.4°C）、锌（419.4°C），可用于制造保险丝和防火安全阀等零件；熔点高于 700°C 的金属称为难熔金属，如钨（3180°C）、钼（2622°C）、钒（1919°C），可用来制造耐高温的零件，广泛用于喷气发动机、火箭、导弹等，如图 1-6 和图 1-7 所示。

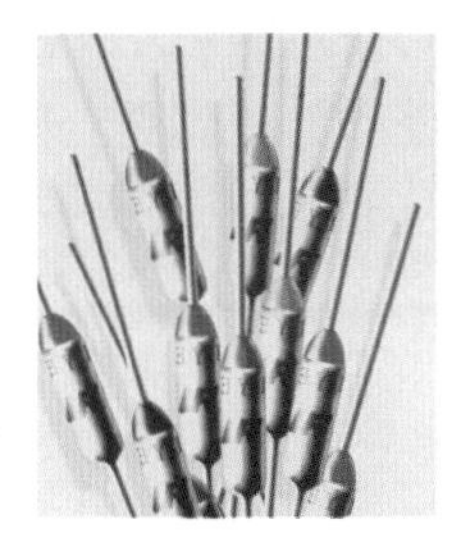

图 1-6　温度保险丝

图 1-7　高温合金制造的飞机发动机

导热性

金属材料传导热量的性能称为导热性。金属的导热能力以银为最好，铜、铝次之。合金的导热性比纯金属差。

导热性是金属材料的重要性能之一，在制订锻造、铸造、焊接和热处理工艺时，必须考虑金属材料的导热性，防止在加热或冷却过程中形成过大的内应力，以免金属材料变形或开裂。

导热性好的金属散热必然好，因此在制造散热器、热交换器和活塞等零件时，要选用导热性好的金属材料。

问题解决

导热性差的金属材料，加热和冷却时会产生内外温度差，导致内外不同的膨胀或收缩，易使金属材料变形或开裂。请你设计出导热性差的金属材料在加热时防止变形或开裂的方法：____。

导电性

金属材料传导电流的性能称为导电性。金属大多是良好的导体，纯金属的导电性能比合金好，其中以银的导电性最好，铜、铝次之。

导电性好的金属，如纯铜、纯铝适合于做导电材料；导电性差的金属，如铁铬合金、康铜（铜镍为主要成分的合金）适合于做电热元件。

拓展视野

超导材料

1911年，荷兰科学家卡麦林·昂尼斯（Onnes）领导的科学小组发现了超导材料。超导材料和常规导电材料的性能有很大的不同。其主要特点是：①零电阻性。超导材料处于超导态时，电阻为零，能够无损耗地传输电能。②完全抗磁性。超导材料处于超导态时，只要外加磁场不超过一定值，磁力线不能透入，超导材料内的磁场恒为零。③约瑟夫森效应。两超导材料之间有一薄绝缘层（厚度约1nm）而形成低电阻连接时，会有电子对穿过绝缘层形成电流，而绝缘层两侧没有电压，即绝缘层也成了超导体。

超导材料的优异特性向人类展示了诱人的应用前景，从它被发现之日起，就让世界各国的材料专家掀起了研制、探索超导材料的热潮，并在20世纪末取得了关键性的突破。

热膨胀性

金属材料随着温度变化而膨胀、收缩的特性称为热膨胀性。一般来说，金属受热时膨胀而体积增大，冷却时收缩而体积缩小。

各种金属材料的热膨胀性能不同。热膨胀性能的大小用线胀系数 α_1 和体胀系数 α_V 表示。线胀系数 α_1 的计算公式如下：

$$\alpha_1=\frac{l_2-l_1}{l_1\Delta t}$$

式中：α_1——线胀系数（1/°C）；

l_1——膨胀前长度（m）；

l_2——膨胀后长度（m）；

Δt——温度变化量，$\Delta t=t_2-t_1$。

【例 1-2】 有一车工，车削一根长度为 1m 的黄铜棒，在车削中黄铜棒的温度由 10°C 升高到 30°C，请计算此时黄铜棒的长度为多少？请问该车工应怎样测量黄铜棒的尺寸，以减小测量误差？（黄铜在 0～100°C 时，$\alpha_1=17.8\times10^{-6}$/°C）

解：已知

$$\alpha_1=17.8\times10^{-6}/°C$$
$$l_1=1(m)$$
$$\Delta t=30-10=20(°C)$$

代入公式

$$\alpha_1=\frac{l_2-l_1}{l_1\Delta t}$$

则

$$17.8\times10^{-6}=\frac{l_2-1}{1\times20}$$

$$l_2=17.8\times10^{-6}\times20+1=1.000356\text{（m）}$$

答：黄铜棒在 30°C 时的长度是 1.000356m，说明车工测量工件尺寸应等待冷却后再进行。

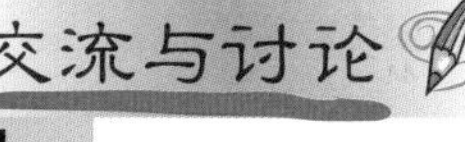

金属工件加工过程中测量尺寸时，从热膨胀因素考虑应如何操作？

精密测量工具（如游标卡尺，如图1-8所示）应选用热膨胀性大的金属材料还是热膨胀性小的金属材料制造，为什么？

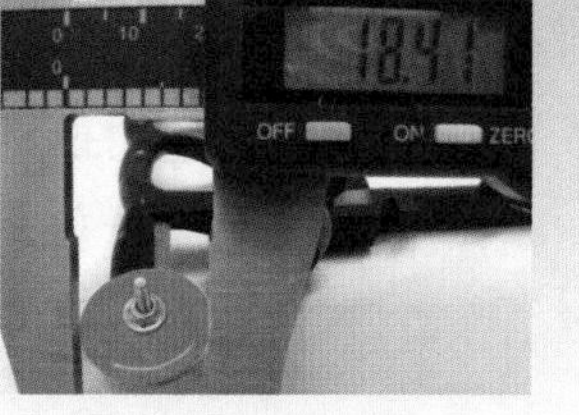

图 1-8　游标卡尺

磁性

金属材料在磁场中受到磁化的性能称为磁性。具有磁性的金属都能被磁铁所吸引。

对某些金属来说，磁性并不是固定不变的，如铁在自然温度下是铁磁性材料，但当温度升高到770°C以上时，就会失去磁性。

根据金属材料在磁场中受到磁化程度的不同，可分为铁磁性材料、顺磁性材料和抗磁性材料。

（1）铁磁性材料：在外加磁场中，能强烈被磁化的材料，如铁、钴、镍等。铁磁性材料的应用很广泛，可用来制造半导体收音机的天线磁棒、录音机的磁头、电子计算机中的存储元件、校园“一卡通”的磁性卡，以及变压器、交流发电机、电磁铁和各种高频元件的铁芯等。

（2）顺磁性材料：在外加磁场中呈现十分微弱的磁性，如锰、钼、铬等。

（3）抗磁性材料：能抗拒或减弱外加磁场磁化作用的金属材料，如铜、金、银、锌等。可用于制造避免磁场干扰的零件，如航海罗盘、航空仪表和枪械瞄准环等。

问题解决

盒子里混杂形状、大小一样的铝钉和铁钉，现在需要用铝钉，你能把它们找出来吗？

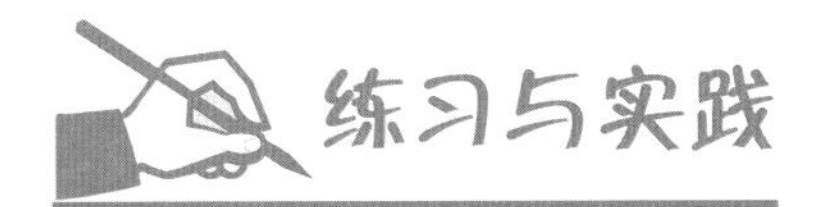

一、判断题

1. 与钢铁材料相比，制造相同体积的机械设备，选用铝合金能有效减轻设备自重。（　　）
2. 精密测量工具通常选用热膨胀系数较大的材料制造。（　　）
3. 金属的导热性以银最好，铜、铝次之。（　　）
4. 铁为磁性材料，它在任何温度下磁性都不会改变。（　　）
5. 钨、钼、钒为难熔金属，可用来制造耐高温零件，如喷气发动机、火箭、导弹等。（　　）

二、填空题

1. 油罐车行驶时罐内石油振荡产生静电，易引发火险。因此，油罐车的尾部经常有一条铁链拖到地面上，这是利用了铁的 ________ 性。

2. 铁和铝都可以用来制作炊具，这是利用了铁和铝的 ________ 性。

三、简述与实践题

1. 银的导电性比铜和铝好，为什么电线一般用铜或铝制而不用银制？

2. 一枚硬币中间钻了一个孔，如果将硬币加热，孔径是变大还是变小？有人说：“金属受热后膨胀，有孔的地方挤小了。”他说得对吗？

第三节　金属材料的化学性能

金属材料抵抗各种化学作用的能力称为金属的化学性能。它主要指金属材料的耐腐蚀性和抗氧化性。

耐腐蚀性

金属材料在常温下抵抗氧、水蒸气及其他化学介质腐蚀作用的能力称为耐腐蚀性。

交流与讨论

在碳钢、不锈钢、铸铁、铜、铝、金、银和钛这些常见的金属材料中，
耐腐蚀的金属是__________________；
易腐蚀的金属是__________________。

腐蚀不仅使金属材料本身受到损害，同时也会给生产生活带来很大的不便，严重时还会使金属构件遭到破坏，引起重大的伤亡事故。据报道，全世界每年因金属材料腐蚀造成的直接经济损失约达7000亿美元，是地震、水灾、台风等自然灾害造成损失总和的6倍。我国因金属材料腐蚀造成的损失占国民生产总值（GNP）的4%，钢铁因腐蚀而报废的数量约占钢铁当年产量的25%～30%。金属材料腐蚀还可能造成环境污染。例如，重金属制成的材料被腐蚀后重金属离子就会进入水体、土壤中，引起重金属污染。因此，采取各种措施防止金属材料的腐蚀十分必要。

在长期的实践中，人们在金属材料防腐方面积累了非常丰富的经验，研究出多种防腐方法，大大延长了金属材料的使用寿命，也使金属材料的表面更加美观。

1. 覆盖法防腐

覆盖法防腐是把金属同腐蚀介质隔开，以达到防腐目的。

（1）喷涂油漆。这是最常见的防腐方法，如给汽车喷漆 。国家体育馆“鸟巢”的钢结构刷了6层防腐漆，可确保25年不生锈。

（2）镀层。在易腐蚀的金属表面电镀（或喷镀）上一层耐腐蚀的金属镀层，如镀锌、镀铬、镀铜、镀金、镀银等。自来水管、钢丝（俗称铁丝）、白铁皮都经过镀锌处理。普通自行车把手、自行车钢圈通常镀铬防腐。图1-9所示为汽车轮毂纳米镜面喷涂。

（3）喷塑。把塑料喷涂在零件上，目前广泛用于电器设备金属外壳的防腐。图1-10所示为壳体喷塑的数控机床。

（4）涂油脂。当零件或工具表面需要保持光洁时，常采用上油或涂脂的方法防腐，如机床导轨、游标卡尺的防腐。

（5）发蓝处理。将除锈后的零件放入氢氧化钠、硝酸钠、亚硝酸钠溶液中，在140～150℃温度下，保温60～120分钟，使零件表面生成一层以Fe_3O_4为主的蓝黑色的多孔氧化膜，经浸油处理后，能有效地抵抗干燥气体腐蚀。发蓝处理广泛用于机械零件、钟表零件和枪械（见图1-11）的防腐。

（6）搪瓷。在金属表面涂覆一层或数层瓷釉，通过烧制，两者发生物理和化学反应而牢固结合的一种复合材料。它既有金属的强度，又有涂层的耐腐蚀、耐磨、耐热、无毒及可装饰等特性。

图1-9 汽车轮毂纳米镜面喷涂

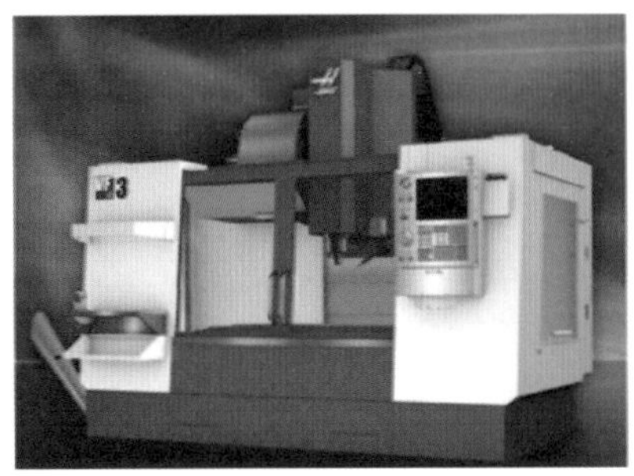

图1-10 壳体喷塑的数控机床

图1-11 发蓝处理的枪械

2. 提高金属本身的耐腐蚀性

（1）在冶炼金属材料的过程中，加入一些合金元素，以增强其耐腐蚀能力。如不锈钢就是很有代表性的一例。

（2）化学热处理。采用渗铬（见图1-12）、渗铝（见图1-13）、渗氮的方法，使金属表面产生一层耐腐蚀性强的表面层。

3. 电化学防腐

电化学防腐经常采用的是牺牲阳极法，即用电极电位较低的金属与被保护的金属接触，使被保护的金属成为阴极而不被腐蚀。牺牲阳极法广泛用于防止海水及地下的金属设施的腐蚀。如在轮船的水线以下外表面焊上一些锌块防腐（见图1-14）。

图1-12 渗铬滚动轴承

图1-13 渗铝汽车排气管

图1-14 在轮船的外表面焊上锌块

4. 干燥气体封存法

干燥气体封存法采用密封包装，在包装袋内放入干燥剂或充入干燥气体，湿度控制在≤35%，使金属防腐。主要用于包装整架飞机、整台发动机和枪械等。

金属的防腐方法比较如表1-5所示。

表 1-5 金属防腐方法比较

方法	喷涂油漆	喷塑	镀锌	发蓝处理	镀铬	使用不锈钢
防腐效果	一般	一般	好	好	很好	很好
价格	便宜	便宜	中等	中等	昂贵	昂贵

你知道吗？

白铁皮、镀锌钢管为何耐腐蚀

锌是银白色的金属。提水的小铁桶是用白铁皮做的，在它的表面有冰花状的结晶，这就是锌的结晶体。在白铁皮、钢管表面镀锌，主要是为了防止铁被锈蚀。其实锌比铁更易生锈，一块纯金属锌放在空气中，表面很快就会变成蓝灰色——生锈了。这是因为锌与氧气发生反应生成氧化锌的缘故。可是这层氧化锌却非常致密，它能严严实实地覆盖在锌的表面，保护里面的锌不再生锈。这样，锌就很难被腐蚀。正因为这样，人们便在钢板、钢管表面镀上一层锌防止铁生锈。全世界每年所生产的锌，有40%被用于制造白铁皮、镀锌钢管等。

抗氧化性

有许多零件在高温下工作，制造这些零件的材料，就要求具有良好的抗氧化性。

金属材料在高温时抵抗氧化作用的能力称为抗氧化性。长期在高温下工作的零件，如工业用的锅炉、加热设备、汽轮机、喷气发动机、火箭、导弹等，易发生氧化腐蚀，形成一层层的氧化铁皮。金属材料的氧化随温度升高而加速。氧化不仅造成材料的过量损耗，还会使材料形成各种缺陷。因此，在高温下制造或使用金属零件，必须考虑抗氧化性。例如，钢材在铸造、锻造、焊接、热处理等热加工作业时，常在其周围造成一种还原气体或保护气，以免金属材料氧化。

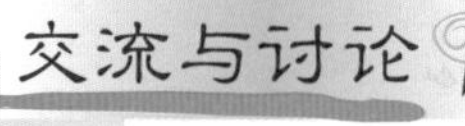

耐腐蚀性和抗氧化性从本质上讲都是金属材料腐蚀问题，请谈一谈引起“氧化腐蚀”的介质和条件与一般的腐蚀有什么不同之处？

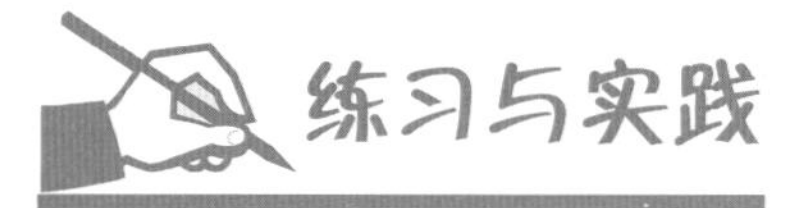

练习与实践

一、填空题

请为表 1-6 中的零件或用具选择防腐方法。

表 1-6 记录表

零件或用具	钢制学生课桌椅	大桥钢质护栏	钢质自来水管	步枪枪管	普通自行车把手	高压线铁塔
防腐方法						

二、选择题

1. 下列金属材料耐腐蚀性较差的是（　　）。

A. 不锈钢　　B. 纯铜　　C. 纯铝　　D. 碳钢

2. 枪管通常采用的防腐方法是（　　）。

A. 喷涂油漆　　B. 镀铬　　C. 喷塑　　D. 发蓝处理

三、简述与实践题

1. 汽车车身喷涂油漆起什么作用?

2. 暂时不使用的刀具等金属器件要擦干并涂上油或凡士林，为什么?

3. 有些小刀的刀片表面带有蓝黑色的光泽，这是经过“发蓝处理”形成的。你知道什么是“发蓝处理”吗？为什么刀片要进行“发蓝处理”？

4. 观察普通自行车的金属零部件，哪些部件经过了表面处理？这些处理属于哪种类型（如镀铬、发蓝等）？其主要目的是什么?

第四节　金属材料的力学性能

在机械设备及工具的设计、制造中选用金属材料时，大多以力学性能为主要依据，因此熟悉和掌握金属材料的力学性能是非常重要的。

机械零件或工具在使用过程中，往往要受到各种外力的作用。金属材料在外力作用时表现出来的性能称为力学性能。金属材料力学性能包括强度、塑性、硬度、韧性及疲劳强度等。

载荷

金属材料在加工和使用过程中所受的外力称为载荷。根据载荷作用性质的不同，它可以分为静载荷、冲击载荷和交变载荷。

（1）静载荷指大小不变或变动很慢的载荷，如起重机吊物体时，钢丝绳所受的载荷。

（2）冲击载荷指突然增加的载荷，如铁匠用铁锤锻打工件、高速行驶的汽车相撞的载荷。

（3）交变载荷指周期性或非周期性的动载荷，如齿轮、弹簧工作时所受的载荷。

交流与讨论

请根据下列的文字描述，判断物体所受的载荷类型。

电视机放在桌面上，桌面所受的载荷是________________。

在金属拉伸试验中，金属试样所受的载荷是______________。

电动机工作时，电动机主轴所受的载荷是______________。

人坐在沙发上，沙发里弹簧所受的载荷是______________。

子弹击中金属防弹衣，防弹衣所受的载荷是______________。

变形

金属材料受载荷作用发生几何形状和尺寸的变化称为变形。载荷去除后，可完全恢复的变形称为弹性变形；载荷去除后，不可恢复的永久变形称为塑性变形。

金属材料的弹性变形可用于控制机构运动、缓冲与吸振、储存能量等。金属材料塑性变形可用于成型产品的加工，70% 的金属材料是通过塑性变形加工成型的。当然，加工好的零件再发生塑性变形是有害的，一般是不希望它发生的。

观察与思考

请你举出生产和生活中弹性变形、塑性变形各三个例子，填入表1-7中。

表 1-7　弹性变形、塑性变形举例

变形种类	弹性变形	塑性变形
实　例		

内力与应力

金属受外力作用后，为保持其不变形，在材料内部作用着与外力相对抗的力称为内力（其数值与外力相等）。单位面积上的内力称为应力。材料在拉伸或压缩载荷作用下，其横截面上产生的应力 σ 为

$$\sigma=\frac{F}{S}$$

式中：F ——外力（N）；

S——横截面积（mm^2）；

σ ——应力，常用单位为 MPa（N/mm^2），$1MPa=10^6Pa$。

交流与讨论

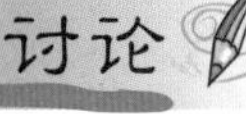

如图1-15所示，a和b都是45钢，a的直径为20mm，b的直径为10mm，它们都受到10000N的载荷作用。请问：

（1）a所受的内力是________N，b所受的内力是________N。

（2）a的横截面积为________mm^2，b的横截面积为________mm^2。

（3）a单位横截面积上所受的应力是________N/mm^2；b单位横截面积上所受的应力是________N/mm^2。

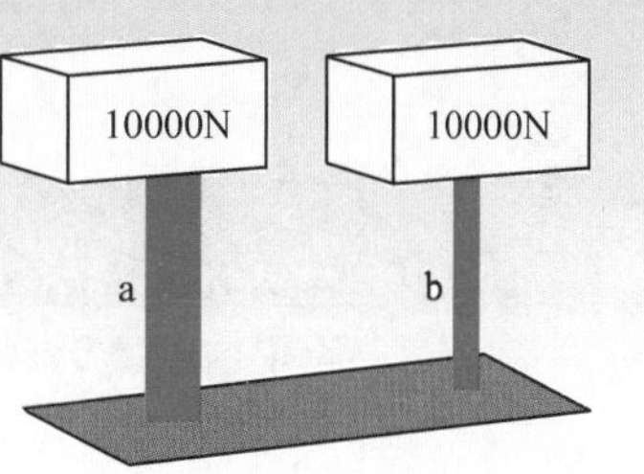

图 1-15　载荷作用示意图

拉伸试验与拉伸曲线

金属材料的强度、塑性等力学性能是通过拉伸试验来测定的。试验前将被试材料按 GB/T 6397—1986 规定标准制作成试样，如图 1-16 所示，标距 $l_0=10\times d_0$ 或 $l_0=5\times d_0$（d_0 为试样的原始直径（mm），l_0 为试样的原始长度（mm）），然后将试样装夹在拉伸机（见图 1-17）上缓慢加载，直到拉断为止。根据试样在拉伸过程中所受载荷和产生的变形量之间的关系，可获得该金属的拉伸曲线。

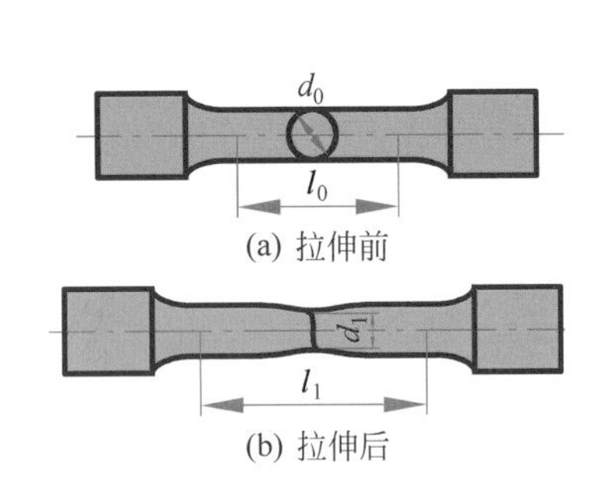

图 1-16　圆形拉伸试样

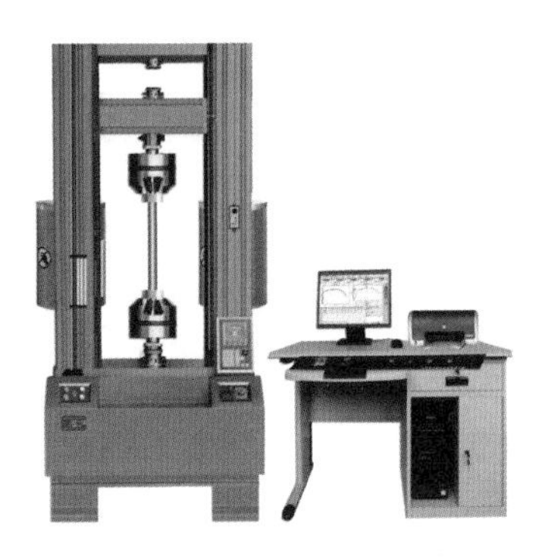

图 1-17　拉伸试验机

低碳钢的拉伸曲线如图 1-18 所示，其中纵坐标表示载荷（拉伸力）F，单位为 N；横坐标表示试样的伸长量（Δl），单位为 mm。其载荷变形的关系有以下四个阶段。

（1）Oe——弹性变形阶段。当试样所受载荷不超过 F_e 时，拉伸曲线 Oe 段为一直线，说明试样的伸长量 Δl 和载荷 F 成正比，完全符合胡克定律，因此是弹性变形阶段。

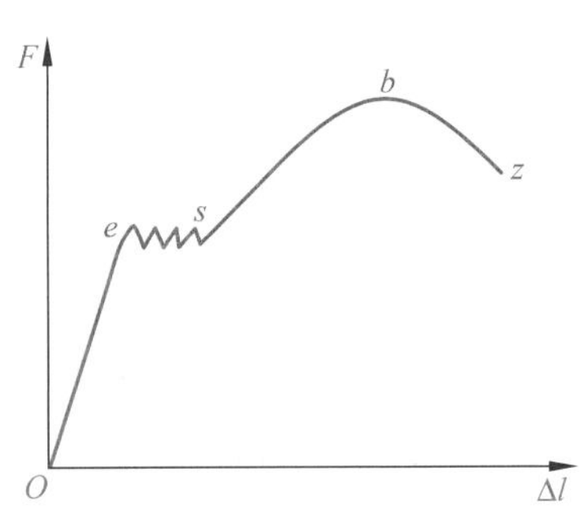

图 1-18　低碳钢的拉伸曲线

（2）es——屈服阶段。载荷达到 F_e 时，载荷保持不变或略有减小而试样的变形继续增加，这种现象称为屈服现象。这时拉伸曲线出现锯齿状，表明试样开始产生明显的塑性变形。

（3）sb——强化阶段。在屈服阶段之后，要使试样继续变形伸长，必须不断加大载荷。随着塑性变形增大，试样变形抗力也逐渐增大（即金属材料的强度、硬度增大，塑性、韧性下降），这种现象称为变形强化（或加工硬化）。F_b 为试样拉伸试验时的最大载荷。

（4）bz——缩颈阶段。当载荷达到最大 F_b 时，试样的直径发生局部收缩，称为“缩颈”。试样变形所需的载荷也随之降低，这时伸长主要集中于缩颈部位直至断裂。

观察与思考

(1) 低碳钢拉伸试验时，发生屈服现象和加工硬化的载荷有什么不同？

(2) 低碳钢制造的机械零件在实际使用中发生屈服现象有什么危害？

屈服现象并不是所有金属材料都有的，它只存在于低碳钢等塑性材料中。铸铁等脆性材料既不产生屈服现象，也不会缩颈，因为它们在尚未产生塑性变形时就断了。铸铁的拉伸曲线如图 1-19 所示。

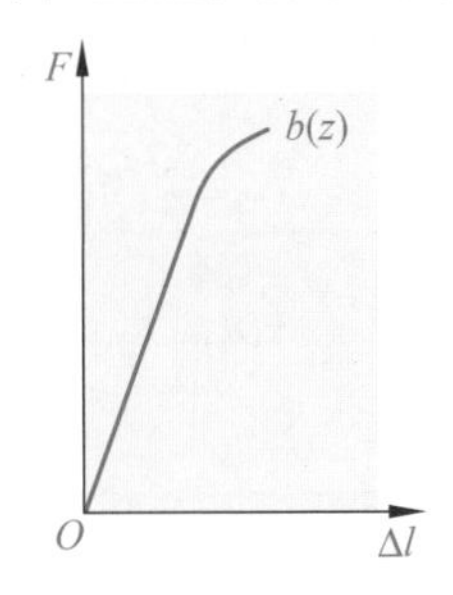

图 1-19　铸铁的拉伸曲线

观察与思考

与低碳钢的拉伸曲线相比较，你认为铸铁的拉伸曲线有哪三“无”？

无________________________________；

无________________________________；

无________________________________。

强度

金属材料抵抗变形或断裂的能力称为强度。抵抗能力越大，强度越高。衡量强度大小的指标主要有屈服点和抗拉强度。

1. 屈服点（σ_s）

材料产生屈服现象时的应力计算公式如下：

$$\sigma_s = \frac{F_s}{S_0}$$

式中：F_s——试样产生屈服现象时的载荷（N）；

S_0——试样原始横截面积（mm^2）；

σ_s——屈服点（MPa）。

2. 抗拉强度（σ_b）

抗拉强度指材料拉断前所承受的最大的应力。计算公式如下：

$$\sigma_b = \frac{F_b}{S_0}$$

式中：F_b——试样承受的最大载荷（N）；

S_0——试样原始横截面积（mm^2）；

σ_b——抗拉强度（MPa）。

金属材料的屈服点和抗拉强度数值越大，材料的强度越大。机械零件工作时，所受的应力超过材料的屈服点时，零件则发生塑性变形，导致零件精度下降；当所受的应力超过材料的抗拉强度时，零件则产生过量的塑性变形而造成失效甚至断裂。因此，金属材料的屈服点和抗拉强度是机械设计和选材的主要依据，也是评定金属材料优劣的重要指标。

交流与讨论

（1）依据表4-3，查σ_s、σ_b的值，填入表1-8中。

表1-8 钢的σ_s、σ_b值

碳 钢	10钢（低碳钢）	45钢（中碳钢）	65钢（高碳钢）
σ_s			
σ_b			

（2）45钢制造的机械零件，当工作应力$\sigma_{工作}>500$MPa，甚至$\sigma_{工作}>600$MPa时，将发生什么危害？

塑性

金属材料产生永久变形而不被破坏的能力称为塑性。衡量塑性好与差的指标主要是伸长率和断面收缩率，它们也是通过金属试样拉伸试验测得的。

1. 伸长率（δ）

试样拉断后，标距的伸长量与原始标距的百分比称为伸长率。计算公式如下：

$$\delta=\frac{l_1-l_0}{l_0}\times100\%$$

式中：l_1——试样拉断后的标距（mm）；

l_0——试样的原始标距（mm）；

δ——伸长率。

同一材料的试样长短不同，测得的伸长率是不同的。长、短试样的伸长率分别用符号δ_{10}和δ_5表示。习惯上δ_{10}也常写成δ。

2. 断面收缩率（ψ）

试样拉断后，缩颈处横截面积的最大缩减量与原始横截面积的百分比称为断面收缩率。计算公式如下：

$$\psi=\frac{S_0-S_1}{S_0}\times100\%$$

式中：S_0——试样原始横截面积（mm^2）；

S_1——试样拉断处的最小横截面积（mm^2）；

ψ——断面收缩率。

金属材料的δ、ψ值越大，表示材料的塑性越好。塑性好的金属可以发生大量塑性变形而不被破坏，便于通过塑性变形加工制成形状复杂的零件。另外，塑性好的金属在受力过大时，由于首先产生塑性变形而不致发生突然断裂，所以使用比较安全。

【例 1-3】 有一直径为 d_0=10mm，l_0=100mm 的低碳钢试样，拉伸试验时测得 F_s=21000N，F_b=29000N，d_1=5.65mm，l_1=138mm。求此试样的 σ_s、σ_b、δ、ψ。

解：(1) 计算 S_0、S_1。

$$S_0=\frac{\pi d_0^2}{4}=\frac{3.14\times 10^2}{4}=78.5\ (\mathrm{mm}^2)$$

$$S_1=\frac{\pi d_1^2}{4}=\frac{3.14\times 5.65^2}{4}=25\ (\mathrm{mm}^2)$$

(2) 计算 σ_s、σ_b。

$$\sigma_s=\frac{F_s}{S_0}=\frac{21000}{78.5}=267.5\ (\mathrm{MPa})$$

$$\sigma_b=\frac{F_b}{S_0}=\frac{29000}{78.5}=369.4\ (\mathrm{MPa})$$

(3) 计算 δ、ψ。

$$\delta=\frac{l_1-l_0}{l_0}\times 100\%=\frac{138-100}{100}\times 100\%=38\%$$

$$\psi=\frac{S_0-S_1}{S_0}\times 100\%=\frac{78.5-25}{78.5}\times 100\%=68\%$$

答：此低碳钢的 σ_s 为 267.5MPa，σ_b 为 369.4MPa，δ 为 38%，ψ 为 68%。

拓展视野

超塑性金属材料

超塑性金属材料是指伸长率大于300%的金属材料。它是1920年德国材料专家罗森汉在研究锌—铝—铜合金时发现的。超塑性是在特定条件下的一种奇特现象，超塑性金属材料能像软糖一样伸长10倍、20倍甚至上百倍，既不出现缩颈，也不会断裂。最常用的铝、镍、铜、铁、钛合金，它们的伸长率为200%～6000%。如碳钢和不锈钢的伸长率为150%～800%；铝锌合金为1000%；纯铝高达6000%。

超塑性材料加工具有很大的实用价值。不易变形的合金因超塑性变成了软糖状，从而可以像玻璃和塑料一样，用吹塑和挤压加工方法制造零件，从而大大节省了能源和设备。超塑性材料制造零件的另一个优点是可以一次成型，省掉了机械加工、铆焊等工序，达到节约原材料和降低成本的目的。据专家展望，未来超塑性材料将在航天、汽车、车厢制造等行业中被广泛采用。

交流与讨论 

(1) 依据表4-3和其他章节中的铸铁、纯铝、纯铜内容查δ、ψ的值，填入表1-9中。

表 1-9 材料的 δ、ψ 值

碳钢	10钢（低碳钢）	45钢（中碳钢）	60钢（高碳钢）	铸铁	纯铝	纯铜
δ				≈0		
ψ				≈0		

(2) 根据表1-9中不同材料的δ、ψ值，可知：

塑性好的是________________________；

塑性一般的是________________________；

塑性较差的是________________________。

(3) 请你用收集到的纯铜、纯铝、镀锌钢丝和弹簧钢丝，做一根相同直径的弹簧，在实验中观察、比较它们的强度和塑性。

(4) 塑性好的材料在生产中有哪些实际意义？

硬度

金属材料抵抗其他更硬的物体压入表面的能力称为硬度。硬度是衡量金属材料软硬程度的一项重要的性能指标。各种不同的机械零件对硬度都有不同的要求，尤其是机械制造业所用的刀具、量具、模具等，都应具备足够的硬度才能保证使用性能和寿命，因此硬度是金属材料重要的力学性能之一。

硬度试验设备简单，操作方便，能在零件上进行试验而不破坏零件。硬度值还可以间接地反映金属材料的强度和金属的化学成分、金相组织和热处理工艺上的差异，因此硬度试验在机械工程中得到普遍应用。

硬度试验方法很多，生产中常用的有布氏硬度、洛氏硬度和维氏硬度等试验方法。

1. 布氏硬度

布氏硬度是1900年由瑞典工程师布里涅尔发明的，它是世界上第一个标准化测定金属材料硬度的方法，如图1-20所示为布氏硬度试验机。布氏硬度测试的原理是用一个直径为D的淬火钢球或硬质合金球，在规定载荷F的作用下压入金属表面，并保持一定时间，如图1-21所示。然后卸去载荷，先测量留在工件表面上压痕的直径d，再计算出球面压痕的表面积$\left(S_{压}=\dfrac{\pi D(D-\sqrt{D^2-d^2})}{2}\right)$。

布氏硬度值是用球面压痕单位表面积上的压力来计量的，其计算公式如下：

$$\mathrm{HB}=\frac{F}{S_{压}}$$

式中：F——试验时加在钢球上的载荷（kgf）；

$S_{压}$——压痕面积（mm^2）；

HB——布氏硬度。

图1-20 布氏硬度试验机

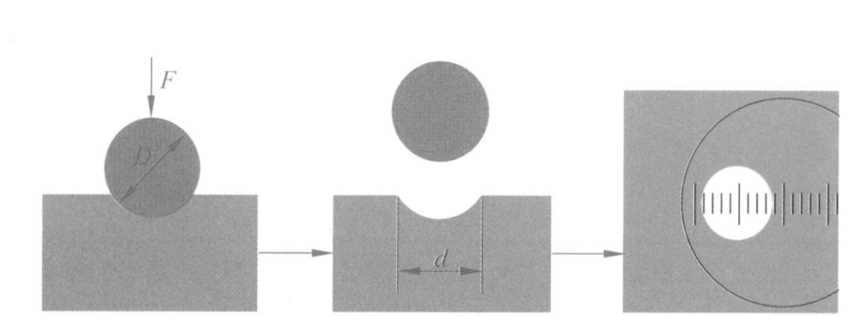

图1-21 布氏硬度试验原理图

当试验压头为淬火钢球时，其硬度用符号 HBS 表示，硬度值一般小于 450。当试验压头为硬质合金球时，其硬度用符号 HBW 表示，硬度值一般小于 650。由布氏硬度（HB）计算公式可知，其单位为 kgf/mm^2，但在习惯上只标明硬度的数值而不标硬度的单位，如纯铜的硬度为 120HBS。

在实际应用中，布氏硬度一般不用计算，而是用专门的刻度放大镜量出压痕直径（d），根据压痕直径的大小，再从专门的硬度表中查出相应的布氏硬度值，详见附录 A。

布氏硬度试验时使用的钢球直径较大，在金属材料表面留下的压痕也较大，因此测得的硬度值较准确。但由于压痕较大，不宜测定成品和薄片材料。另外，以淬火钢球或硬质合金球作压头时，如所测金属硬度过高，将会使淬火钢球变形，影响硬度值的准确性。因此，布氏硬度一般适用于测定较软的原材料、半成品的硬度。

交流与讨论 

（1）依据附录A查不同压痕直径的布氏硬度值，填入表1-10中。

表 1-10　不同压痕直径的布氏硬度值

压痕直径/mm	2.50	3.00	3.50	4.00	4.50	5.00	5.50	6.00
布氏硬度值								

（2）布氏硬度测试中，压痕直径与硬度值的关系是：

压痕直径越小，布氏硬度值越______；

压痕直径越大，布氏硬度值越______。

（3）某私营企业自制了一批水泥砖，需要检验这批水泥砖的硬度是否达到样品的硬度。这时有人说只要有一个小铁球就可以做这个试验。你认为可行吗？应怎样进行试验才能够测出水泥砖的硬度是否达标？

2. 洛氏硬度

洛氏硬度测试的原理是用 120° 金刚石圆锥体或一定直径的钢球作为压头，在规定载荷的作用下压入金属表面，由压头在金属表面形成的压痕深度（h）来计量硬度值。图 1-22 所示为洛氏硬度计，图 1-23 所示为用金刚石圆锥体压头进行洛氏硬度测试的示意图。与布氏硬度一样，洛氏硬度值越大，材料的硬度越大。

图 1-22　洛氏硬度计

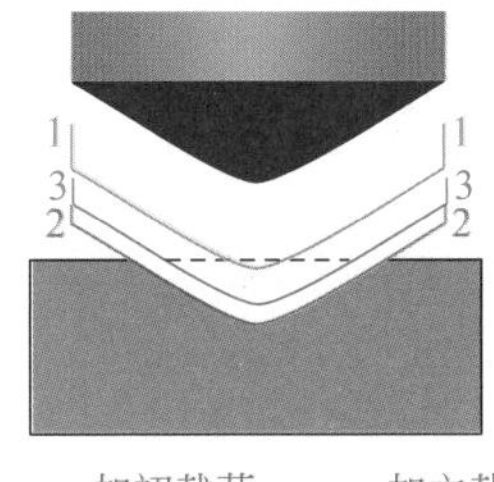

图 1-23　洛氏硬度测试原理

你知道吗

洛氏硬度测定时，图1-23中1—1是在初载荷作用下压头所处的位置，压入深度为h_1，目的是为了消除试件不光洁对硬度的影响。

3—3是卸除主载荷后压头所处的位置，因被测试样弹性变形得到恢复，此时压头实际压入的深度为h_3。

总压入深度以$h=h_3-h_1$来计算，是为了剔除弹性变形的深度。

洛氏硬度用符号HR表示，测试时硬度值可从硬度计上直接读出。为了用一台硬度计测定从软到硬不同的金属材料的硬度，可采用不同的压头和总试验力，组成15种洛氏硬度标尺，每一种标尺用一个英文字母在洛氏硬度HR后面加以注明。常用的洛氏硬度标尺是HRA、HRB、HRC，其中HRC应用最广。

各种洛氏硬度标尺的试验条件和适用范围见表1-11。洛氏硬度操作简便、迅速，效率高，可直接测量成品工件及高硬度的材料；但压痕小，硬度值不够准确，需多次测量。

表1-11 各种洛氏硬度标尺的试验条件和适用范围

硬度标尺	压头类型	总试验力/N	硬度值范围	应用举例
HRA	120°金刚石圆锥体	1471.0	20～80	适用于测定硬度极高的材料和成品，如硬质合金
HRB	$\phi\frac{1''}{16}$钢球	980.7	20～100	适用于测定硬度较低的材料和成品，如黄铜轴套
HRC	120°金刚石圆锥体	588.4	20～70	适用于测定硬度较高的材料和成品，如淬火钢

3. 维氏硬度

布氏硬度仅适用于测定硬度小于450HBS的金属材料硬度，洛氏硬度虽然可采用不同的标尺测定由极软到极硬金属材料的硬度，但不同标尺的硬度值之间没有换算关系，使用很不方便。为了能在同一种硬度标尺上测定由极软到极硬材料的硬度值，材料专家发明了维氏硬度。

维氏硬度的测试原理基本和布氏硬度的测试原理相同，其测试原理如图1-24所示。将相对面夹角为136°的正四棱锥体金刚石压头，以选定的试验力压入试样表面，经规定的保持时间后卸除载荷，测出对角线长度d，算出压痕的表面积S，以正四棱锥压痕单位表面积上的压力计算维氏硬度值。其计算公式如下：

$$HV=\frac{F}{S_{压}}=\frac{F}{\frac{d^2}{2\sin68^\circ}}=1.854\frac{F}{d^2}$$

式中：F——试验载荷（kgf）；

$S_{压}$——压痕面积（mm^2）；

d——压痕两对角线平均长度（mm）；

HV——维氏硬度。

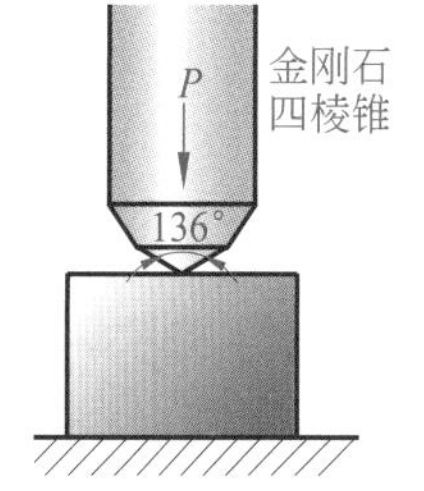

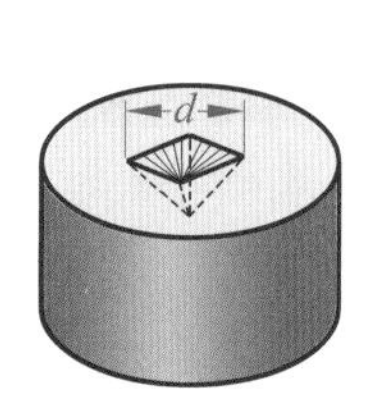

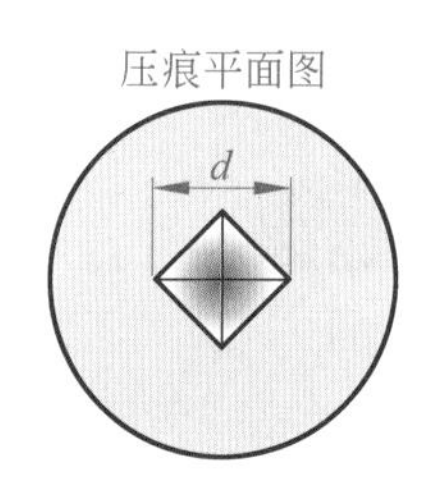

图1-24 维氏硬度试验原理示意图

维氏硬度值为 10～1000HV。在实际应用中，维氏硬度值是测出压痕对角线的长度值再查表得到的。

因试验时所加的载荷较小，压入深度较浅，故维氏硬度适用于测试很薄的工件及渗碳层、氮化层的表面硬度。

你知道吗？

机械零件与工具的硬度值范围

硬度是检验毛坯、成品的重要性能指标，零件图纸中都标注有硬度要求。例如：

一般刀具、量具要求硬度为60～65HRC；

弹性零件要求硬度为40～52HRC；

机械结构零件要求硬度为25～45HRC。

不同硬度值的大小比较

HBS、HRC、HV因测定方法不同，其硬度值也不同。那么如何比较不同硬度值的大小呢？除通过直接查阅硬度值换算表之外，还可用以下经验公式进行近似换算。

$$HRC \approx \frac{1}{10}HBS$$

$$HBS \approx HV$$

韧性

在生产和生活中，许多机械零件往往要受到冲击载荷的作用，如冲床的冲头、凿岩石机风镐上的活塞等。制造这些机械零件所用的金属材料，其性能指标不能单纯用静载荷作用下的指标来衡量，而必须考虑材料抵抗冲击载荷的能力。金属材料抵抗冲击载荷作用而不被破坏的能力称为韧性。

金属材料韧性的测定是在冲击试验机上进行的，摆锤冲击试验机如图 1-25 所示。为了使试验结果具有可比性，试样必须标准化。根据国家标准 GB/T 229—1994 规定，试样有 10mm × 10mm × 55mm 的 U 形缺口和 V 形缺口两种，如图 1-26 所示。

图 1-25　摆锤冲击试验机

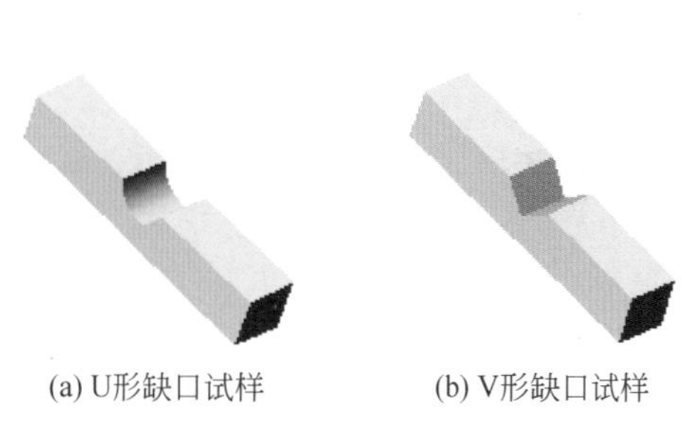

(a) U形缺口试样　(b) V形缺口试样

图 1-26　冲击试样

试验时将试样放在支架上，试样缺口背向冲击方向，然后将重量为 G 的摆锤升到 H_1 的高度后任其自由落下。若试样被冲断，摆锤还能升高到 H_2 的高度，摆锤冲断试样时所做的冲击功为 A_k，根据功能原理：

$$A_k=G(H_1-H_2)$$

式中：G——摆锤重量（N）；

H_1——冲击前摆锤举起的高度（m）；

H_2——冲断试样后，摆锤回升的高度（m）；

A_k——冲击功（J）。

A_k 值越大，表示材料的韧性越好。试验时，冲击功 A_k 值可以从试验机上直接读取。

一般把 A_k 值小（$A_k < 8J$）的材料称为脆性材料，A_k 值大（$A_k \geqslant 8J$）的材料称为韧性材料。脆性材料在断裂前无明显的塑性变形，断口较平整，有金属光泽；韧性材料在断裂前有明显的塑性变形，断口呈纤维状，无光泽。

研究表明，金属材料在受到大能量、一次冲击载荷作用时（如防弹衣的材料），其冲击抗力主要取决于韧性 A_k。但在小能量多次冲击的条件下，其冲击抗力主要取决于材料的强度和塑性。例如，用45Cr钢制造模锻锤锤杆，以前认为凡受冲击载荷的零件，A_k 值越大越好，使锤杆 A_k = 100J，σ_b=800MPa，使用寿命仅一个月左右。现在根据多次冲击的特点，改变制造工艺，使 A_k = 32J，σ_b = 1480MPa，结果使用寿命提高到八个月以上。

新闻链接

1912年4月14日深夜，英国制造的、号称永不沉没的巨型游轮泰坦尼克号首航即沉没于大西洋海底，发生了令世人震惊的大海难，1523人遇难。海难发生一百多年来，人类并未停止探究泰坦尼克号沉没之谜。

1985年以前，人们普遍认为驾驶人员玩忽职守、船体设计不合理是泰坦尼克号沉没的主要原因。然而，伴随着美国海洋探险家巴拉德从三千多米的深海打捞出船体残骸，真相也一起浮出了水面。材料专家通过对打捞上来的残骸进行检测，发现建造泰坦尼克号的钢材含硫量非常高、韧性差。当船体左舷撞击冰山时，韧性差的六层隔舱的钢板瞬间脆裂，海水大量涌入，导致船体迅速沉没。

疲劳强度

人们长时间工作会觉得疲劳，那么没有生命的金属材料长时间工作会产生疲劳吗？请阅读下述【新闻链接】中的“空难事件”和“调查结论”。

新闻链接

空难事件：2002年5月25日下午3:08，我国台湾地区华航公司一架波音747飞机从台北桃园机场飞往香港地区，下午3:37分，当飞机飞行到离中国内地很近的澎湖海域上空时，飞机发生解体性爆炸，机上225名乘客和机组人员全部遇难。空难发生后，境外媒体纷纷猜测空难原因，有的认为飞机遇上了恶劣天气，也有的认为是恐怖分子所为，更有甚者说是飞机被中国内地导弹击中。

调查结论："5·25"空难发生后，华航公司邀请美国专家协查空难原因。美国专家对从海水中打捞的飞机残骸进行分析研究后得出的结论是：飞机发动机材料疲劳断裂导致空难发生。

1. 金属的疲劳

在交变应力的作用下，零件的工作应力低于材料的屈服点，但仍会发生突然断裂的现象称为金属的疲劳。疲劳断裂是机械零件失效的主要原因之一。据统计，在机械零件失效中约有 80% 以上是疲劳断裂，疲劳断裂前没有明显的塑性变形而是突然发生。所以，疲劳断裂经常造成重大的事故。

尽管交变应力有各种不同的类型，但疲劳断裂有以下共同的特点。

（1）疲劳断裂时，没有明显的宏观塑性变形，断裂前没有预兆，而是突然发生。

（2）引起疲劳断裂的应力很低，常低于材料的屈服点。

（3）疲劳断裂的断口由两部分组成，即疲劳裂纹的产生及扩展区（光滑部分）和最后断裂区（毛糙部分），断口如图 1-27 所示。

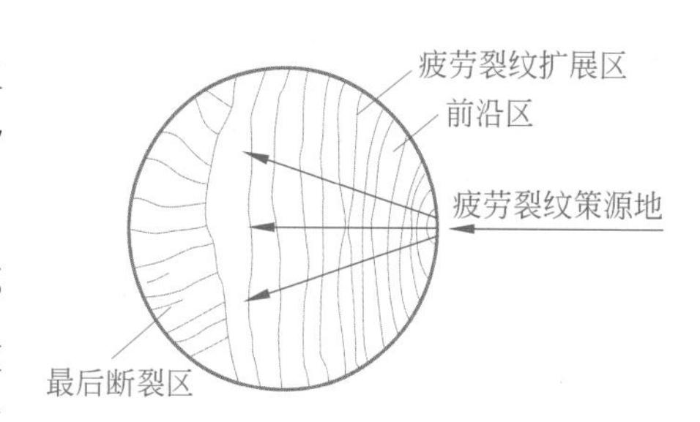

图 1-27　疲劳断裂断口示意图

机械零件之所以产生疲劳断裂，是由于材料的表面或内部有缺陷（如划痕、夹渣等），在交变应力的反复作用下产生了微裂纹，并随着应力循环周次的增加，裂纹不断扩展，使零件实际承受载荷的面积不断减少，直至减少到不能承受外加载荷的作用时，零件即发生突然断裂。

2. 疲劳强度

材料在交变载荷作用下会产生疲劳断裂，那么金属材料在多大的交变应力作用下工作是安全的呢？我们把金属材料在无限多次交变载荷作用下而不被破坏的最大应力称为疲劳强度，用 σ_{-1} 表示，单位是 MPa。

实际上，测定时不可能进行无限次的交变载荷试验，所以一般试验时有以下规定。

钢铁材料：经受 10^7 次交变载荷作用时，不产生断裂的最大应力作为疲劳强度。

有色金属：经受 10^8 次交变载荷作用时，不产生断裂的最大应力作为疲劳强度。

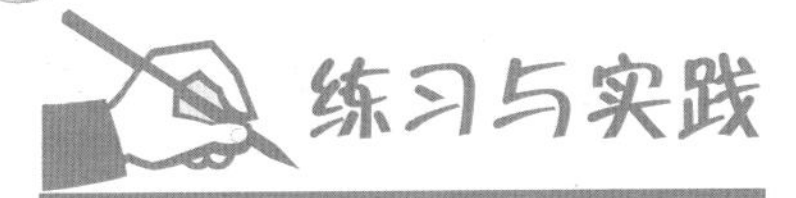

一、填空题

1. 金属材料抵抗__________或__________的能力称为强度。它的衡量指标有__________和__________。

2. 金属材料产生__________而不被破坏的能力称为塑性。它的衡量指标有__________和__________。

3. 常用的硬度测定方法有__________、__________和__________。

4. 金属材料抵抗__________作用而不被破坏的能力称为韧性。材料韧性的大小用__________来衡量，其单位为__________。

5. 已知一个45钢制成的零件，测得 $\sigma_s = 355\text{MPa}$，$\sigma_b = 600\text{MPa}$，$\delta = 16\%$，$\psi = 40\%$，$A_k = 39.4\text{J}$。用直径10mm钢球在9807N的试验力下对其保持30s时，布氏硬度值为197。依据已知的六个力学性能，请回答：

（1）衡量强度大小的是__________，零件工作时所受的应力应低于__________，否则零件会产生塑性变形。

（2）衡量塑性大小的是__________。

（3）衡量韧性大小的是__________，该零件材料为__________（脆性、韧性）材料。

（4）该零件的硬度表示方法为__________。

二、选择题

1. 金属材料的力学性能指标有多种，其中屈服点是指金属材料在（　　）载荷作用下的力学性能指标。

A. 静载荷　　B. 冲击载荷　　C. 交变载荷

2. 引起金属疲劳断裂的载荷是（　　）。

A. 静载荷　　B. 冲击载荷　　C. 交变载荷

3. 拉伸试验时，试样拉断前承受的最大应力称为材料的（　　）。

A. 疲劳强度　　B. 抗拉强度　　C. 屈服点

4. 在做低碳钢拉伸试验时，载荷不增加，试样继续发生变形的阶段属于（　　）。

A. 弹性变形阶段　　B. 屈服阶段　　C. 强化阶段　　D. 缩颈阶段

5. 布氏硬度测量压痕的（　　）。

A. 直径　　B. 深度　　C. 对角线长度

6. 硬度测定中，以压痕深度计量硬度值的是（　　）。

A. 布氏硬度　　B. 洛氏硬度　　C. 维氏硬度

7. 力学性能指标HRC是指（　　）。

A. 强度　　B. 塑性　　C. 硬度　　D. 韧性

8. 测试淬火钢（如锉刀）的硬度，通常选用的硬度测定法是（　　）。

A. HBS　　B. HRA　　C. HRB　　D. HRC　　E. HV

9. 测量薄片工件的硬度时，常用的硬度测试方法的表示符号是（　　）。

A. HBS　　B. HRA　　C. HRB　　D. HRC　　E. HV

10. 有关工件的图纸上，出现了以下硬度技术条件的标注方法，标注正确的是（　　）。

A. 650HBS　　B. HV=200～250kg/mm^2　　C. 62～65HRC　　D. 80～85HRC

11. 下列零件或工具在工作时都受到冲击载荷的作用，应选用韧性大的材料制造的是（　　）。

A. 打炮眼的钢钎　B. 锻锤锤杆　　C. 汽车保险杠

12. 为了保证飞机的安全，当飞机达到设计允许的使用时间（如10000小时），必须强行退役，这是考虑到材料的（　　）。

A. 强度　　B. 塑性　　C. 硬度　　D. 韧性　　E. 疲劳强度

三、判断题

1. 绑扎实物一般用铁丝（镀锌低碳钢丝）是因为铁丝强度和硬度低，塑性和韧性好。（　　）

2. 金属材料的 δ、ψ 值越大，表示材料的塑性越好。（　　）

3. 所有金属材料在拉伸试验时都会出现显著的屈服现象。（　　）

4. 金属材料屈服点越大，则允许工作应力越大。（　　）

5. 小能量多次冲击抗力的大小主要取决于材料的 A_k 值。（　　）

6. 洛氏硬度是以压痕深度计量硬度值的。（　　）

7. 有A、B两个工件，A的硬度是230～250HBS，B的硬度是60～64HRC，因此A比B的硬度高得多。（　　）

8. 做布氏硬度试验时，如果试验条件相同，其压痕直径越小，材料的硬度越低。（　　）

四、简述与实践题

1. 什么是塑性？塑性好的材料在生产中有哪些实际意义？

2. 1998年6月3日上午11时，一辆由德国慕尼黑开往汉堡的ICE1型884次高速列车在行驶至距莱比锡东北方约60km的小镇埃舍德附近时，列车脱轨并以200km的时速撞断一座立交桥后解体，事故造成101人死亡，88人重伤，酿成世界高速铁路历史上最为惨重的事故。事故发生后德国铁路机构经过调查后认为：事故是因列车第一节车厢后部的一个车轮轮箍发生金属疲劳断裂引起的。请问什么是金属材料的疲劳断裂？产生疲劳断裂的原因是什么？

3. 一根直径为10mm、原始长度为50mm的钢材短试样，在进行拉伸试验时，断裂前承受的最大拉力为51025N，断裂时测得的标距长度为60mm，试计算该试样的抗拉强度和伸长率。

4. 汽车保险杠（见图1-28）是吸收缓和外界冲击力、防护车身和乘员安全的装置。请问用做汽车保险杠的钢梁应具有何种突出的力学性能？

图1-28　汽车保险杠

第五节 金属材料的工艺性能

工厂是怎样把金属材料加工制造成机械零件的？一般的机械制造工艺过程如图1-29所示。

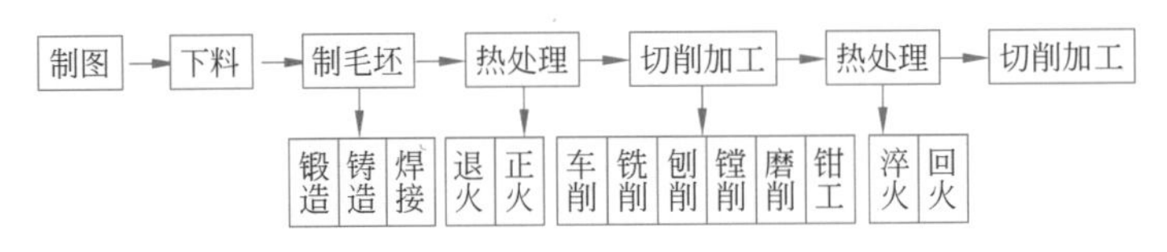

图1-29 一般的机械制造工艺过程

机械零件的使用要求不同，选择的材料就不同，它的加工工艺也就不同。工艺性能是指金属材料是否易于加工成型的性能。根据金属材料不同的加工工艺，工艺性能可分为铸造性能、压力加工性能、焊接性能、切削加工性能等。

铸造性能

铸造是将金属熔化为液态后浇注入铸型的空腔，冷却后获得相应的工件毛坯的工艺过程，其示意图如图1-30所示。金属熔化后是否易于铸造成优良铸件的性能称为金属的铸造性能。衡量金属铸造性能的主要指标是流动性、收缩性和偏析。

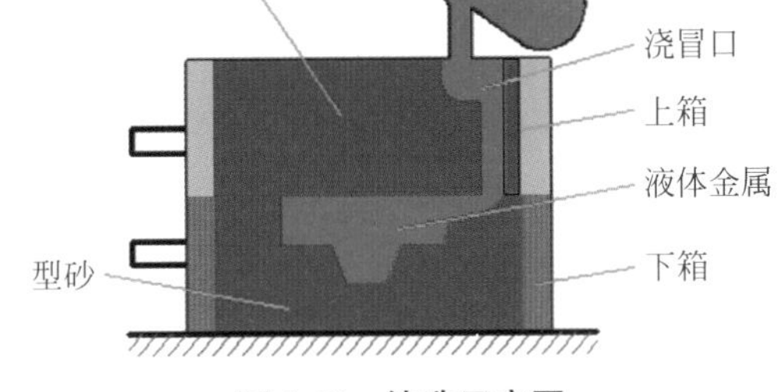

图1-30 铸造示意图

（1）流动性是指熔融金属的流动能力。金属的流动性好，铸造时容易充满铸型，可浇注形状复杂的零件。

影响流动性的主要因素是化学成分。钢铁材料中含磷量越高，流动性越好。由于铸铁的含磷量比铸钢高，故铸铁的流动性比铸钢好。

（2）收缩性是指铸件在冷却过程中体积和尺寸减小的现象。铸件的收缩会产生收缩应力，导致缩孔、疏松、变形，甚至裂纹。一般铸铁的收缩率为1.0%，而铸钢的收缩率为2.0%。

（3）偏析是指金属凝固后内部组织和化学成分不均匀的现象。偏析的存在，使铸件各部分的力学性能产生差异，影响铸件质量。铸铁的偏析倾向比铸钢小。

铸铁的流动性好、收缩性小、偏析倾向小，因此，铸铁的铸造性能比铸钢好。

压力加工性能

金属材料在压力加工中承受压力发生变形而不被破坏的能力称为压力加工性能。它包括锻造性能、挤压性能、轧制性能、拉制性能和冲压性能（图1-31所示为各类压力加工示意图）。金属的压力加工性能同金属的塑性和变形抗力有关，塑性好、变形抗力小的材料，其压力加工性能也好。碳钢的锻压性能较好，而铸铁则不能锻压。

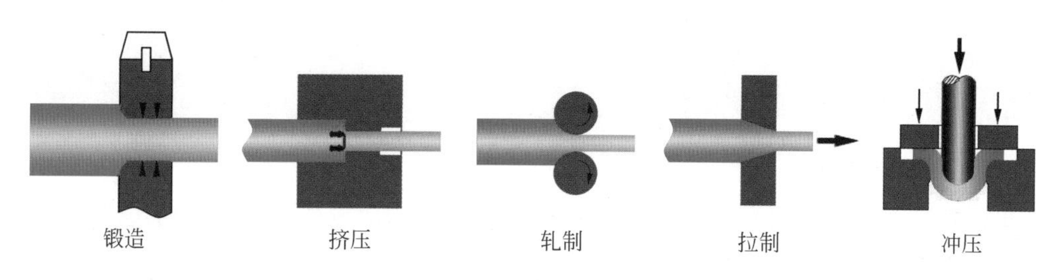

图 1-31　各类压力加工示意图

你知道吗？

钢制的零件毛坯为什么要进行反复锻造

机械制造时，对一些受力大或重要的钢制零件（或工具）毛坯进行反复细致的锻造，主要目的是形成锻造流线（图1-32（a）所示为曲轴锻造流线），使曲线分布合理，从而提高力学性能。其次，通过锻造使晶粒细化，并消除组织缺陷。

而铸造后的曲轴直接进行切削加工的流线如图1-32（b）所示，流线间断不连续，与锻造获得的曲轴力学性能存在着显著的差距。

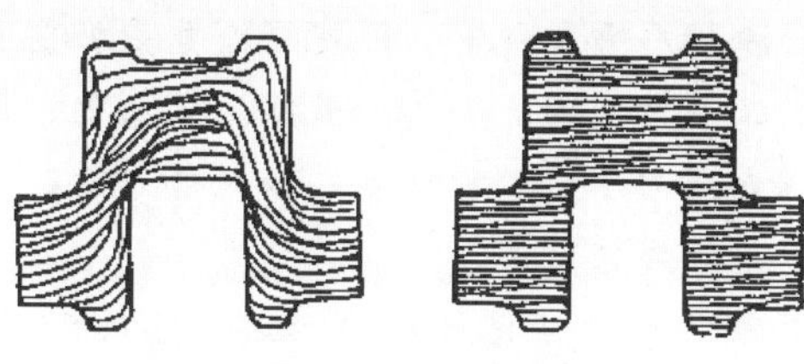

(a) 曲轴锻造流线　(b) 曲轴切削加工流线

图 1-32　曲轴锻造流线与切削加工流线

焊接性能

将两部分金属材料通过加热、加压使其牢固结合为一体的工艺方法称为焊接。金属材料对焊接加工的适应性称为焊接性能。焊接性能好的金属，焊接时不易形成气孔、夹渣、裂纹等缺陷，并且焊接接头具有很好的力学性能。金属材料的化学成分对金属的焊接性能有很大的影响。低碳钢具有优良的焊接性能，高碳钢、不锈钢、铸铁则焊接性能较差。

焊接有人工焊接、智能机器人焊接和激光焊接，如图 1-33 ～图 1-35 所示。现在许多汽车制造厂生产的小轿车壳体就采用激光焊接，使车体看起来天衣无缝，浑然一体。

图 1-33　人工焊接

图 1-34　智能机器人焊接

图 1-35　激光焊接

切削加工性能

切削加工是用刀具切削金属材料毛坯，使其达到一定形状、尺寸精度和表面粗糙度的工艺。常用的切削加工方法有车削、铣削、镗削、刨削、磨削及钳工。

金属材料在切削加工时的难易程度称为切削加工性能。切削加工性能好的金属材料切削时刀具磨损量小，切削量大，加工表面也比较光洁。切削加工性能的好坏同金属材料的硬度、导热性、内部结构、加工硬化等因素有关，尤其是硬度对切削加工性能影响最大。硬度在170 ~ 230HBS的金属材料最易切削加工。就钢铁材料而言，铸铁的切削加工性能好于碳钢。

新闻链接

新时代杰出的技术工人——王竹林

1985年，17岁的王竹林刚初中毕业便来到浙江省工业设备安装公司，成为一名农民合同制的电焊工。作为一名有理想、有追求的青年，他敬业爱岗，积极上进。为了让端焊枪的手更加稳定，他把焊枪重量加重了一倍多，苦练焊接技能。他虚心好学，工余时间埋头苦读。虽然只有初中文化，他却系统地读完了《焊工工艺学》《电焊力学》《材料学》和《电力学》等中专、大专教材，拿到了十几种不同材料的焊接证书。

娴熟的技能、扎实的理论，使他成为一名出色的焊接能手。1995年10月30日，四川成都，由劳动部、全国总工会、共青团中央和机械工业部举办的“第三届全国焊工技能赛”现场，随着主裁判一声哨响，来自全国27个省市的140多名选手“唰”的一声提起焊枪，装好焊条，打开开关，戴上帽子，开始操作起来。唯独王竹林不着急，主裁判诧异地看了他一眼。没到两分钟，其他选手发现由于同时开机，电流负荷突然增大，电压下降，使得焊条融度不够，焊条和母材粘在一块儿。这时王竹林才胸有成竹地戴上帽子，起焊引弧。蓝色焊弧“嘶嘶”作响，沿着管缝有节奏地移动着，当快到顶端时，他并不按照书本上的90°直焊，而是换了75°进行焊接，不仅外表美观，内部光滑，而且最后通过X光拍片证明焊接处没有任何气泡，堪称一件完美无缺的工艺品。经过一天时间严格的评选，竞赛组委会宣布：来自浙江省工业设备安装公司的王竹林以理论考试第一、实际操作第一的成绩获得手工焊冠军，并授予“全国手工焊技术能手”称号和劳动部“全国技术能手”称号。1996年5月，王竹林被浙江省政府授予“省劳动模范” 称号，被全国总工会授予“五一劳动奖章”。

作为一名杰出的一线技术工人，王竹林自2008年开始享受国务院特殊津贴。

练习与实践

一、填空题

1. 机械制造时，零件毛坯的制造方法通常有__________、__________和__________。

2. 铸铁的铸造性能比碳钢________（差、好），这是因为铸铁的__________、__________、__________。

3. 机械制造中，切削加工方法有_________、_________、_________、_________、_________及__________。硬度在__________ HBS 的金属材料最易切削加工。

二、选择题

1. 下列金属材料铸造性能好的是（　　），焊接性能好的是（　　），锻造性能好的是（　　），切削加工性能好的是（　　）。

A. 低碳钢　　B. 中碳钢　　C. 高碳钢　　D. 铸铁

2. 子弹弹壳采用 H70 黄铜经深度冷冲压加工而成。下列对 H70 力学性能表述正确的是（　　）。

A. 硬度高　　B. 强度大　　C. 韧性差　　D. 塑性好

三、简述与实践题

1. 1983 年在上海召开的第 4 届国际材料及热处理大会的会标是小炉匠锤打的图案，为什么古代著名的刀剑都要经过反复锻打？

2. 分组参观工厂铸造、锻造、焊接及切削加工车间，了解生产大致过程。回校后分组交流各个车间的生产特点。

节　次	学习内容	分值	自我评价	小组互评	教师评价	综合得分
第一节　金属材料	金属	4				
	合金	5				
	金属材料	3				
第二节　金属材料的物理性能	密度	2				
	熔点	2				
	导热性	2				
	导电性	2				
	热膨胀性	2				
第三节　金属材料的化学性能	耐腐蚀性	2				
	抗氧化性	2				

续表

节　　次	学习内容	分值	自我评价	小组互评	教师评价	综合得分
第四节　金属材料的力学性能	载荷	2				
	变形	2				
	内力与应力	2				
	拉伸试验和拉伸曲线	4				
	强度	12				
	塑性	12				
	硬度	12				
	韧性	10				
	疲劳强度	10				
第五节　金属材料的工艺性能	铸造性能	2				
	压力加工性能	2				
	焊接性能	2				
	切削加工性能	2				
合　　计		100				

第二章 金属的晶体结构与结晶

比利时布鲁塞尔原子球博物馆是1958年为举办万国博览会而专门设计建造的。博物馆高102m，是一个铁原子晶体放大1650亿倍之后的“魔方体”建筑。它由9个巨大的金属圆球组成，每个圆球象征一个原子，原球直径18m，连接各个球体的钢管每根长26m，直径3m。球体内有240m^2的展厅、放映厅和美食厅。

学习要求

掌握金属常见的三种晶格类型。

了解纯金属结晶特点和过程，明确晶粒大小对力学性能的影响，并熟悉细化晶粒的方法。

理解纯铁的同素异构转变。

学习重点

金属的三种常见晶格类型。

纯铁的同素异构转变。

第一节 金属的晶体结构

材料史话

人类在使用金属材料的早期，是用肉眼观察金属材料表面质量和断口缺陷的。由于人们对金属材料内部结构缺乏应有的认知，长期以来，金属材料的冶炼和加工技术落后，应用缓慢。随着显微镜的发明和使用，1860年，英国地质学家索拜（H. C. Sorby）第一次采用显微镜观察到了钢铁六种不同的组织结构，引起了各国材料专家的广泛关注，并由此推动和创立了金相学——采用显微镜研究金属及合金的成分、组织结构及性能之间的关系。用金相学方法观察到的金属及合金内部晶体或晶粒大小、方向、形状、排列状况等称为显微组织。图2-1所示为纯铜显微组织，图2-2所示为工业纯铁显微组织。如今，金相学在金属材料研究领域中已占有很重要的地位。

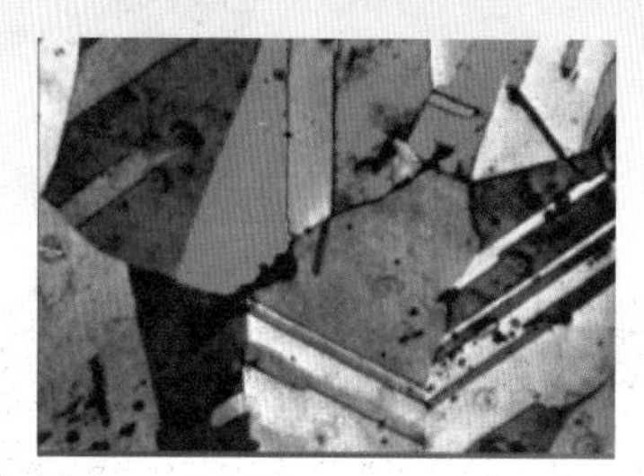

图 2-1 纯铜显微组织

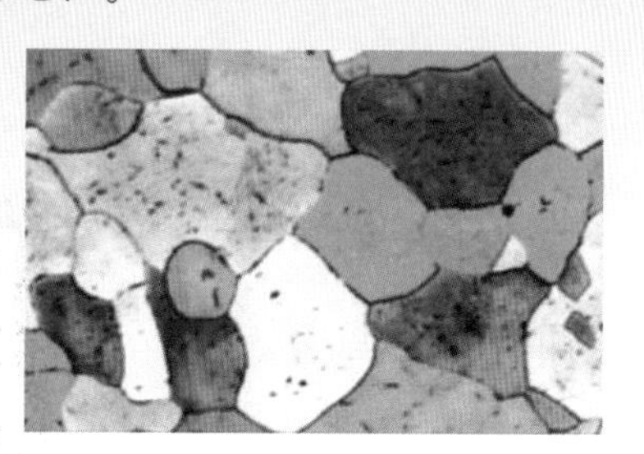

图 2-2 工业纯铁显微组织

我们知道，金属材料是由原子构成的。那么金属材料内部的原子是杂乱无序地堆积的，还是有规律排列的呢？科学家经过长期的研究得出的结论是：固态金属材料内部的原子是有序、有规律排列的晶体。每一种金属材料都有自己特定的晶体结构。金属晶体中把用于描述原子在晶体中排列方式的空间格架称为晶格，如图 2-3 (a) 所示。能够完整反映晶格特征的最小几何单元称为晶胞，如图 2-3 (b) 所示。

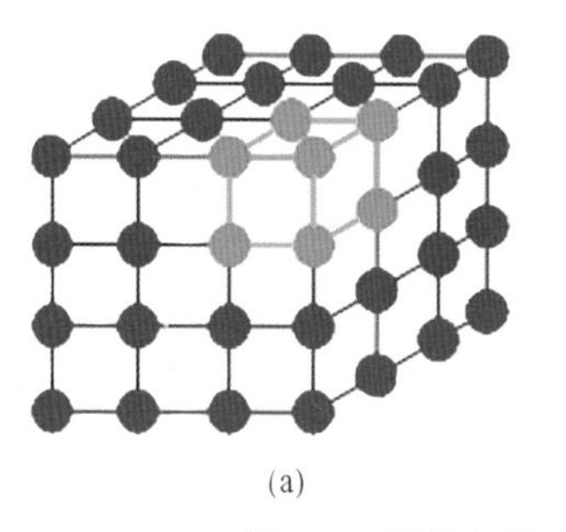

(a)

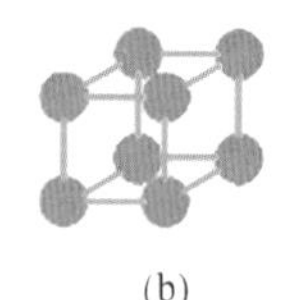

(b)

图 2-3 晶格和晶胞示意图

你知道吗

非　晶　体

在固体物质中，还有一类内部原子无序堆积的物质称为非晶体。如普通玻璃、松香、树脂等都属于非晶体。

晶体与非晶体相比，由于原子排列方式不同，它们的性能也有明显的差别。晶体具有固定的熔点，其性能需求呈各向异性；而非晶体没有固定熔点，其性能需求表现为各向同性。

研究表明，金属的晶格类型很多，但绝大多数金属的晶体结构属于下面三种类型，即体心立方晶格、面心立方晶格、密排六方晶格。

体心立方晶格的晶胞是一个立方体。在立方体的八个顶角和立方体的中心各排列一个原子，如图 2-4 (a) 所示。

纯铁在 912°C 以下时具有这种体心立方晶格，通常称为 α-Fe。此外，钨、铬、钒等 30 多种金属也具有体心立方晶格。

面心立方晶格的晶胞也是一个立方体。在立方体的八个顶角和六个面的中心各排列一个原子，如图 2-4 (b) 所示。

铝、铜、铅、镍等金属晶体具有面心立方晶格。

密排六方晶格的晶胞是一个六方柱体。在柱体的每个顶角均排列一个原子，上、下底面各有一个原子，在晶胞中间还排列有三个原子，如图 2-4 (c) 所示。

锌、镁、铍、镉等金属晶体具有密排六方晶格。

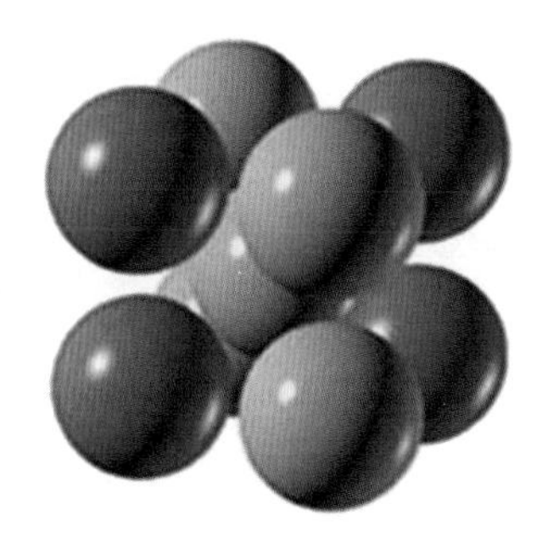

(a) 体心立方晶格

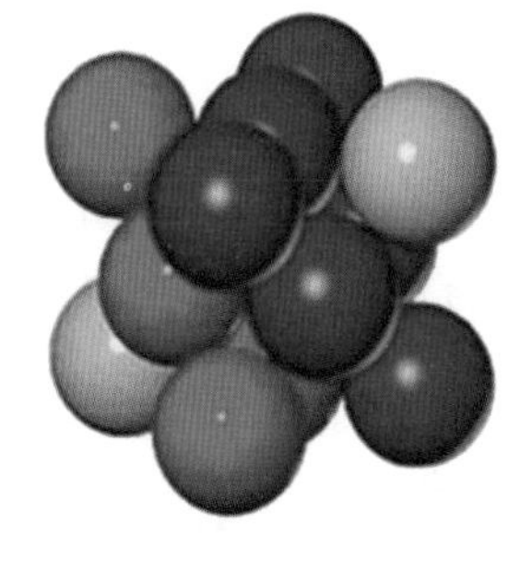

(b) 面心立方晶格

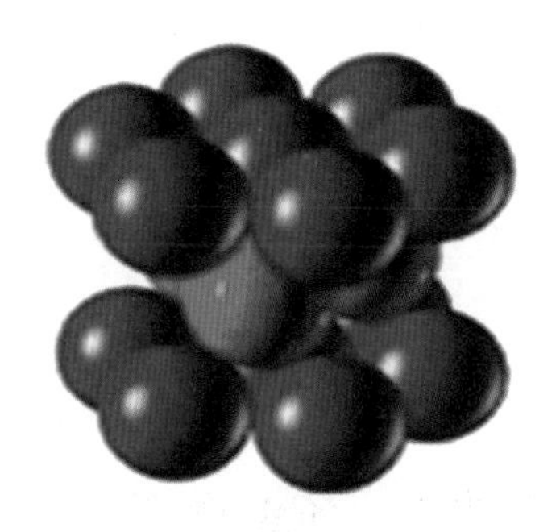

(c) 密排六方晶格

图 2-4　金属晶格的常见类型

金属的性能与晶格类型有着密切的关系。如金属晶体中，不同平面和方向上原子排列的疏密程度不同，原子间的结合力也就不同，从而呈现各向异性。由于面心立方晶格晶体可以产生多方位的变形，因此，此类晶格的金属都具有良好的塑性等。

活动与探究

用乒乓球象征原子，请用黏结剂制作体心立方晶格、面心立方晶格、密排六方晶格的晶胞模型。

练习与实践

一、填空题

1. 固态金属一般是晶体，其内部原子是有__________、有__________的。每一种金属材料都有自己特定的晶体结构。如铝为__________晶格，锌为__________晶格。

2. 金属晶体常见晶格类型有__________、__________和__________。

二、选择题

1. 纯铁在室温下的晶格类型是（　　）；铜的晶格类型是（　　）。

A. 体心立方晶格

B. 面心立方晶格

C. 密排六方晶格

2. 用金相学方法观察到的金属及合金内部晶体或晶粒的大小、方向、形状、排列状况等称为金属的（　　）。

A. 室温组织

B. 宏观组织

C. 显微组织

三、简述与实践题

1958 年，世界工业博览会在比利时召开，博览会大楼是由 9 个巨大的金属球组成，球直径为 18m，8 个球位于立方体角，1 个球在中心。请问博览会大楼结构象征什么？

第二节　纯金属的结晶

金属材料由液态转变为固态时凝固的过程，即晶体结构形成的过程称为结晶。金属材料的冶炼和铸造都要经历由液态转变为固态的结晶过程。金属材料性能与结晶后的组织密切相关，所以了解金属材料结晶过程的基本规律，对于掌握和控制金属材料的组织及性能具有十分重要的意义。

纯金属结晶的特点

科学实验研究表明：纯金属是在恒定的温度下结晶的，如纯铁的结晶温度为1538°C，纯铜的结晶温度为1083°C。图2-5所示为纯金属结晶的冷却曲线，由冷却曲线可以看出，液体金属随着冷却时间的延长，它所含的热量不断向外散失，温度也不断下降。当冷却到a点时，液体金属开始结晶。由于结晶过程中释放出来的结晶热量，补偿了散失在空气中的热量，因此温度并不随时间的延长而下降，直到b点结晶终了时温度才继续下降。a、b两点之间的水平线段即为结晶阶段，它所对应的温度就是纯金属结晶温度。通常我们把科学实验测定的纯金属结晶温度称为理论结晶温度（T_0）。

在实际生产中，我们发现液态金属冷却到理论结晶温度（T_0）以下才开始结晶，如图2-6所示。实际结晶温度（T_1）低于理论结晶温度（T_0），这一现象称为“过冷现象”。理论结晶温度和实际结晶温度之差称为过冷度（$\Delta T = T_0 - T_1$）。金属结晶时过冷度的大小与冷却速度有关。冷却速度越快，金属的实际结晶温度越低，过冷度也就越大。

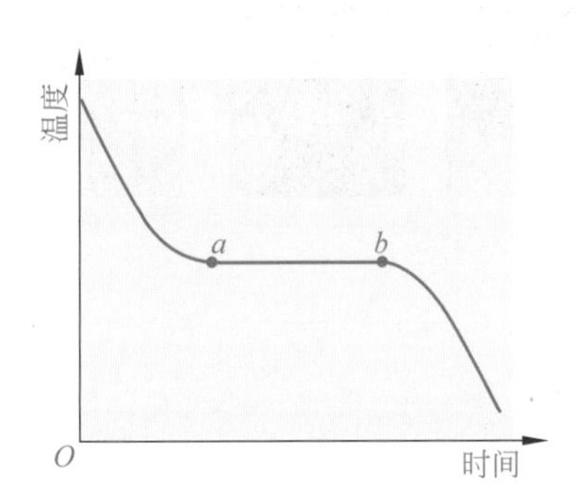

图2-5　纯金属结晶的冷却曲线

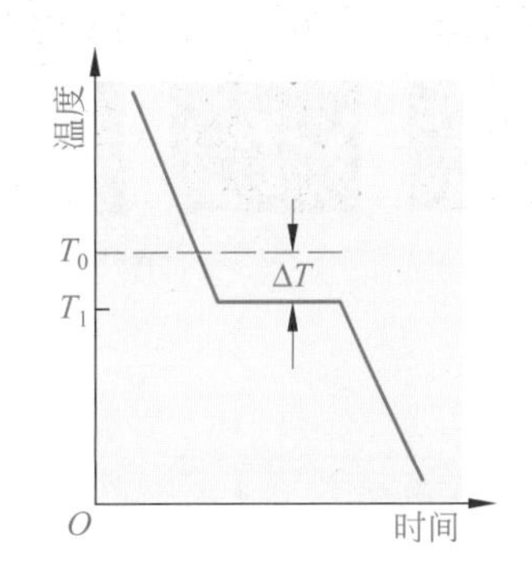

图2-6　纯金属结晶的过冷现象

你知道吗？

合金的结晶特点

在金属材料研究中，通常把金属材料结构发生改变的温度称为临界温度（或临界点）。纯金属结晶在恒温下进行，所以只有一个临界温度。合金绝大多数是在一个温度范围内进行结晶的，结晶开始温度与终止温度不同，所以有两个临界点，只有在某一特定成分的合金系中才会出现一个临界点。表2-1为部分铅（Pb）锑（Sb）二元合金的化学成分和临界点。

表2-1　部分铅锑二元合金的化学成分和临界点

化学成分/%		临界点/°C	
Pb	Sb	开始结晶温度	结晶终了温度
95	5	300	252
89	11	252	252
50	50	460	252

交流与讨论

在寒冷的季节里，北方人是怎么吃硬邦邦的冻柿子呢？他们的吃法叫作“拔冰子”，其过程就是将冻柿子放入冷水中，待冻柿子外面结成大冰团时将其捞出，此时剥开冰团，里面的柿子已变得松软可口了。请想一想，他们是利用什么原理把冻柿子里的冰拔出来的？

纯金属的结晶过程

液态金属在达到结晶温度开始结晶时，首先形成一些微小且稳定的小晶体，称为晶核，然后随着时间推移，晶核不断长大，与此同时，液体中不断形成新晶核，并不断长大，直到它们彼此相互接触，液态金属完全消失而转变为固态，如图 2-7 所示。因此，纯金属的结晶过程是晶核形成与晶核长大的过程。

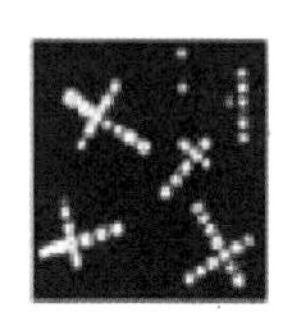
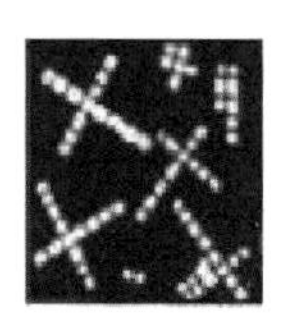
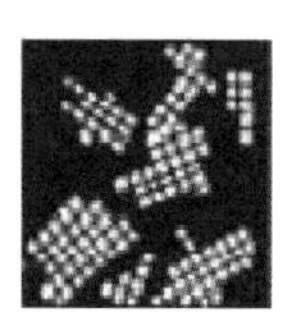

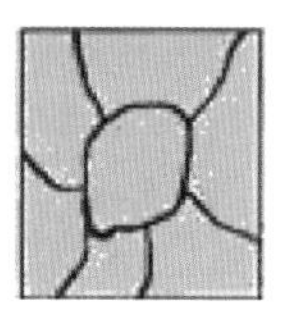

图 2-7　纯金属结晶过程示意图

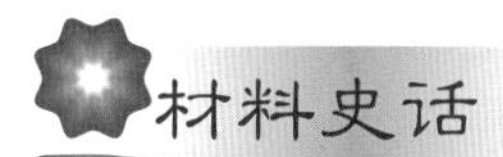

材料史话

1868年，俄国一座军工厂制造的大炮质量让军械工程师切尔诺夫困惑不解。这座军工厂制造的大炮炮筒有的可用上很长时间，但也有不少用不了几天就断了，直接影响了炮兵打仗。后来这位军械工程师使用显微镜仔细观察炮筒断口，他惊奇地发现几乎所有“短命”断裂的炮筒断口处金属晶体都特别粗大。为此，他在大炮炮筒铸造结晶时实施了细化晶粒的方法，从而大大提高了大炮炮筒的寿命。

晶粒大小对力学性能的影响

金属结晶后形成许多晶粒组成的多晶体。金属的晶粒大小对其力学性能有很大的影响。

交流与讨论

晶粒大小可以用单位体积内的晶粒数目来表示，数目越多晶粒越小。为了方便测量，常用单位截面上晶粒的平均直径来表示。表2-2显示了晶粒大小对纯铁力学性能的影响。

表 2-2　晶粒大小对纯铁力学性能的影响

晶粒平均直径/μm	σ_b/MPa	δ/%
70	184	30.6
25	216	39.5
2.0	268	48.8
1.6	270	50.7

分析晶粒大小对纯铁力学性能的影响，你得出的结论是：____。

材料专家经过研究发现：在一般情况下，金属材料结晶时，晶粒越细，金属材料的强度和硬度越高，塑性和韧性越好。细化晶粒是提高金属材料力学性能的重要手段之一。细化晶粒主要有以下几种方法。

1. 增大过冷度

增大过冷度，晶核的形成速度和长大速度都会增加。但晶核的形成速度比晶核的长大速度快，产生晶核的数目显著增加，因此，增大过冷度可使晶粒细化。

此方法只适用于中、小型铸件，对于大型铸件则需要用其他方法使晶粒细化。

2. 变质处理（孕育处理）

在液态金属结晶前，加入一些细小的变质剂（又称形核剂或孕育剂），使它分散在金属液中作为人工晶核，可使晶核数量显著增加，并降低晶核的长大速度，这种细化晶粒的方法称为变质处理。例如，向铸铁液中加入硅铁、硅钙都能起到细化晶粒的作用。

3. 振动处理

在金属结晶时，对液态金属采用机械振动、超声波振动和电磁振动等方法，使正在生长的晶粒破碎，增加形核率，从而细化晶粒。

交流与讨论 

细化晶粒是提高金属材料力学性能的重要手段之一，工业上把利用细化晶粒来强化金属材料的方法称为细晶强化。专家们认为细晶强化是一种最经济的强化金属材料的方法，你是怎样理解这一观点的？

一、填空题

1. 纯金属结晶是在________温度下完成的，这是因为________________________________。

2. ________与________的差值称为过冷度。________越快，金属的________越低，过冷度就越大。

3. 金属结晶的过程是__________和__________的过程。

4. 金属结晶时，晶粒越细力学性能越______（差，好）。细化晶粒的方法有__________、__________和__________。

二、选择题

1. 金属结晶时，晶粒越细小力学性能（　　）。

A. 无影响　　B. 越差　　C. 越好

2. 在金属液中进行变质处理的目的是（　　）。

A. 增大过冷度　　B. 降低结晶温度　　C. 获得粗晶粒　　D. 获得细晶粒

3. 金属结晶时的过冷度越大，结晶后的晶粒（　　）。

A. 越粗　　B. 越细　　C. 与过冷度无关　　D. 无法判定

4. 金属发生结构改变的温度称为（　　）。

A. 临界点　　B. 凝固点　　C. 过冷度

5. 金属结晶时，冷却速度越快，其实际结晶温度将（　　）。

A. 越低　　B. 越高　　C. 越接近理论结晶温度　　D. 不受影响

第三节　纯铁的同素异构转变

同素异构转变

大多数金属结晶成固态后，其晶格类型不再发生变化，但有少数金属如铁、锰、钛、钴等，在结晶成固态后，继续冷却时晶格类型还会发生变化。金属在固态下随温度的改变，由一种晶格转变为另一种晶格的现象称为同素异构转变。由同素异构转变所得到的不同晶格类型的晶体称为同素异构体。同一金属的同素异构体按其稳定存在的温度，由低温到高温依次用希腊字母 α、β、γ、δ 等表示。

纯铁的同素异构转变

纯铁的熔点为 1538°C，固态下具有同素异构转变现象。图 2-8 所示为纯铁的冷却曲线。

由图 2-8 可知，液态纯铁在 1538°C 时开始结晶，得到体心立方晶格的 δ-Fe，继续冷却到 1394°C 时发生同素异构转变，转变为面心立方晶格的 γ-Fe，继续冷却到 912°C 时，又发生同素异构转变，转变为体心立方晶格的 α-Fe。如再继续冷却，晶格的类型不再发生变化。这种转变可用下式表示：

$$\delta\text{-Fe} \underset{}{\overset{1394℃}{\rightleftharpoons}} \gamma\text{-Fe} \underset{}{\overset{912℃}{\rightleftharpoons}} \alpha\text{-Fe}$$

（体心立方晶格） （面心立方晶格） （体心立方晶格）

不仅纯铁能够发生同素异构转变，而且铁碳合金——钢、铸铁同样能发生同素异构转变。正因为如此，生产中才有可能对钢和铸铁进行各种热处理来改变其组织和性能。可见纯铁的同素异构转变现象具有极其重要的意义。

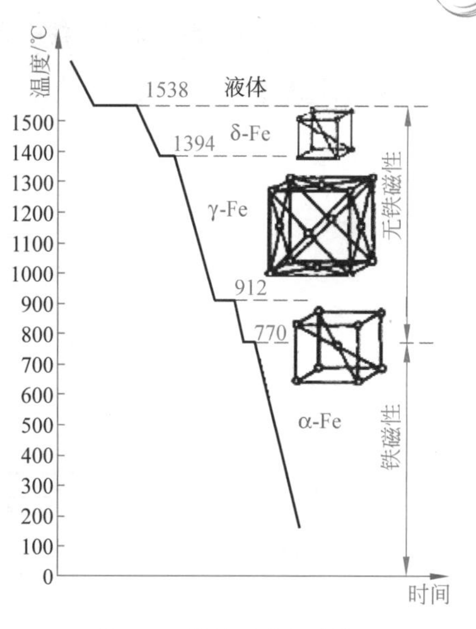

图 2-8 纯铁的冷却曲线

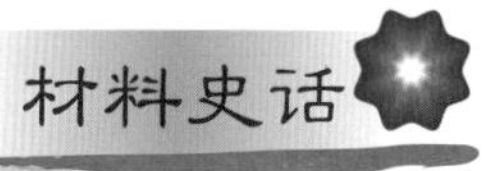

军大衣的扣子到哪里去了？

1867年冬天，俄国彼得堡军需部向士兵们发放冬装。奇怪的是，这次发放的军大衣全部没有扣子。官兵们非常不满，逐级上告到沙皇。沙皇听了大发雷霆，要严厉处罚监制军大衣的大臣。大臣恳求宽限几天，以对此事进行调查。大臣到军用仓库查看，翻遍了整个仓库，确实发现每件军大衣都没有扣子。但据部下汇报，这些军大衣入库时都钉有锡扣。

扣子到哪里去了呢？大家迷惑不解。后来有位科学家根据锡的特性解开了这个谜题。他说，这是由于天气太冷，锡扣变成粉末脱掉了！原来，锡具有同素异构转变的性质，当温度在零下13℃时，其晶体结构发生改变，密度由原来的 $7.298\times10^3\text{kg/m}^3$ 降低到 $5.846\times10^3\text{kg/m}^3$，也就是说它变松了，但体积增加了20%左右。由于体积的急剧膨胀，产生了很大的内应力，最后被“炸”成粉末；温度降到零下33℃时，这种变化速度就会大大加快。那年冬天，俄国彼得堡地区气温降到零下33℃以下，所以，军大衣上银光闪闪的扣子不见了。

一、填空题

1. 将纯铁在下列温度下的组织和晶体结构填入表 2-3。

表 2-3 记录表

温度/°C	组织名称	晶体结构
室温		
1000		
1450		

2. 生产中可以通过对钢（铁碳合金）进行各种热处理来改变其组织，从而改变钢的性能，这是由于铁及其合金有＿＿＿＿＿＿＿＿＿＿＿＿的原因。

二、判断题

1. 在任何情况下，铁及其合金都是体心立方晶格。（　　）

2. 纯铁在 780℃ 时晶体结构为面心立方晶格的 γ-Fe。（　　）

3. 45 钢从室温加热到 1000℃ 时，硬度降低，塑性提高，可进行锻造。这是因为内部结构发生了改变的缘故。（　　）

三、选择题

1. 金属随温度的改变，由一种晶格类型转变为另一种晶格类型的现象，称为（　　）。

A. 物理转变　　B. 化学转变　　C. 同素异构转变

2. 纯铁在 912℃ 以下的组织为 α-Fe，它的晶格类型是（　　）。

A. 体心立方晶格　　B. 面心立方晶格　　C. 密排六方晶格

节　次	学习内容	分值	自我评价	小组互评	教师评价	综合得分
第一节　金属的晶体结构	晶格	4				
	晶胞	4				
	体心立方晶格	10				
	面心立方晶格	10				
	密排立方晶格	10				
第二节　纯金属的结晶	纯金属结晶的特点	10				
	纯金属结晶的过程	10				
	晶粒大小对性能的影响	10				
	细化晶粒的方法	12				
第三节　纯铁的同素异构转变	同素异构	8				
	纯铁的同素异构	12				
合　计		100				

第三章 铁碳合金

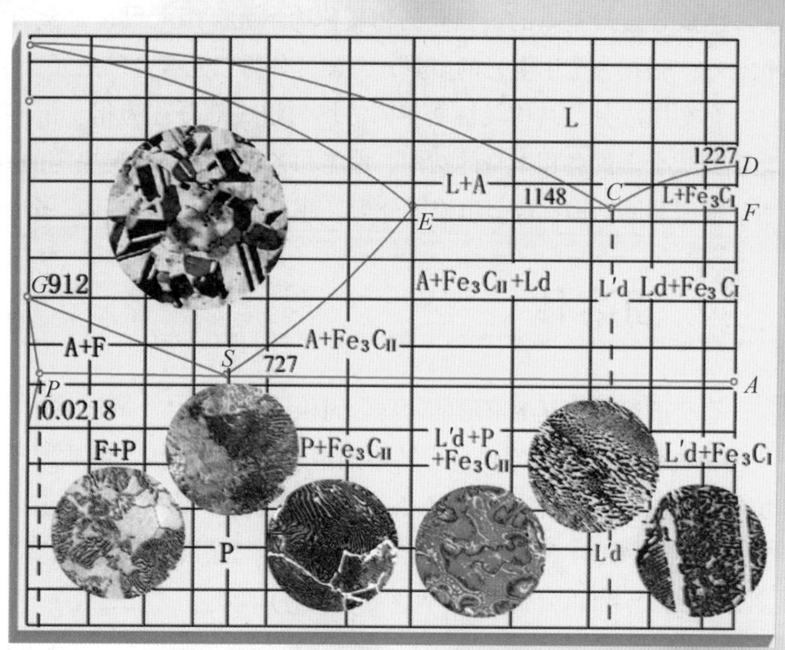

世界上第一张铁碳合金相图是英国材料专家罗伯茨·奥斯汀于1899年测定绘制的。铁碳合金相图为研究钢铁的组织，合理选用钢铁材料，科学制订钢铁材料铸造、锻造和热处理等热加工工艺提供了重要的科学依据。

学习要求

了解合金组织的基本知识。

掌握铁碳合金基本组织的结构和性能特点。

明确 Fe-Fe_3C 相图特征点、线的意义，掌握各区域组织和应用，掌握含碳量对钢组织和性能的影响。

明确钢的实际加热临界温度。

学习重点

铁碳合金基本组织的性能特点。

Fe-Fe_3C 相图特征点、线，各区域组织和应用，含碳量对钢组织和性能的影响。

第一节　合金的组织

通过第一章的学习和讨论，我们已经知道人类使用的金属材料绝大多数是合金。合金是一种金属跟其他金属（或非金属）熔合制成的、具有金属特性的物质。

组成合金最基本的、独立的物质称为组元。组元可以是金属元素、非金属元素，也可以是稳定的化合物。根据合金中组元的多少，合金可分为二元合金、三元合金和多元合金。

合金中成分、结构及性能相同的均匀组成部分称为相。相与相之间具有明显的界面。合金的性能是由组成合金的各相本身的结构、性能和各相的组合情况决定的。

根据晶体结构，合金组织可分为三种基本类型：固溶体、金属化合物和机械混合物。

固溶体

合金的组元相互溶解形成的均匀固相称为固溶体。固溶体中一般含量多者为溶剂，含量少者是溶质。固溶体的结构特点是它仍然保持溶剂组元的晶体结构，溶质原子则分布在溶剂晶格之中。例如，单相黄铜就是锌（Zn）溶解在铜（Cu）中的固溶体。其中，铜是溶剂，锌是溶质，黄铜保持了铜的面心立方晶格，如图 3-1 所示。根据溶质原子在溶剂晶格中所占据的位置，可将固溶体分为置换固溶体（见图 3-2（a））和间隙固溶体（见图 3-2（b））两类。

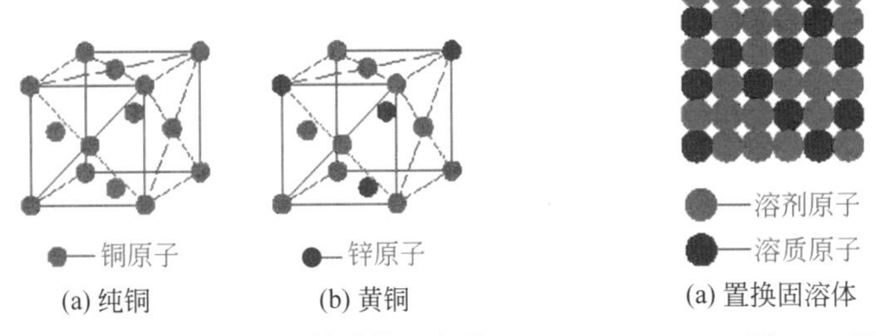

(a) 纯铜　(b) 黄铜

图 3-1　纯铜与黄铜的晶体结构示意图

(a) 置换固溶体　(b) 间隙固溶体

图 3-2　固溶体结构示意图

无论是置换固溶体还是间隙固溶体，由于溶质原子与溶剂原子直径大小不同，因此溶质原子的溶入都会使溶剂晶格发生畸变（见图 3-3），从而使合金的塑性变形抗力增加。这种通过溶入溶质元素形成固溶体，使金属材料强度、硬度提高的现象称为固溶强化。固溶强化是提高金属材料力学性能的重要途径之一。

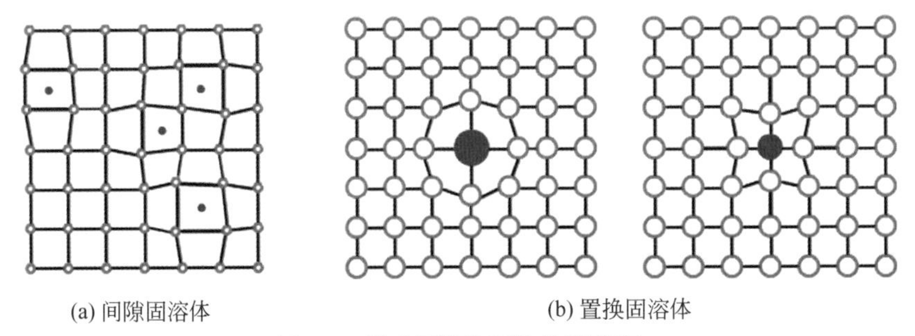

(a) 间隙固溶体　(b) 置换固溶体

图 3-3　形成固溶体时的晶格畸变

交流与讨论

将加工硬化与固溶强化的异同填入表3-1中。

表 3-1 加工硬化与固溶强化的不同点与相同点

	加工硬化	固溶强化
不同点		
相同点		

金属化合物

合金的组元相互发生化学作用形成一种具有金属特性的物质称为金属化合物。金属化合物的组成一般可用化学分子式表示，如碳钢中的渗碳体（Fe_3C）、合金钢中的 Cr_7C_3 和 $Cr_{23}C_6$ 等。

金属化合物的晶格类型不同于任一组元，一般具有复杂的晶体结构，其性能特点是熔点较高，硬度高，脆性大。当合金组织中出现金属化合物时，通常能提高合金的硬度和耐磨性，但塑性和韧性会降低。金属化合物是许多合金的重要组成相。

机械混合物

合金的组元相互混合形成多相组织称为机械混合物。它可以是两种或多种纯金属、固溶体、金属化合物各自组成的机械混合物，也可以是它们之间组成的机械混合物。机械混合物中的各个组成相仍然保持了各自的晶体结构，其性能介于组成相的性能之间。

工业上生产的大多数合金是机械混合物，如焊锡、钢、生铁等。

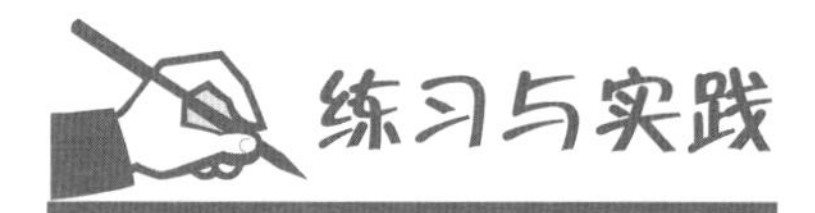

练习与实践

一、填空题

1. 合金组织的基本类型有________、________和________。

2. 根据溶质原子在溶剂晶格中所占据的位置不同，可将固溶体分为________和________。

3. 固溶强化是指通过溶入溶质元素形成固溶体，使金属材料______、______提高的现象。

二、选择题

1. 组成合金最基本的、能独立存在的物质称为（　　）。

A. 组元　　B. 相　　C. 组织

2. 两组元组成固溶体，则固溶体的结构（　　）。

A. 与溶质相同　　B. 与溶质、溶剂都不相同

C. 与溶剂相同　　D. 是两组元各自结构的混合

3. 合金固溶强化的主要原因是（　　）。

A. 晶格类型发生了变化　　B. 晶粒细化　　C. 晶格畸变

三、简述与实践题

通过合金组织的学习，你认为合金组织的性能特点是什么？请将它们填入表 3-2。

表 3-2　记录表

合金组织	性能特点
固溶体	
金属化合物	
机械混合物	

第二节　铁碳合金的基本组织

钢和生铁都是铁碳合金。根据含碳量的不同，碳可以溶解在铁中形成固溶体，也可以反应形成金属化合物，或由固溶体与金属化合物组成机械混合物。因此，在铁碳合金中出现了以下几种基本组织。

铁素体

铁素体是碳溶解在 α-Fe 中的间隙固溶体，用符号 F 表示。它仍保持 α-Fe 的体心立方晶格，如图 3-4 所示。由于体心立方晶格的 α-Fe 晶格间隙较小，所以铁素体溶碳能力很小，常温下仅能溶解 0.0008% 的碳，在 727°C 时最大的溶碳能力为 0.02%。由于铁素体含碳量很低，其性能与纯铁相似，塑性、韧性很好（δ：30% ~ 50%，A_k：128 ~ 160J），强度、硬度低（σ_b：180 ~ 280MPa，HBS：50 ~ 80）。铁素体有磁性。图 3-5 所示为铁素体的显微组织。

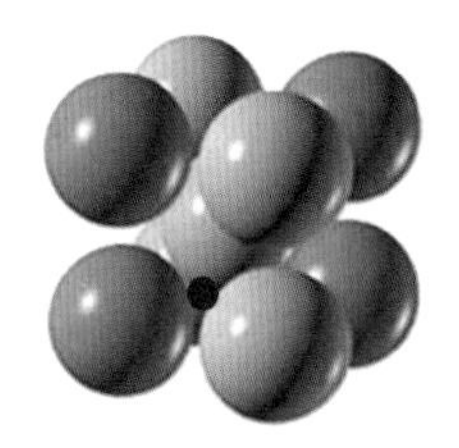

图 3-4　铁素体的晶格示意图

图 3-5　铁素体的显微组织

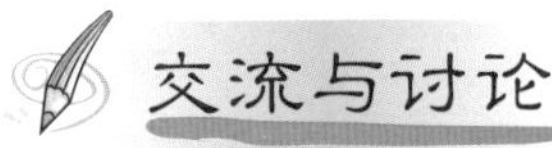

交流与讨论

表3-3为纯铁的力学性能指标，通过学习比较可以发现铁素体的力学性能与纯铁基本相同，请问你是如何看待这一问题的？

表 3-3　纯铁的力学性能指标

力学性能	抗拉强度（σ_b）	硬度（HBS）	伸长率（δ）	断面收缩率（ψ）	韧性（A_k）
力学性能指标值	176～276 MPa	50～80	40%～50%	70%～80%	128～160J

奥氏体

奥氏体是碳溶解在γ-Fe中的间隙固溶体，用符号A表示。它仍保持γ-Fe的面心立方晶格，如图3-6所示。由于面心立方晶格的γ-Fe间隙较大，故奥氏体的溶碳能力较大，在727°C时溶碳为0.77%，1148°C时可溶碳2.11%。奥氏体是在大于727°C的高温下才能稳定存在的组织。奥氏体塑性、韧性好（伸长率δ：45%～60%），强度、硬度不高（σ_b：400MPa，HBS：160～200），是绝大多数钢种在高温下进行压力加工时所要求的组织。奥氏体没有磁性。图3-7所示为奥氏体的显微组织。

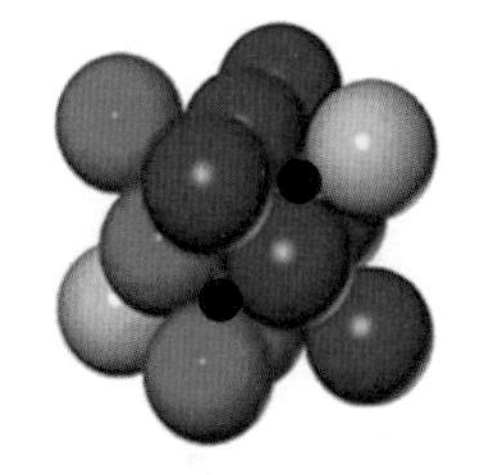

图 3-6　奥氏体的晶格示意图

图 3-7　奥氏体的显微组织

渗碳体

渗碳体是铁与碳反应形成的金属化合物，其化学式为Fe_3C。渗碳体的含碳量为6.69%，熔点为1227°C。其晶格复杂，硬度很高（相当于800HBS），塑性、韧性几乎为零，脆性很大。因此，渗碳体不能单独使用，一般在铁碳合金中与铁素体等组成机械混合物。

在铁碳合金中的渗碳体有片状、球状（粒状）、网状等不同形态，其数量、形态与分布对铁碳合金的性能有很大的影响。渗碳体在适当的条件下，能分解为铁和石墨。

$$Fe_3C \longrightarrow 3Fe + C（石墨）$$

珠光体

珠光体是铁素体与渗碳体组成的机械混合物，用符号P表示。其形态为铁素体薄层和渗碳体薄层交替重叠的层状复相物，也称片状珠光体，显微组织如图3-8所示。珠光体的含碳量为0.77%。其力学性能介于铁素体与渗碳体之间，强度较高，硬度适中（σ_b：800MPa，HBS：160～280），有一定的塑性（伸长率δ：20%～25%）。

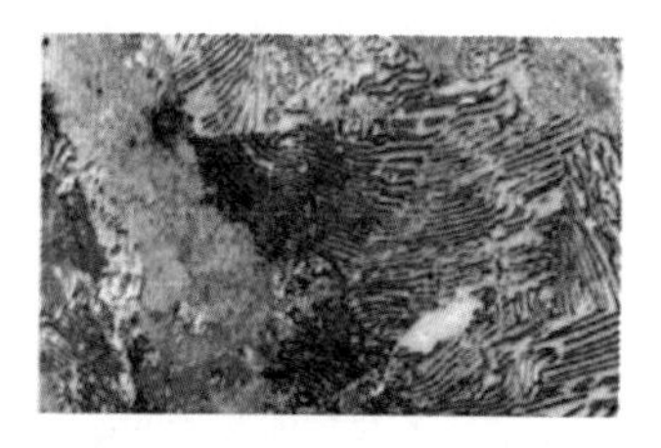

图 3-8　珠光体的显微组织

莱氏体

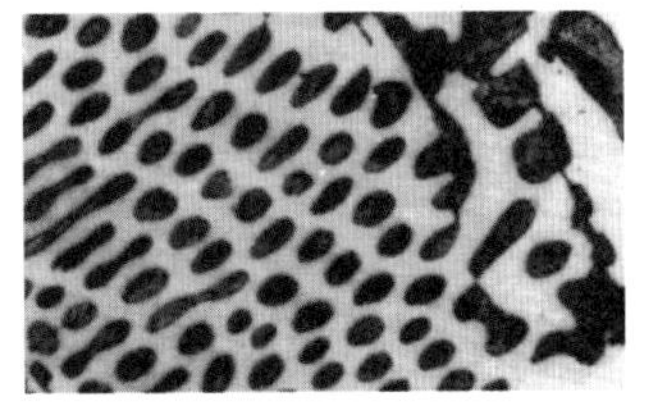
图 3-9　莱氏体的显微组织

莱氏体含碳量为4.3%。当温度高于727°C时，莱氏体由奥氏体和渗碳体组成，用符号Ld表示，称为高温莱氏体。在低于727°C时，莱氏体由珠光体和渗碳体组成，用符号L'd表示，称为低温莱氏体，显微组织如图3-9所示。因莱氏体的基体是硬而脆的渗碳体，所以硬度高（相当于700HBS），塑性差。

交流与讨论

在铁素体、奥氏体、渗碳体、珠光体和莱氏体中：
属于合金基本相的是____________________，
属于机械混合物的是____________________，
只能在727°C以上存在的组织是______________。

练习与实践

一、填空题

1. 请将铁碳合金的组织符号填入表3-4中。

表 3-4　记录表

铁碳合金的组织名称	铁素体	奥氏体	珠光体	莱氏体	渗碳体
铁碳合金的组织符号					

2. ______________称为铁素体，其符号为________，晶格类型是______________，性能特点是强度、硬度________，塑性、韧性________。

3. ________________称为奥氏体，其符号为________，晶格类型是____________，性能特点是强度、硬度________，塑性、韧性________。

4. 渗碳体是_____和_____的化合物，其符号为________，性能特点是硬度_____，脆性大，塑性、韧性________。

二、选择题

1. 铁碳合金组织有三种基本的相，它们是（　　）。
   A. 铁素体、奥氏体、渗碳体　　B. 铁素体、珠光体、渗碳体
   C. 珠光体、奥氏体、渗碳体　　D. 铁素体、奥氏体、莱氏体

2. 铁素体的晶格类型是（　　）。
   A. 体心立方晶格　B. 面心立方晶格　C. 密排六方晶格　D. 复杂

3. 由铁素体与渗碳体组成的机械混合物称为（　　）。
   A. 铁素体　B. 奥氏体　C. 珠光体　D. 莱氏体　E. 渗碳体
4. 珠光体是一种（　　）。
   A. 单相固溶体　B. 两相混合物　C. 铁碳化合物
5. 塑性好，强度、硬度不高，只能存在于 727°C 以上的铁碳合金组织是（　　）。
   A. 铁素体　B. 奥氏体　C. 珠光体　D. 莱氏体　E. 渗碳体
6. 铁素体的力学性能特点是（　　）。
   A. 塑性好、强度高、硬度低　B. 塑性差、强度低、硬度低
   C. 塑性好、强度低、硬度低　D. 塑性好、强度高、硬度高
7. 渗碳体的力学性能特点是（　　）。
   A. 硬而韧　B. 硬而脆　C. 软而韧　D. 软而脆

第三节　铁碳合金相图

铁碳合金相图是表示在极缓慢加热（或冷却）的情况下，不同成分的铁碳合金的状态或组织随温度变化的图形。铁碳合金中，铁和碳可以形成一系列的化合物，如 Fe_3C、Fe_2C、FeC 等，如图 3-10 所示。

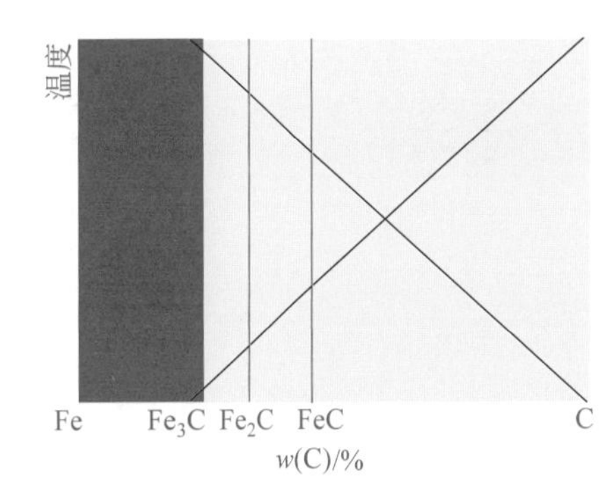

图 3-10　铁碳合金的组成

由于含碳量大于 6.69% 的铁碳合金脆性很大，没有实用价值，因此，目前应用的铁碳合金相图仅研究含碳量为 0 ~ 6.69% 的区域，也就是 Fe-Fe_3C 相图。图 3-11 所示为简化后的 Fe-Fe_3C 相图。图中纵坐标为温度，横坐标为碳的质量分数，从左向右表明含碳量从 0 增加到 6.69%。

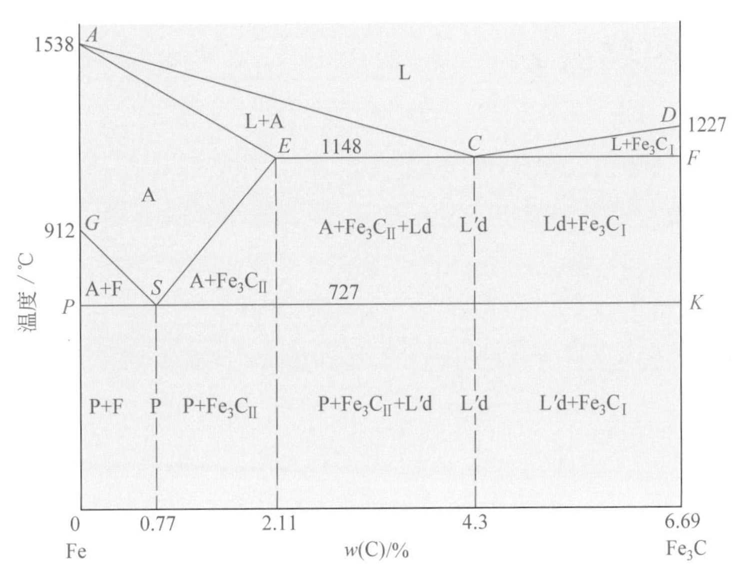

图 3-11　简化 Fe-Fe_3C 相图

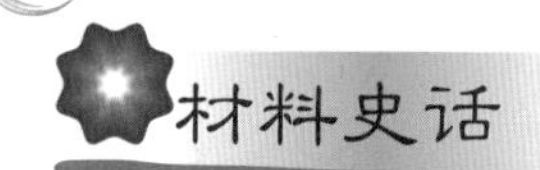

材料史话

世界上第一张铁碳合金相图是英国材料专家罗伯茨·奥斯汀（W.C.Roberts-Austen）于1899年测定绘制的。具有划时代意义的铁碳相图自诞生之日起，就为世界各国材料专家普遍接受，后经其他材料专家的不断修订，日臻完善。铁碳合金相图不仅极大地推动了金相学的发展，而且在生产实践中具有重要的现实意义。它为研究钢铁的组织，合理选用钢铁材料，科学制订钢铁材料铸造、锻造和热处理等热加工工艺提供了重要的科学依据。1900年，法国著名金相学家奥斯蒙（Floris. Osmond）把自己发现的碳在γ铁中的固溶体命名为奥氏体，以纪念罗伯茨·奥斯汀在铁碳合金相图研究中做出的巨大贡献，让人们永远怀念这位伟大的科学家。

Fe-Fe_3C 相图特性点

相图中一些主要特性点的温度、成分及其意义见表 3-5。

表 3-5　Fe-Fe_3C 相图中的特性点

特性点符号	温度t/°C	w(C)/%	含　义
A	1538	0	纯铁的熔点
C	1148	4.30	共晶点
D	1227	6.69	渗碳体的熔点
E	1148	2.11	碳在γ-Fe中的最大溶解度
G	912	0	纯铁α-Fe$\longleftrightarrow$γ-Fe转变温度
S	727	0.77	共析点

Fe-Fe_3C 相图特性线

下面对图 3-11 所示的 Fe-Fe_3C 相图特性线进行分析。

ACD 线为液相线。此线以上为液相，用 L 表示。铁碳合金冷却到此线开始结晶，在 AC 线以下从液相中结晶出奥氏体，在 CD 线以下结晶出一次渗碳体（Fe_3C_{I}）。

$AECF$ 线为固相线。液态合金冷却到此线全部结晶为固相。

GS 线为冷却时奥氏体转变为铁素体的开始线，或加热时铁素体全部转变为奥氏体的终了线，常用 A_3 表示。

ES 线为碳在 γ-Fe 中的溶解度曲线。此线以下开始从奥氏体中析出二次渗碳体（Fe_3C_{II}），常用 A_{cm} 表示。

ECF 线为共晶线。含碳量在 2.11% ~ 6.69% 的合金冷却到此线时（1148°C）发生共晶反应，同时结晶出奥氏体与渗碳体的混合物——莱氏体。

PSK 线为共析线。含碳量在 0.0218% ～ 6.69% 的合金冷却到此线时（727°C）发生共析反应，同时析出铁素体与渗碳体的混合物——珠光体，常用 A_1 表示。

交流与讨论

通过 $Fe\text{-}Fe_3C$ 相图特性点、特性线的学习和讨论，你对掌握和记忆 $Fe\text{-}Fe_3C$ 相图各区域组织总结出哪些规律？

铁碳合金的分类

根据组织转变的特点和室温组织的不同，铁碳合金①主要分为钢和白口铸铁。

1. 钢

含碳量在 0.0218% ～ 2. 11% 的铁碳合金称为钢。根据含碳量和室温组织的不同，又可分为以下几种。

（1）亚共析钢（$0.0218\% < w(C) < 0.77\%$），室温组织由铁素体和珠光体组成。

（2）共析钢（$w(C) = 0.77\%$），室温组织全部是珠光体。

（3）过共析钢（$0.77\% < w(C) < 2.11\%$），室温组织由珠光体和二次渗碳体组成。

2. 白口铸铁

含碳量在 2.11% ～ 6.69% 的铁碳合金称为白口铸铁。根据含碳量和室温组织的不同，又可分为以下几种。

（1）亚共晶白口铸铁（$2.11\% < w(C) < 4.3\%$），室温组织由珠光体、二次渗碳体和低温莱氏体组成。

（2）共晶白口铸铁（$w(C) = 4.3\%$），室温组织全部是低温莱氏体。

（3）过共晶白口铸铁（$4.3\% < w(C) < 6.69\%$），室温组织由一次渗碳体和低温莱氏体组成。

含碳量对钢组织和性能的影响

1. 含碳量对钢组织的影响

不同成分的液态合金，在冷却过程中发生的组织变化是不同的，因此，最后在室温下得到的组织也不同。并且，随着含碳量的增加，在同一类型的铁碳合金中，其组织之间的相对量也是不同的。那么含碳量增加对组织有何影响呢？

图 3-12（a）反映了含碳量对钢组织的影响。由图 3-12（a）可见，随着含碳量的增加，在亚共析钢中铁素体逐渐减少，珠光体逐渐增多；到共析钢时，其显微组织全部是珠光体；含碳量超过 0.77% 的过共析钢，珠光体减少，而二次渗碳体逐渐增加。

2. 含碳量对钢性能的影响

钢的组织发生改变，必然引起其性能的变化。图 3-12（b）反映了含碳量对钢性能的影响。由图 3-12（b）可见，含碳量越高，钢的强度、硬度越高，塑性、韧性越低。这是由于含碳量越高，钢中的硬脆相

---

① 含碳量小于0.0218%的铁碳合金称为工业纯铁。

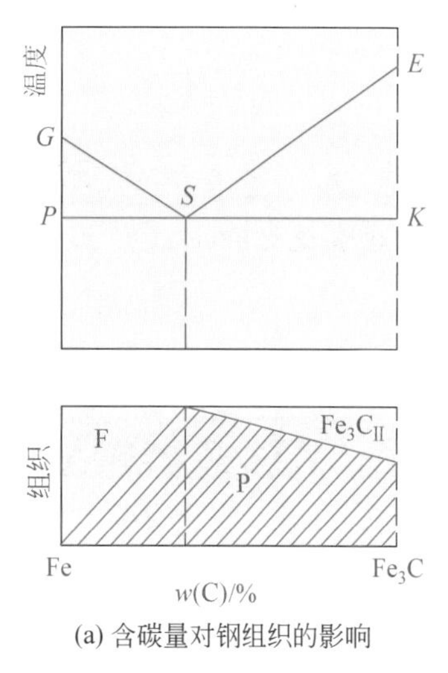

(a) 含碳量对钢组织的影响

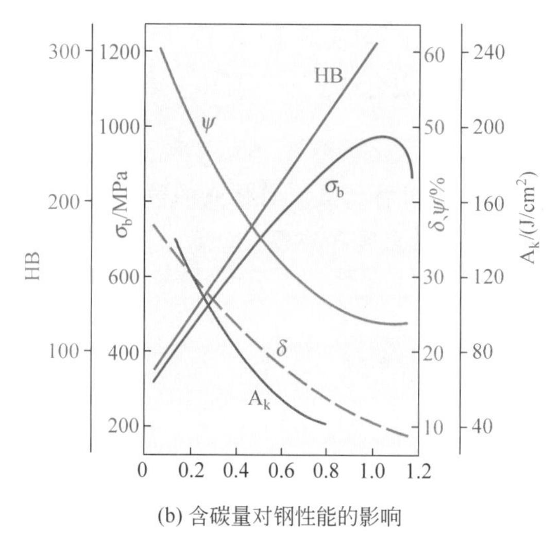

(b) 含碳量对钢性能的影响

图 3-12　含碳量对钢组织和性能的影响

Fe_3C 越多的缘故。但当钢的含碳量大于 0.9% 时，因网状渗碳体的出现，钢的强度有所降低。

为了保证工业上使用的钢具有足够的强度，并具有一定的塑性和韧性，钢中的含碳量一般不超过 1.4%。

$Fe\text{-}Fe_3C$ 相图的应用

$Fe\text{-}Fe_3C$ 相图较全面地总结了铁碳合金的组织、性能随成分和温度变化的规律，对工业生产具有指导意义，它不仅为合理选择材料提供了理论基础，而且是制订铸造、锻造、热处理等热加工工艺的重要依据。

1. 选材方面

一般机械零件和建筑结构主要选用低碳钢和中碳钢来制造。其中需要塑性、韧性好的材料，应选用含碳量小于 0.25% 的钢；需要强度、塑性和韧性较好的材料，应选用含碳量为 0.30% ~ 0.55% 的钢。

各种工具主要选用高碳钢制造。其中需要具备足够硬度和相当韧性的冲压工具，一般可选用含碳量为 0.7% ~ 0.9% 的钢制造；需要具备很高硬度和耐磨性的切削工具及测量工具，一般可选用含碳量为 1.0% ~ 1.3% 的钢制造。

交流与讨论

根据表3-6所列零件或工具使用性能的描述，请选用合理的钢材。

表 3-6　零件或工具的使用性能及选用钢材

零件或工具	性 能 要 求	选用的钢材
锉刀	很高的硬度和耐磨性	含碳量为1.2%～1.3%的钢
水泵主轴	较高的强度和硬度，良好的塑性和韧性	含碳量为________的钢
汽车驾驶室壳体	塑性、韧性好，强度、硬度低	含碳量为________的钢
铁锤	高的强度、硬度，相当韧性	含碳量为________的钢

2. 铸造方面

根据 Fe-Fe_3C 相图的液相线可以找出不同成分的铁碳合金的熔点，从而确定合适的熔化、浇注温度，如图 3-13 所示。从 Fe-Fe_3C 相图还可以看出，接近共晶成分的铸铁不仅熔点低，而且凝固区间小，故具有良好的铸造性。这类合金适宜于铸造，在铸造生产中获得广泛应用。

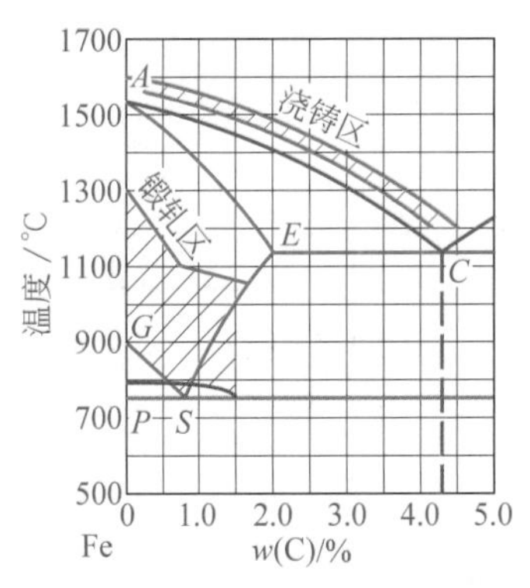

图 3-13 Fe-Fe_3C 相图与铸锻工艺的关系图

3. 锻造方面

钢的室温组织是两相混合物，塑性差，变形困难，而钢处于奥氏体状态时，强度较低，塑性较好，便于塑性变形。因此，钢材锻造、轧制的温度范围必须选择在 Fe-Fe_3C 相图中均匀单一的奥氏体区域内进行，如图 3-13 所示。

4. 热处理方面

Fe-Fe_3C 相图是选择热处理工艺参数的重要依据，这些知识将在第五章详细讨论。

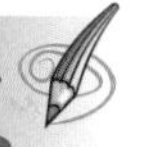

交流与讨论

请用Fe-Fe_3C相图知识解释为什么要“趁热打铁”。

钢的实际加热临界温度

Fe-Fe_3C 相图诞生一百多年来，为钢铁金相组织的研究，钢铁材料的合理选用，科学制订钢铁材料铸造、锻造和热处理等热加工工艺提供了重要的科学依据，发挥了巨大的指导作用。然而，我们也应认识到它的缺陷和不足。实际生产中使用的钢铁材料，除铁和碳两种元素外，还有其他杂质元素（主要是硅、锰、硫、磷）或合金元素，而 Fe-Fe_3C 相图仅研究铁、碳两种元素的相互作用和影响，没有考虑其他杂质元素或合金元素对铁碳合金的影响。

Fe-Fe_3C 相图是钢在极缓慢加热（或冷却）时测定绘制的，因此，在实际生产加热时，由于加热速度较快，钢的组织转变总会发生滞后现象，实际加热转变温度总要高于 Fe-Fe_3C 相图的 A_1、A_3、A_{cm}。例如，依据 Fe-Fe_3C 相图，含碳量为 0.45% 的钢由铁素体转变为奥氏体的转变终了温度为 766°C，而含碳量为 0.45% 的钢在实际加热时铁素体转变为奥氏体的终了温度为 780°C，不同钢的相图加热临界温度与实际加热临界温度的比较如表 3-7 所示。为了将 Fe-Fe_3C 相图的加热临界温度 A_1、A_3、A_{cm} 与实际生产加热临界温度加以区别，通常把实际加热的各临界温度分别用 AC_1、AC_3、AC_{cm} 表示，如图 3-14 所示。钢的实际加热临界温度的含义如下。

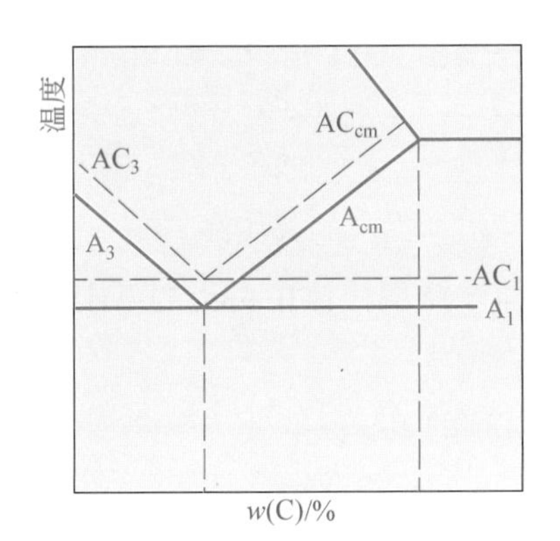

图 3-14 钢在实际加热时的临界温度

（1）AC_1 实际加热时，珠光体转变为奥氏体的终了温度。

（2）AC_3 实际加热时，铁素体转变为奥氏体的终了温度。

（3）AC_{cm} 实际加热时，Fe_3C_{II} 溶入奥氏体的终了温度。

表 3-7　相图加热临界温度与实际加热临界温度比较

含碳量/%	A_3/°C（理论）	AC_3/°C（实际）	含碳量/%	A_{cm}/°C（理论）	AC_{cm}/°C（实际）
0.45	766	780	1.0	785	800
0.50	740	760	1.2	806	820

必须指出的是，在实际生产冷却时，由于冷却速度较快，钢的组织转变临界温度也会发生滞后现象，在此不做讨论。

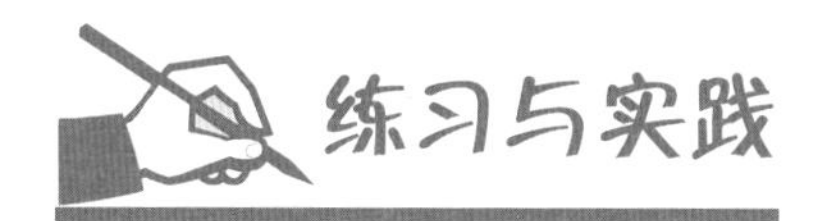

一、填空题

1. 根据图 3-15 的简化 Fe-Fe_3C 相图回答下列问题。

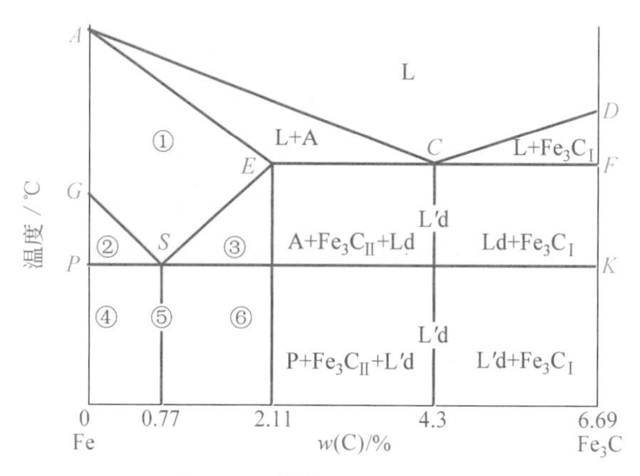

图 3-15　简化 Fe-Fe_3C 相图

（1）用符号表示相图①～⑥各相区的组织。

①________，②________，③________，④________，⑤________，⑥________。

（2）相图中 *S* 点是____________________，*C* 点是____________________，

ACD 线是____________________，*AECF* 线是____________________。

（3）*GS* (A_3) 表示在冷却时从____________________析出____________________的开始线；

ES (A_{cm}) 表示在加热时从____________________转变为____________________的终了线；

PSK (A_1) 表示在冷却时从____________________析出____________________的开始线。

2. 铁碳合金结晶过程中，从液体中析出的渗碳体称为________渗碳体；从奥氏体中析出的渗碳体称为________渗碳体。

3. 含碳量为 0.45% 的钢室温组织是__________，加热到 A_1 以上时得到的组织是__________，继续加热到 A_3 以上时得到的组织是__________。

4. 将含碳量为 1.2% 的钢由 1000°C 冷却到 A_{cm} 以下时得到的组织是__________，继续冷却到 A_1 以下时得到的组织是__________。

二、选择题

1. 二次渗碳体是从（　　）。

A. 钢液中析出的　　B. 铁素体中析出的　　C. 奥氏体中析出的　　D. 珠光体中析出的

2. 在 $Fe\text{-}Fe_3C$ 相图中，*ES* 线也称为（　　）。

A. 共晶线　　B. 共析线　　C. A_3 线　　D. A_{cm} 线

3. 在 $Fe\text{-}Fe_3C$ 相图中，*GS* 线也称为（　　）。

A. 共晶线　　B. 共析线　　C. A_3 线　　D. A_{cm} 线

4. 在 $Fe\text{-}Fe_3C$ 相图中，发生共析转变后组织为（　　）。

A. 珠光体　　B. 奥氏体　　C. 莱氏体　　D. 铁素体

5. 过共析钢的室温组织是（　　）。

A. 铁素体＋珠光体　　B. 珠光体

C. 珠光体＋二次渗碳体　　D. 莱氏体＋一次渗碳体

6. $Fe\text{-}Fe_3C$ 相图中，接近共晶成分的合金（　　）。

A. 铸造性能好　　B. 锻造性能好　　C. 焊接性能好

7. 含碳量为 1.2% 的钢一般比含碳量为 0.9% 的钢（　　）。

A. 强度高、硬度高　　B. 强度高、硬度低　　C. 强度低、硬度低　　D. 强度低、硬度高

8. 为了保证工业上使用的钢具有足够的强度，并具有一定的塑性和韧性，钢中含碳量一般不超过（　　）。

A. 0.77%　　B. 1.4%　　C. 2.11%　　D. 4.3%

三、判断题

1. 在铁碳合金结晶过程中，只有含碳量为 0.77% 的合金才能发生共析反应。（　　）

2. 奥氏体是硬度较低、塑性较高的组织，适用于压力加工成型。（　　）

3. 螺钉、螺母等标准件常用低碳钢制造。（　　）

4. 为了保证工业上使用的钢具有足够的强度，并具有一定的塑性和韧性，钢中的含碳量一般都不超过 1.4%。（　　）

5. 捆绑用的镀锌钢丝通常是低碳钢，而起重用的钢丝绳和绕制弹簧所用的钢丝一般是 65Mn 或 65 钢。（　　）

四、简述与实践题

1. 何为钢？根据含碳量和室温组织，钢分为哪几类？试述它们的含碳量范围及组织。

2. 为什么钢材锻造或轧制要加热到奥氏体状态？

3. 在 $Fe\text{-}Fe_3C$ 相图中，为什么接近共晶成分的铁碳合金具有优良的铸造性？

4. 图 3-16 为加热时的 $Fe\text{-}Fe_3C$ 相图钢部分简图，请问相图中 AC_1、AC_3 和 AC_{cm} 的含义是什么？请填写出各区域的组织。

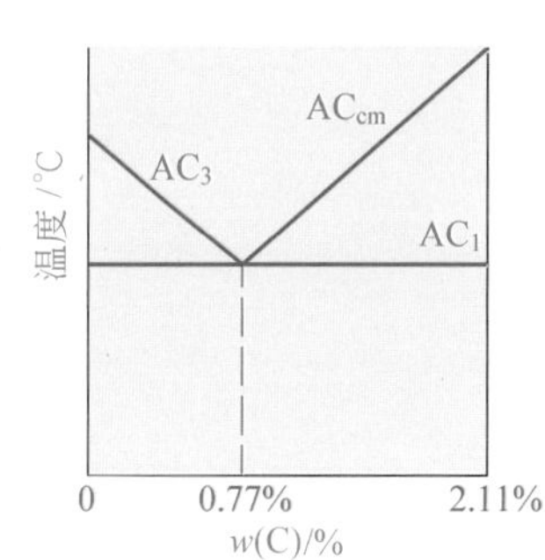

图 3-16　加热时的 $Fe\text{-}Fe_3C$ 相图钢部分简图

5. 通过实验室实验（或访问工厂），了解金相显微镜的使用方法，熟悉金相试样的制备过程，观察铁碳合金的室温组织，填写表3-8。

表3-8 记录表

试样名称	含碳量/%	显微组织组成物	显微组织特征示意图
20钢			
45钢			
T8钢			
亚共晶白口铁			
共晶白口铁			
过共晶白口铁			

节 次	学习内容	分值	自我测评	小组互评	教师测评
第一节 合金的组织	合金	5			
	固溶体	5			
	金属化合物	5			
	机械混合物	5			
第二节 铁碳合金的基本组织	铁素体	5			
	奥氏体	5			
	渗碳体	5			
	珠光体	5			
	莱氏体	5			
第三节 铁碳合金相图	Fe- Fe_3C相图	15			
	Fe- Fe_3C的应用	15			
	铁碳合金的分类	5			
	含碳量对钢组织的影响	5			
	含碳量对钢性能的影响	10			
	钢的实际加热临界温度	5			
合 计		100			

第四章 碳 钢

法国巴黎战神广场的埃菲尔铁塔建造于1889年，塔高300m，天线高24m，总高324m，全部用钢铁建成，共使用钢铁7300t。

学习要求

了解钢铁材料的生产过程。

明确碳钢的分类标准。

了解碳钢材料的特点，熟练掌握常用碳钢牌号、性能和主要用途。

学习重点

碳钢材料的特点和分类。

常用碳钢牌号、性能和主要用途。

纯铁是一种塑性很好的金属，既不能制刀枪，也不能铸铁锅、犁锄。但当纯铁中加入一定量的碳后，就变成了现代工业的骨骼——钢铁材料。钢铁材料是机械制造、建筑、交通运输、国防及其他各领域应用最广泛的金属材料。当今世界，钢铁产量占世界金属总产量的95%，钢铁的品种和使用量已成为衡量一个国家科学技术和经济发展水平的重要标志。

第一节　钢铁材料的生产过程

钢铁材料是钢和生铁的总称。现代工业中，它们的生产过程如图4-1所示。

图4-1　生产过程示意图

炼铁

在铁矿石中，铁多以氧化物的形式存在。铁矿石中除铁的氧化物外，还含有其他的氧化物（如SiO_2、MnO、Al_2O_3等），称为脉石。

炼铁就是把铁矿石中的铁从氧化物中还原出来，并将脉石分离，从而获得生铁。现代工业炼铁是在高炉中进行的，高炉是两端较小、中间较大的圆形竖炉，如图4-2所示。炉壳用钢板焊成，内砌耐火砖。

一般炼铁厂的高炉高30～40m，我国目前最大的高炉是2009年由江苏沙钢集团建造的，高126m，有效容积为5800m^3，平均日产生铁量为12876t。。

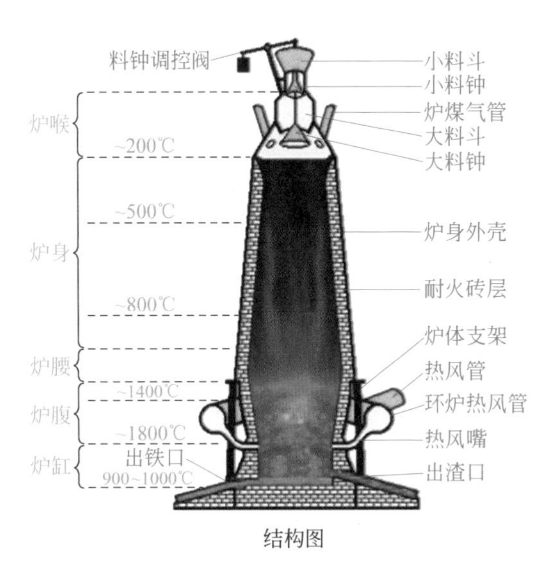

结构图

实景图

图4-2　炼铁高炉

1. 炼铁的炉料及其作用

炼铁的炉料主要有铁矿石、燃料和熔剂。

1）铁矿石

铁矿石是提供铁元素的物质。铁矿石有多种，常见的有磁铁矿（主要含 Fe_3O_4，含铁量最高）、赤铁矿（主要含 Fe_2O_3）和菱铁矿（主要含 $FeCO_3$），如图 4-3 所示。工业上，铁矿石中铁的含量在 30% 以上就有开采价值。含铁 45% 以下的矿石（贫矿）开采后需经破碎、选矿和烧结（制团），提高含铁量才能入炉冶炼。含铁量高的矿石（富矿）破碎后可直接入炉冶炼。

磁铁矿

赤铁矿

菱铁矿

图 4-3 常见铁矿石

我国铁矿石储量排在世界的第四位，但以贫矿（80% 左右）为多。目前，我国钢铁企业炼铁用的铁矿石一半以上从巴西、澳大利亚、印度、南非等国家进口。

2）燃料

高炉炼铁的主要燃料是焦炭。焦炭是烟煤隔绝空气加热分解的干馏物。焦炭的作用是燃烧后提供炼铁所必需的高温，并提供还原剂一氧化碳。

3）熔剂

常用的熔剂主要是石灰石（$CaCO_3$），其主要作用是造渣。矿石中的脉石熔点很高，加入熔剂与脉石发生化学作用，生成熔点低、密度小、流动性好的炉渣，将铁分离出来。

2. 炼铁的主要过程

高炉炼铁就是利用还原剂将铁从氧化物中还原出来的过程，化学反应式为 $Fe_2O_3+3CO=2Fe+3CO_2$，因此炼铁的过程实质上就是还原的过程。

高炉炼铁时，将矿石、燃料和熔剂按一定比例组成的炉料，由炉顶装入炉内，高炉底部的炉缸和炉腹装满焦炭，炉腰和炉身中同是铁矿石、焦炭和石灰石，层层相间，一直装到炉喉。

焦炭在 1000 ~ 1200°C 高温热风的助燃下，迅速产生大量的热，使风口附近炉腔中心的温度高达 1800°C 以上。由于底部焦炭很厚，燃烧不完全，炉气中产生了大量的 CO 气体，在炉内形成了良好的还原性气氛。

铁矿石在 570 ~ 1200°C 受到 CO 气体和红热焦炭的还原，形成了海绵状铁。这种海绵状铁在 1000 ~ 1100°C 的高温下会从 CO 和焦炭中溶进大量的碳（含碳量可达 4%），使铁的熔点下降，最后冶炼成生铁。

生铁中还含有 Si（0.5% ~ 3.5%）、Mn（0.5% ~ 1.5%）、P（0.07% ~ 1.0%）和 S（0.03% ~ 0.08 %）。

交流与讨论

生铁是纯净物吗？为什么？

3. 高炉生铁

高炉生铁主要有下列两种。

（1）铸造生铁。这类生铁断口呈暗灰色，故也称灰口铸铁。灰口铸铁含硅量较高，主要用于铸造工业。

（2）炼钢生铁。这类生铁断口呈亮白色，故也称白口铸铁，主要用于工业炼钢。

人类在使用钢铁的历史上曾发生过许多惨痛事故。如1938年4月13日早晨，在0°C的气温下，比利时境内的一座钢铁大桥突然发出巨大声响，大桥自动崩裂成几段坠入河中，造成了巨大的经济损失。事故发生后，材料专家研究发现，钢铁大桥自动崩裂竟是钢铁中含磷量过高产生冷脆性所致。

后来，材料专家研究又发现，钢铁材料中含硫量高会产生热脆性。

钢铁材料中硫和磷都是有害元素，怎样去除生铁中的硫和磷是炼钢的主要问题。

炼钢

钢与生铁最主要的区别在于含碳量的不同。钢中的含碳量小于2.11%，而生铁中的含碳量大于2.11%，且有害元素硫、磷的含量也比钢高。因此，炼钢的主要目的就是降碳，除硫磷，调硅锰（有益元素，能提高钢强度和硬度）。

1. 炼钢方法

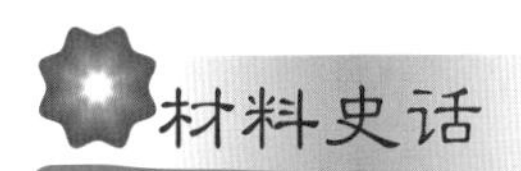

中国古代“炒钢”术

中国是世界上最早掌握炼钢技术的国家。中国古代工匠先后发明了“块炼铁渗碳钢”“百炼钢”“炒钢”等炼钢工艺，其中以炒钢术最为先进。炒钢就是把生铁加热到熔融或半熔融状态下，在熔炉中不断地搅拌，利用空气中的氧气把生铁中较高的碳氧化反应掉，从而获得含碳量较低、质量较高的钢。

现代工业炼钢的主要方法如下。

1）平炉炼钢法

平炉炼钢法是1864年法国冶金专家马丁（Martin）发明的，是一种历史悠久的炼钢法，直到1960年一直是世界上的主要炼钢方法。平炉是用耐火材料砌成形状像一座平顶房子似的炉子（如图4-4所示），它以煤气、天然气或重油作炼钢的热源，炼钢炉的体积容量大，炉料中废钢比例大，工艺过程容易控制，一般用于碳钢、低合金钢的冶炼。但由于冶炼时间长（300t平炉冶炼时间为7h），平炉炼钢法在我国已退出历史舞台。

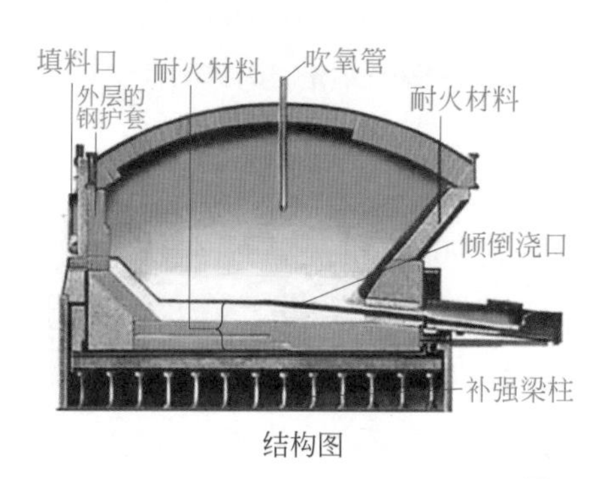

结构图

实景图

图 4-4 平炉炼钢

2）转炉炼钢法

转炉炼钢法是奥地利林茨（Linz）和多纳维茨（Donawiz）在 1952 年发明的，炉壳采用钢板制成，炉衬砌有耐火材料。整个炉体靠托圈上的两根耳轴支承在支座上，并可用倾转机构做倾转运动，如图 4-5 所示。炼钢时以氧化反应产生的热量作热源，采用氧气顶吹和添加剂处理生铁的炼钢方法。转炉炼钢法冶炼速度快，生产率高（120t 的转炉生产能力为 160 ～ 220t/h），钢的质量较高，已成为炼钢工业最主要的炼钢方法。

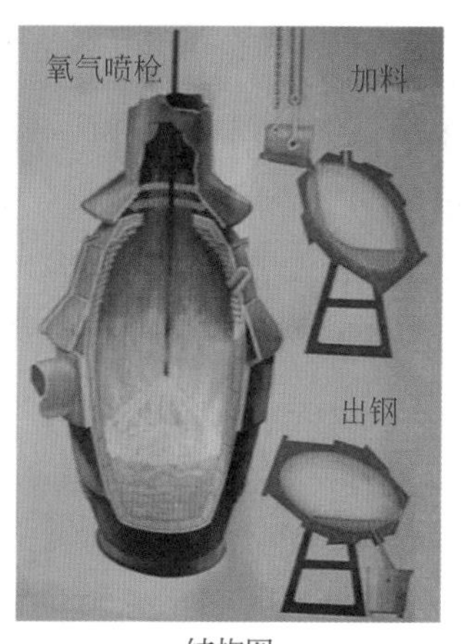

结构图

实景图

图 4-5 转炉炼钢

3）电炉炼钢法

1899 年，法国冶金专家埃鲁发明了电弧炉炼钢法，炉衬用耐火材料砌成，炉盖上有三根石墨电极通入炉内，通电后，电极与炉料间产生电弧发热进行冶炼，炉温可达 2000°C，如图 4-6 所示。这种炼

结构图

实景图

图 4-6 电炉炼钢

钢方法炉料通用性大，炉内气氛可以控制，钢铁质量好，主要用于高级优质合金钢、特殊钢的冶炼。随着世界钢铁生产的发展，电炉钢的比例不断提高，目前占世界钢产量的30%左右。

2. 炼钢过程

炼钢的过程就是碳及其杂质元素的氧化过程。在1500～2000°C的高温下，向铁水中吹空气或氧气，氧化生铁中的碳及其他杂质元素，使它们以气体或炉渣的形式被排除。碳及其他杂质元素氧化的同时，铁也被氧化成FeO。如果钢中溶入了过多的氧，将降低钢的强度、韧性和疲劳强度，导致脆性增大，因此，炼钢的最后阶段必须进行脱氧，才能获得合格的钢。

新闻链接

中国钢铁工业发展概况

中国钢铁工业经过一百多年的发展，已经成为当之无愧的钢铁大国（见表4-1），已连续24年雄踞世界第一，2020年我国粗钢产量达10.53亿吨，约占世界粗钢产量的56.57%，比第二、三、四、五、六名钢产量的总和还多。我国也是钢铁出口大国，2016年以来，每年出口钢材超过一亿吨，出口地区遍布东盟、中东、韩国、美国等地区与国家。

表4-1 中国的钢产量

时间	1898年	1943年	1949年	1957年	1958年	1971年
产量/t	1万	92.3万	15.85万	535万	1080万	2000万
时间	1979年	1996年	2006年	2012年	2018年	2020年
产量/t	3000万	1亿	4.19亿	7.17亿	9.28亿	10.53亿

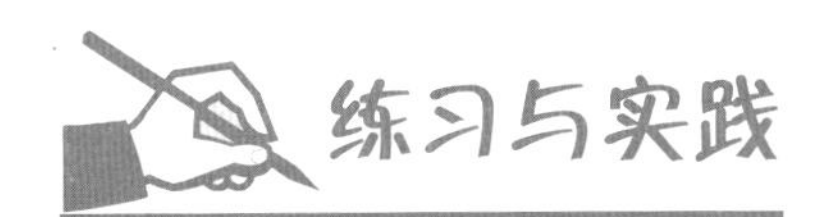

一、填空题

1. 钢铁材料是__________和__________的总称。钢的含碳量__________2.11%，生铁的含碳量__________2.11%。

2. 将下图补充完整。

铁矿石 —炼铁→ [　　] —炼钢→ [　　]

3. 高炉炼铁的炉料有__________、__________、__________。

4. 生铁是由______、______、硅、锰、硫和磷等组成的混合物。

5. 现代工业炼钢的方法有__________、__________、__________。高质量的合金钢一般采用__________冶炼。

二、判断题

1. 生铁是纯净物。 (　　)
2. 生铁是由铁、碳、硅、锰、硫和磷等组成的混合物。 (　　)
3. 炼钢的目的是降碳、除硫磷、调硅锰，因此，钢中是没有硫和磷元素的。 (　　)
4. 转炉炼钢法的特点是冶炼速度快，生产率高。 (　　)
5. 生铁与钢的根本区别是含碳量的不同，钢的含碳量比生铁高得多。 (　　)

三、选择题

1. 目前世界第一产钢大国是（　　）。

A. 日本　　B. 美国　　C. 俄罗斯　　D. 中国

2. 把生铁炼成钢的主要目的是（　　）。

A. 把生铁提纯

B. 除去生铁中的各种杂质

C. 加入各种合金元素，改善生铁的性能

D. 降低生铁含碳量，适当调整硅、锰的含量，除去硫、磷等元素

3. 下列钢的常存元素中，能产生冷脆性的是。（　　）。

A. Si　　B. Mn　　C. S　　D. P

四、简述与实践题

生铁和钢在组成上的主要区别是什么？

第二节　碳钢的分类

含碳量小于 2. 11% 并含有少量其他元素的铁碳合金称为碳钢（非合金钢）[①]。碳钢有多种分类方法，常用的分类法有以下几种。

按钢的含碳量分类

（1）低碳钢，含碳量≤ 0.25%。

（2）中碳钢，含碳量 0.25% ~ 0.60%。

（3）高碳钢，含碳量≥ 0.60%。

---

① 根据GB/T 11304—1991规定，钢按化学成分可分为非合金钢、低合金钢和合金钢。非合金钢就是碳素钢，简称碳钢。考虑行业习惯用法，本书仍用碳钢表示。

交流与讨论

1. 应用所学Fe-Fe_3C相图知识，完成以下填充：

低碳钢：强度、硬度______，塑性、韧性______；

中碳钢：强度、硬度______，塑性、韧性______；

高碳钢：强度、硬度______，塑性、韧性______。

2. 含碳量为1.3%、0.45%、0.60%、0.15%、0.30%、0.80%、0.08%的钢材，属于低碳钢的是__________，中碳钢的是__________，高碳钢的是__________。

按钢的质量分类

硫和磷在碳素钢中是有害元素，硫会使钢产生热脆性，磷会使钢产生冷脆性。因此，碳素钢按硫、磷含量多少可分为以下几种。

（1）普通钢，$w(S) \leqslant 0.050\%$，$w(P) \leqslant 0.045\%$。

（2）优质钢，$w(S) \leqslant 0.035\%$，$w(P) \leqslant 0.035\%$。

（3）高级优质钢，$w(S) \leqslant 0.030\%$，$w(P) \leqslant 0.030\%$。

你知道吗

对碳钢来说，硫和磷是有害元素，它们的含量多少是评定钢质量的主要指标。但是，硫和磷也有有利的一面，例如，MnS对断屑有利，可以起到润滑作用，从而降低刀具磨损，所以在易切削钢中含硫量高达0.15%。另外，硫还有减摩作用。炮弹含磷量高，其目的是提高钢的脆性，增加弹片的碎化程度，提高炮弹杀伤力。

按钢的用途分类

（1）结构钢：用于制造机械零件和工程结构件（如建筑、桥梁、船舶、锅炉、高压线塔等）。

（2）工具钢：用于制造刀具、模具和量具，含碳量一般大于0.7%。

按冶炼时脱氧程度分类

根据钢的脱氧程度不同，可分为镇静钢（Z，也可不写）、半镇静钢（b）和沸腾钢（F）三类。

1）镇静钢

钢液在浇注前用锰铁、硅铁和铝进行充分脱氧，因脱氧完全，钢水在钢模内平静地凝固。它的化学成分均匀，组织比较致密，质量较高。但由于钢锭头部形成集中缩孔，轧制时需要切除，钢的损失多，成本较高。优质钢和合金钢一般都是镇静钢。

2）半镇静钢

钢的脱氧程度介于镇静钢和沸腾钢之间。

3）沸腾钢

钢液熔炼末期仅用锰铁进行脱氧，钢液中残留着氧，因脱氧不完全，在钢模内继续和碳反应生成 CO 气体，使钢液沸腾。这种钢锭不产生集中缩孔，切头损失少。但是，钢的成分不均匀，组织不够致密，质量较差。

练习与实践

一、填空题

1. 碳素钢按含碳量的多少分类，当含碳量__________%以下为低碳钢，含碳量__________%为中碳钢；含碳量__________%为高碳钢。

2. 结构钢常用于制造____________________________________；工具钢常用于制造____________________________________。

二、选择题

1. 含碳量为 0.45% 的钢属于（　　）；含碳量为 1.0% 的钢属于（　　）；含碳量为 0.1% 的钢属于（　　）；含碳量为 0.65% 的钢属于（　　）。

A. 低碳钢　　B. 中碳钢　　C. 高碳钢

2. 普通钢、优质钢和高级优质钢的分类依据是（　　）。

A. 主要质量等级　　B. 主要性能

C. 主要用途　　D. 前三者综合考虑

3. 普通钢的含硫量应控制在（　　）。

A. ≤ 0.050%　　B. ≤ 0.045%

C. ≤ 0.035%　　D. ≤ 0.030%

4. 普通钢的含磷量应控制在（　　）。

A. ≤ 0.045%　　B. ≤ 0.035%

C. ≤ 0.030%　　D. ≤ 0.025%

5. 碳素工具钢含碳量一般（　　）。

A. ＜0.7%　　B. ＞0.7%　　C. ＝0.7%

6. 下列钢材中，脱氧程度和质量最差的是（　　）。

A. 镇静钢　　B. 半镇静钢　　C. 沸腾钢

第三节 常用碳钢

碳钢具有良好的力学性能和工艺性能，且冶炼方便，价格便宜，对工农业生产、交通运输、国防乃至日常生活来说，碳钢是最基本、最重要的材料，它是目前应用最为广泛的金属材料。实际生产中使用的碳钢材料种类很多，常用的有以下四类。

普通碳素结构钢

普通碳素结构钢的含碳量在 0.06% ~ 0.38%，硫、磷含量较高，一般在供应状态使用不需经过热处理。其价格便宜，在满足性能要求的情况下，应优先采用。

普通碳素结构钢的牌号采用“Q 数字—质量等级 . 脱氧程度”的形式表示，如 Q235—A.F，其中：

Q——钢材屈服点，“屈”字汉语拼音首字母；

数字——屈服点（σ_s）大小，单位为 MPa；

质量等级——用 A、B、C、D 表示四个等级，其中 A 级最差，D 级最好，所有的 A 级钢在供应状态时保证力学性能，B、C、D 级钢在供应状态时既保证力学性能又保证化学成分；

脱氧程度——用 F、b、Z、TZ 表示，F 是沸腾钢，b 是半镇静钢，Z 是镇静钢，TZ 是特殊镇静钢，Z 与 TZ 符号在牌号表示中可以省略。

Q235—A.F 表示 σ_s 为 235MPa 的 A 级沸腾钢。

普通碳素结构钢的化学成分和力学性能见表 4-2。

表 4-2 普通碳素结构钢的化学成分和力学性能

牌号	等级	化学成分/%					脱氧方法	力学性能		
		w(C)	w(Mn)	w(Si)	w(S)	w(P)		σ_s /MPa	σ_b /MPa	δ /%
				不大于						
Q195	—	0.06～0.12	0.25～0.50	0.30	0.050	0.045	F、b、Z	195	315～390	33
Q215	A	0.09～0.15	0.25～0.55	0.30	0.050	0.045	F、b、Z	215	335～410	31
	B				0.045					
Q235	A	0.14～0.22	0.30～0.65	0.30	0.050	0.045	F、b、Z	235	375～460	26
	B	0.12～0.22	0.30～0.70		0.045					
	C	≤0.18	0.35～0.80		0.040	0.040	Z			
	D	≤0.17			0.035	0.035	TZ			
Q255	A	0.18～0.28	0.45～0.70	0.30	0.050	0.045	Z	255	410～510	24
	B				0.045					
Q275	—	0.28～0.38	0.50～0.80	0.35	0.050	0.045	Z	275	490～610	20

普通碳素结构钢产量大（占钢总量的 70%）、用途广，大多轧制成板材、型材（圆、方、扁、工、槽、角钢等型材）及异型材，用于厂房、桥梁、船舶等建筑结构和一些受力不大的机械零件。

Q195、Q215、Q235 为低碳钢，塑性、韧性和焊接性能好，有一定的强度和硬度。

Q195、Q215 通常用于制造受力小的零件，如铁钉（见图 4-7）、木螺钉、铁丝（见图 4-8）、白铁皮（见图 4-9）、黑铁皮、订书机、轻负荷的冲压件和焊接件。

图 4-7　铁钉

图 4-8　彩色铁丝

图 4-9　镀锌铁桶

Q235 既有较高的塑性，又有适中的强度，是应用最为广泛的普通碳素结构钢。冶炼厂通常将其热轧成钢板、钢管、钢筋等，广泛用于一般要求的零件和加工时需要冷弯、铆接、焊接的工程结构件，如螺钉和螺母（见图 4-10）、钢结构课桌椅（见图 4-11）、桥梁（见图 4-12）、建筑结构等。

图 4-10　普通螺钉、螺母

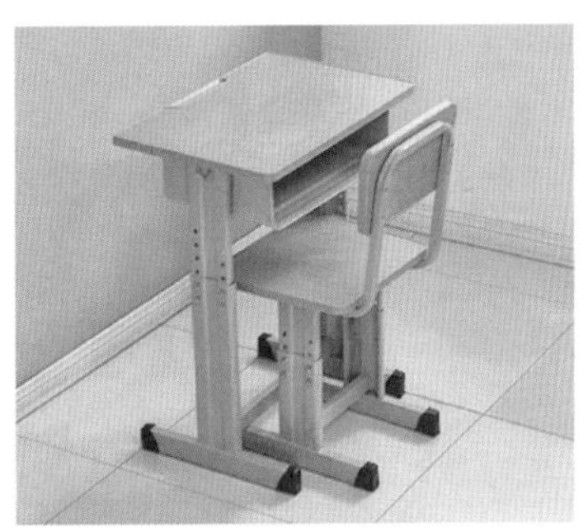

图 4-11　钢结构课桌椅

图 4-12　武汉长江大桥

Q255 和 Q275 为中碳钢，强度、硬度较高，塑性、韧性良好，常用于制造承受中等载荷的零件，如自行车、三轮车上的心轴、农机零件等。

优质碳素结构钢

优质碳素结构钢是按化学成分和力学性能供应的。钢中的硫、磷含量比较少，表面质量、组织结构均比较好，常用于需经过热处理的各种重要的机械结构件。

优质碳素结构钢的牌号采用两位数字表示。两位数字表示平均含碳量的万分之几。例如，钢号“45”表示平均含碳量为 0.45% 的优质碳素结构钢。

优质碳素结构钢按含锰量不同，可分为普通含锰量（0.35% ~ 0.80%）和较高含锰量（0.70% ~ 1.20%）两组。较高含锰量钢在牌号后附加“Mn”，如 20Mn、65Mn 等。

沸腾钢、半镇静钢在牌号后分别附加 F 和 b。

优质碳素结构钢的牌号、化学成分和力学性能见表 4-3。

表 4-3　优质碳素结构钢的牌号、化学成分和力学性能

牌号	化学成分/%			力学性能						
	w(C)	w(Si)	w(Mn)	σ_s	σ_b	δ	ψ	A_k	HBS	
				/MPa		/%		/J	热轧钢	退火钢
08F	0.05～0.11	≤0.03	0.25～0.50	175	295	35	60	—	131	—
08	0.05～0.12	0.17～0.35	0.35～0.60	195	325	33	60	—	131	—
10F	0.07～0.14	≤0.07	0.25～0.50	185	315	33	55	—	137	—
10	0.07～0.14	0.17～0.37	0.35～0.65	205	355	31	55	—	137	—
15F	0.12～0.19	≤0.07	0.25～0.50	205	355	29	55	—	143	—
15	0.12～0.19	0.17～0.37	0.35～0.65	225	375	27	55	—	143	—
20	0.17～0.24	0.17～0.37	0.35～0.65	245	410	25	55	—	156	—
25	0.22～0.30	0.17～0.37	0.50～0.80	275	450	23	50	71.0	170	—
30	0.27～0.35	0.17～0.37	0.50～0.80	295	490	21	50	63.1	179	—
35	0.32～0.40	0.17～0.37	0.50～0.80	315	530	20	45	55.2	197	—
40	0.37～0.45	0.17～0.37	0.50～0.80	335	570	19	45	47.3	217	187
45	0.42～0.50	0.17～0.37	0.50～0.80	355	600	16	40	39.4	229	197
50	0.47～0.55	0.17～0.37	0.50～0.80	375	630	14	40	31.5	241	207
55	0.52～0.60	0.17～0.37	0.50～0.80	380	645	13	35	—	255	217
60	0.57～0.65	0.17～0.37	0.50～0.80	400	675	12	35	—	255	229
65	0.62～0.70	0.17～0.37	0.50～0.80	410	695	10	30	—	255	229
70	0.67～0.75	0.17～0.37	0.50～0.80	420	715	9	30	—	269	229
75	0.72～0.80	0.17～0.37	0.50～0.80	880	1080	7	30	—	285	241
80	0.77～0.85	0.17～0.37	0.50～0.80	930	1080	6	30	—	285	241
85	0.82～0.90	0.17～0.37	0.50～0.80	980	1130	6	30	—	305	255
15Mn	0.12～0.19	0.17～0.37	0.70～1.00	245	410	26	55	—	163	—
20Mn	0.17～0.24	0.17～0.37	0.70～1.00	275	450	24	50	—	197	—
25Mn	0.27～0.35	0.17～0.37	0.70～1.00	295	490	22	50	71.0	207	—
30Mn	0.27～0.35	0.17～0.37	0.70～1.00	315	540	20	45	63.1	217	187
35Mn	0.32～0.40	0.17～0.37	0.70～1.00	335	560	18	45	55.2	229	197
40Mn	0.37～0.45	0.17～0.37	0.70～1.00	355	590	17	45	47.3	229	207
45Mn	0.42～0.50	0.17～0.37	0.70～1.00	375	620	15	40	39.4	241	217
50Mn	0.47～0.55	0.17～0.37	0.70～1.00	390	645	13	40	31.5	255	217
60Mn	0.57～0.65	0.17～0.37	0.70～1.00	410	695	11	35	—	269	229
65Mn	0.62～0.70	0.17～0.37	0.90～1.20	430	735	9	30	—	285	229
70Mn	0.67～0.75	0.17～0.37	0.90～1.20	450	785	8	30	—	285	229

交流与讨论

普通碳素结构钢与优质碳素结构钢的牌号表示各有什么特点？

08 ～ 25（低碳钢）：这类钢的含碳量低，强度、硬度较低，塑性、韧性及焊接性能好。

08 钢和 10 钢称为冷冲压钢。因其塑性好、强度低，一般由钢厂轧成薄板或钢带供应，主要用于

制造深冷冲压件和焊接件，如汽车壳体（见图 4-13）、油箱（见图 4-14）、灭火器壳体（见图 4-15）、压力容器等。

图 4-13　汽车壳体

图 4-14　汽车备用油箱

图 4-15　灭火器壳体

15 钢、20 钢、25 钢称为渗碳钢。这类钢常用于制造尺寸不大、载荷较小的渗碳件，如摩托车链条（见图 4-16）、齿轮（见图 4-17）、活塞销；也用于制造不需热处理的冲压件和焊接件，如风扇叶片、法兰盘（见图 4-18）。

图 4-16　摩托车链条

图 4-17　齿轮

图 4-18　法兰盘

30 ~ 55（中碳钢）：典型钢种有 45 钢。这类钢具有较高的强度、硬度，塑性、韧性良好，在机械制造中应用非常广泛，其中以 45 钢最为突出。它主要用于制造受力较大的零件，如机床主轴（见图 4-19）、发动机曲轴（见图 4-20）、连杆（见图 4-21）。

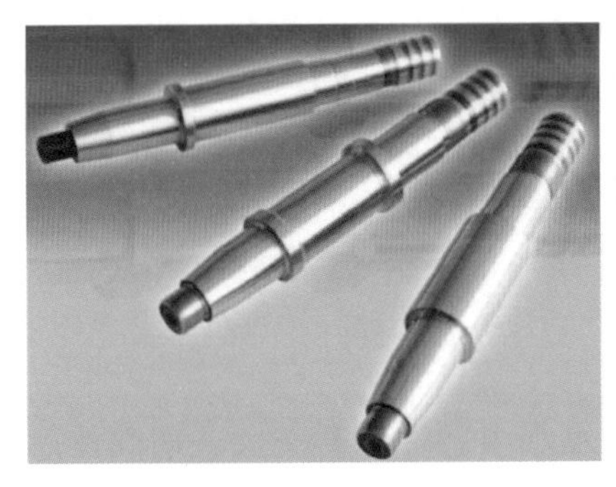

图 4-19　机床主轴

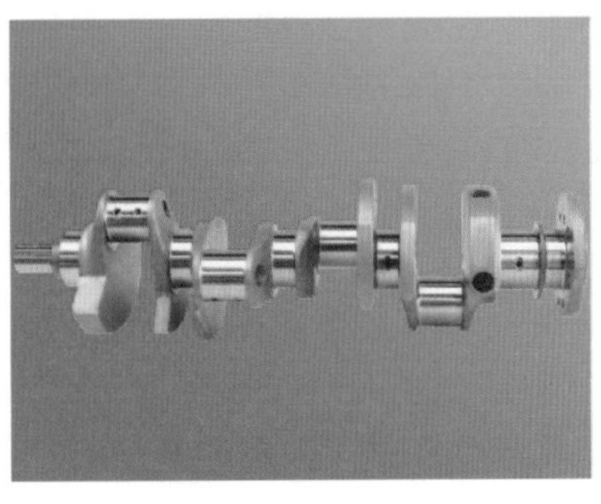

图 4-20　发动机曲轴

图 4-21　连杆

60 ~ 85（高碳钢）：典型钢种有 65Mn 钢。这类钢具有较高的强度、硬度和弹性，但塑性较低，焊接性能不好，切削加工性差。它主要用于制造弹性零件和耐磨件，如钢丝绳（见图 4-22）、弹簧（见图 4-23）、板簧、弹簧垫圈（见图 4-24）、弹簧片、钢轨等。

图 4-22 钢丝绳

图 4-23 弹簧

图 4-24 弹簧垫圈

碳素工具钢

碳素工具钢的含碳量为 0.65% ~ 1.35%。根据硫、磷的不同，碳素工具钢分为优质碳素工具钢和高级碳素工具钢，牌号采用“T+数字”表示。T 是“碳”字汉语拼音首位字母，数字为平均含碳量的千分之几。含锰较高的在数字后标注“Mn”，高级优质钢在牌号后标注“A”。

例如：T8 表示平均含碳量为 0.8% 的碳素工具钢，T10A 表示平均含碳量为 1.0% 的高级优质碳素工具钢。

碳素工具钢的牌号、成分和热处理见表 4-4。

表 4-4 碳素工具钢的牌号、成分和热处理

牌号	化学成分/%					退火后硬度	淬火温度/°C 和冷却剂	淬火后硬度
	w(C)	w(Mn)	w(Si)	w(S)	w(P)	HBS		HRC（不小于）
T7	0.65～0.74	≤0.04	0.35	0.030	0.035	187	800～820 水	62
T8	0.75～0.84	≤0.04	0.35	0.030	0.035	187	780～800 水	62
T8Mn	0.80～0.90	0.04～0.60	0.35	0.030	0.035	187	780～800 水	62
T9	0.85～0.94	≤0.04	0.35	0.030	0.035	192	760～780 水	62
T10	0.95～1.04	≤0.04	0.35	0.030	0.035	197	760～780 水	62
T11	1.05～1.14	≤0.04	0.35	0.030	0.035	207	760～780 水	62
T12	1.15～1.24	≤0.04	0.35	0.030	0.035	207	760～780 水	62
T13	1.25～1.35	≤0.04	0.35	0.030	0.035	207	760～780 水	62

碳素工具钢具有较高的硬度和耐磨性，随含碳量的增加，其硬度和耐磨性逐渐增大，韧性逐渐下降。

碳素工具钢主要用于制造形状复杂，切削速度较低（<5m/min），工作温度不高（200°C 以下）的工具和耐磨件。

T7 和 T8 钢一般用于制造受冲击，需要高硬度和耐磨性的工具（工作部分 48 ~ 60HRC），如铁锤（见图 4-25）、冲头（见图 4-26）、錾子、螺丝刀、打炮眼的钢钎、简单模具、木工工具（见图 4-27）等。

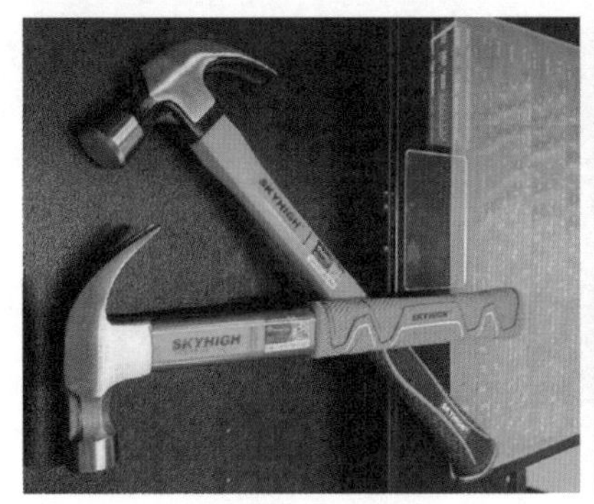

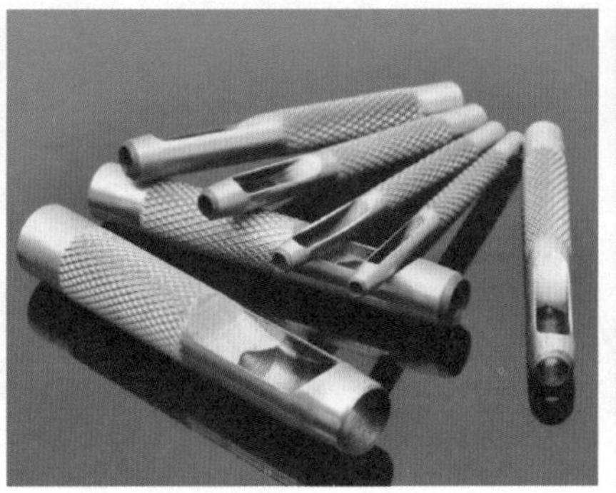

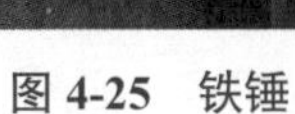

图 4-25 铁锤　　图 4-26 皮带冲头　　图 4-27 木工工具

T9、T10 和 T11 钢用于制造受中等冲击的工具和耐磨件（工作部分 60 ~ 62HRC），如手工锯条（见图 4-28）、板牙和丝锥（见图 4-29）、冷冲模（见图 4-30）等。

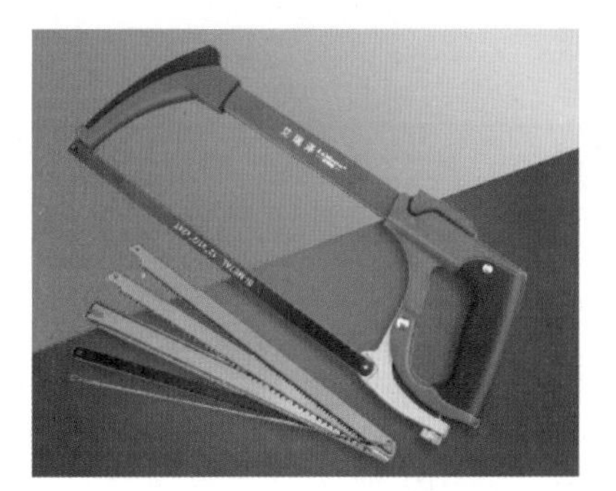

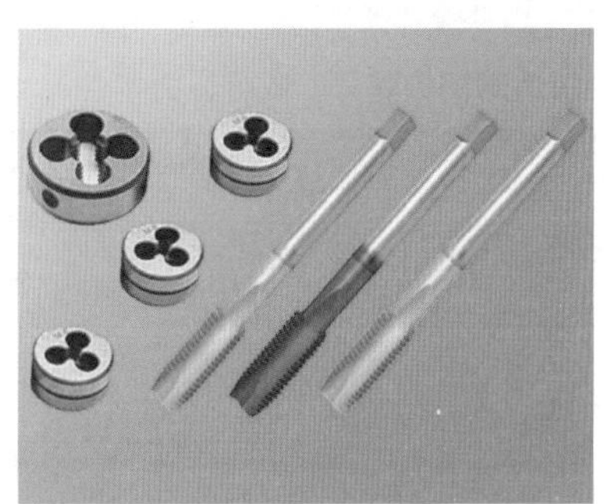

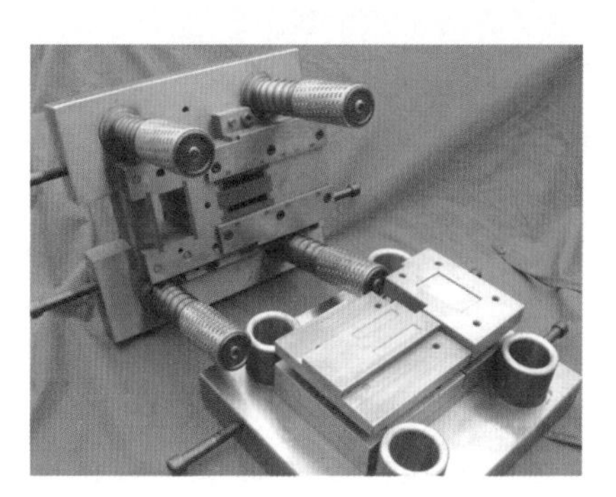

图 4-28 手工锯条　　图 4-29 板牙和丝锥　　图 4-30 冷冲模

T12 和 T13 钢用于制造不受冲击，硬度极高的工具和耐磨件（工作部分 62 ~ 65HRC），如锉刀（见图 4-31）、刮刀、钻头（见图 4-32）、刀片（见图 4-33）等。

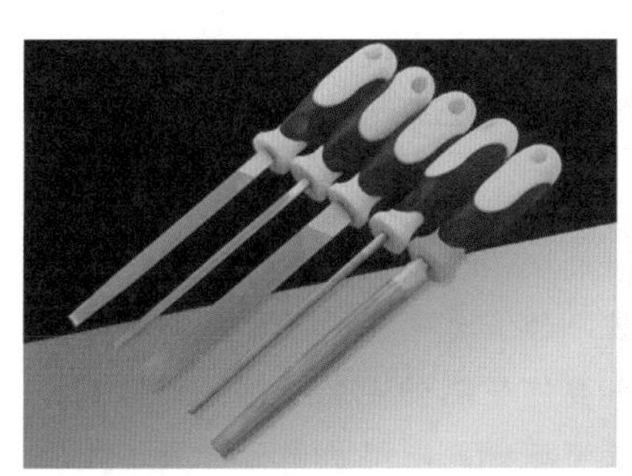

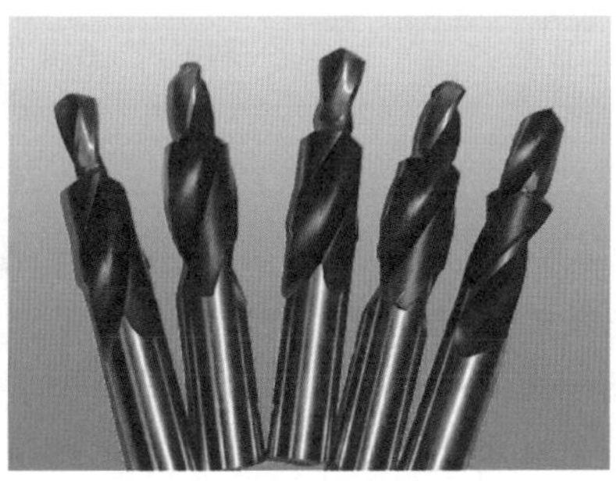

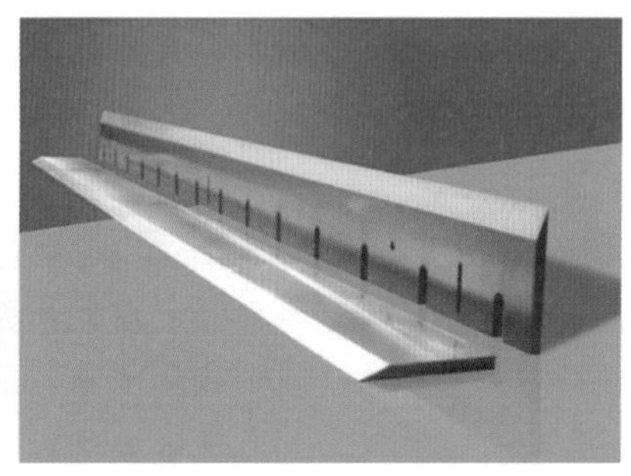

图 4-31 锉刀　　图 4-32 钻头

铸造碳钢

铸造碳钢一般用于制造形状复杂、力学性能要求较高的机械零件。像变速箱体（见图 4-34）、轧钢机机架（见图 4-35）、水泵壳体（见图 4-36）、重载大型齿轮这些形状复杂的零件，很难用锻造或机械加工的方法制造，又由于力学性能要求较高，用铸铁又难以满足性能要求，此时通常选用铸钢来铸造。

图 4-34　变速箱壳体

图 4-35　轧钢机机架

图 4-36　水泵壳体

铸造碳钢的含碳量为 0.20% ~ 0.60%，含碳量高则塑性差，铸造时易产生裂纹。铸造碳钢的牌号用“ZG 数字—数字”表示。ZG 是“铸”“钢”二字汉语拼音首位字母，两组数字分别表示屈服点数值和抗拉强度数值。例如，ZG200—400 表示 σ_s 为 200MPa，σ_b 为 400Mpa 的铸造碳钢。

铸造碳钢的牌号、成分、力学性能和用途见表 4-5。

表 4-5　铸造碳钢的牌号、成分、力学性能和用途

牌　号	化学成分/%（≤）					力学性能（≥）			用途举例
	w(C)	w(Si)	w(Mn)	w(S)	w(P)	σ_s /MPa	σ_b/ MPa	δ/%	
ZG200—400	0.20	0.50	0.80	0.04	0.04	200	400	25	受力不大、要求韧性的机件，如机座、变速箱壳体
ZG230—450	0.30		0.90			230	450	22	箱体、机盖、底板、阀体、犁柱
ZG270—500	0.40					270	500	18	轧钢机机架、轴承座、连杆、飞轮
ZG310—570	0.50	0.6	0.90	0.04	0.04	310	570	15	载荷较大的零件，如大齿轮、制动轮、气缸
ZG340—640	0.60					340	640	10	起重机、运输机中的齿轮、联轴器

你知道吗

碳钢的鉴别

在生产实践中，把钢材听一听、弯一弯、锉一锉、錾一錾，可大致判断碳钢的成分。敲起来声音低哑，弯曲度大，锉痕和錾印较深的是低碳钢；敲起来声音较清脆，弯曲度较大，锉痕和錾印较浅的是中碳钢；敲起来声音清脆，弯曲度较小，锉痕和錾印浅的是高碳钢。

练习与实践

一、填空题

1. 普通碳素结构钢牌号的含义是：Q 表示__________；Q 后面的数字表示____________________；数字后的 A、B、C、D 表示______________；牌号末尾的“F”表示__________；末尾是“b”，则表示__________。

2. 普通碳素结构钢，按屈服点的不同，分为_____个牌号，随着牌号中屈服点增大，其__________和__________提高，__________和__________降低。

3. 45 钢含碳量为__________%，按含碳量分属于__________钢，按质量分属于__________钢，按用途分属于__________钢。

4. 碳钢可分为普通碳素结构钢、__________________钢、碳素工具钢和铸造碳钢。Q235—A.F 属于__________________钢，T12 属于__________________钢。

5. 将常用的碳钢材料牌号填入表 4-6。

表 4-6　记录表

常用的碳钢	普通碳素结构钢	优质碳素结构钢	碳素工具钢	铸造碳钢
碳钢牌号				

牌号：ZG200—400　45　Q235—A.F　T10

6. 碳钢随着含碳量的增加，其伸长率__________，断面收缩率__________，冲击韧性__________，冷弯性能__________，硬度__________，可焊性__________。

二、选择题

1. 08 钢平均含碳量为（　　）。
   A. 0.08%　　B. 0.8%　　C. 8.0%　　D. 80%
2. 45 钢按含碳量分属于（　　）。
   A. 低碳钢　　B. 中碳钢　　C. 高碳钢
3. 白铁皮是在铁皮外镀（　　）。
   A. 钛　　B. 铝　　C. 锌
4. 制造铁钉、铆钉、垫块及轻负荷的冲压件，应选用（　　）。
   A. Q195　　B. 45 钢　　C. T12A　　D. 65Mn
5. 制造普通螺钉、螺母，宜选用（　　）。
   A. Q235—A.F　　B. 08　　C. 60Mn　　D. T8A
6. 制造锉刀应选用（　　）。
   A. T7A　　B. T10　　C. T13

三、判断题

1. 高碳钢的质量优于中碳钢，中碳钢的质量优于低碳钢。（　　）
2. 碳素工具钢都是优质钢或高级优质钢。（　　）
3. 碳素结构钢按质量等级分为 A、B、C、D 四个等级，A 级质量最好。（　　）
4. T12A 钢表示平均含碳量为 12%。（　　）
5. 铸钢一般用于形状复杂，综合力学性能要求较高，难以用锻造方法获得的零件。（　　）

四、简述与实践题

1. 什么是碳钢？碳钢材料有何特点？

2. 依据表 4-3 优质碳素结构钢的牌号、化学成分和力学性能，查出 08 钢、45 钢和 80 钢力学性能值并填入表 4-7。

表 4-7　记录表

碳钢	08钢	45钢	80钢	碳 钢	08钢	45钢	80钢
δ				σ_s			
ψ				σ_b			

根据填写在表 4-7 中不同材料的力学性能，你认为：塑性好的是__________；塑性差的是__________；强度高的是__________。

3. 常用的碳素结构钢有哪几类？各自的牌号是如何表示的？将制造表 4-8 中零件合适的材料填入其中。

表 4-8　记录表

零件	铁钉、铁丝	普通螺钉、螺母	自行车链条	水泵轴	小弹簧
材料牌号					

供选择的材料：20　45　65Mn　Q195　Q235—A.F

4. 某学校计划做一批学生宿舍普通钢制用床，请你选择合适的材料和防腐方法。

5. 碳素工具钢的特点是什么？其牌号是如何表示的，牌号共有几个？将适合制造表 4-9 中工具的材料填入其中。

表 4-9　记录表

工具	螺丝刀、铁锤	手工锯条、丝锥、板牙	锉刀、钻头
材料牌号			

6. 访问工厂和借助图书资料、因特网，了解碳钢在生活和机械中的应用情况。

节　次	学 习 内 容	分值	自我测评	小组互评	教师测评
第一节　钢铁材料的生产过程	炼铁	3			
	炼钢	3			
第二节　碳钢的分类	碳钢	5			
	按钢的含碳量分类	5			
	按钢的质量分类	5			
	按钢的用途分类	5			
	按冶炼时脱氧程度分类	4			
第三节　常用碳钢	普通碳素结构钢	20			
	优质碳素结构钢	20			
	碳素工具钢	20			
	铸造碳钢	10			
合　　计		100			

第五章 钢的热处理

龙泉剑始于春秋战国时期，距今有二千六百多年。龙泉宝剑以“坚韧锋利、刚柔并寓、寒光逼人、纹饰巧致”成为剑中之魁，闻名于世。一把龙泉剑，从原料到成品，须经过打坯、热锻、铲、锉、镂花、嵌铜、淬火、磨光、装潢等28道工序。其中最为关键的是淬火环节，淬火是宝剑的灵魂，淬火可大大提高宝剑的锋利程度。

学习要求

了解热处理的基本原理，明确钢在加热和冷却时的组织转变过程。
掌握退火、正火、淬火、回火和表面热处理的目的、方法及应用。

学习重点

退火、正火、淬火、回火和表面热处理的目的、方法及应用。

我们将要学习的热处理是将固态钢进行加热、保温和冷却，以获得所需要的组织结构与性能的工艺。热处理是机械制造工艺中一个不可缺少的组成部分，它能改善零件的加工性能，提高材料的使用性能，充分发挥钢材的潜力，延长零件的使用寿命。据统计，机床制造中有 60% ~ 70% 的零件，汽车、拖拉机制造中有 70% ~ 80% 的零件都要进行热处理，各种工具和轴承几乎全部要进行热处理。可见，热处理在机械制造中占有非常重要的地位。

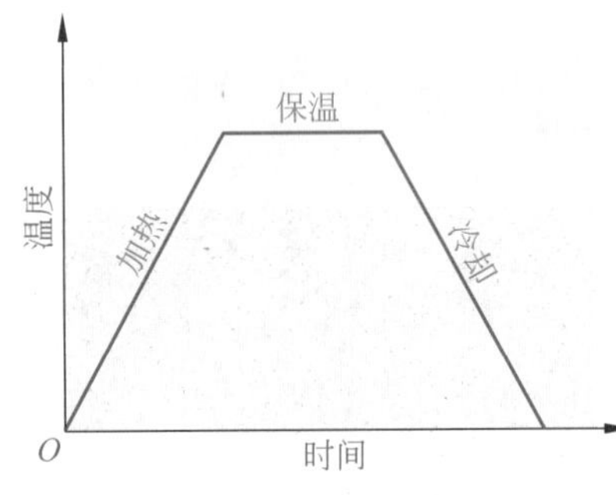

图 5-1 钢的热处理工艺曲线

根据热处理加热和冷却方式的不同，可分为普通热处理——退火、正火、淬火、回火，表面热处理——表面淬火、化学热处理。

任何热处理工艺都包括加热、保温和冷却三个阶段。它可以用温度-时间坐标图形来表示。如图 5-1 所示，此曲线称为热处理工艺曲线。热处理中保温的目的是使工件热透，组织转变均匀。

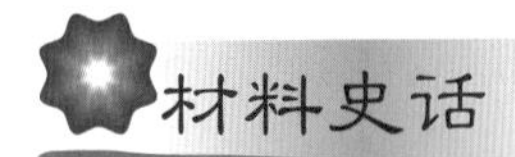

中国古代的热处理技术

公元前六世纪，钢铁兵器逐渐被采用，为了提高钢的硬度，淬火工艺得到迅速发展。1965年，河北省易县燕下都出土的两把剑和一把戟，经现代金相技术检验，发现是淬火组织马氏体，说明当时已经掌握了热处理的淬火技术。

1968年出土的西汉（公元前206—公元24年）中山靖王墓中的宝剑，心部含碳量为0.15%~0.4%，而表面含碳量却在0.6%以上，说明西汉时期中国的工匠们就已经能进行先进的热处理工艺——渗碳。但当时作为个人“手艺”的秘密，不肯外传，因而阻碍了这一技术的发展和应用。

第一节 钢在加热时的组织转变

钢的热处理首要的工作是进行加热，通常情况下是将钢放进加热炉（见图 5-2）进行加热的。钢加热的目的是获得奥氏体。奥氏体虽然是钢在高温状态下的组织，但它的晶粒大小、均匀程度，对钢冷却后的组织和性能有重要影响。因此，了解钢在加热时组织结构的变化规律是对钢进行正确热处理的先决条件。

图 5-2 台车式燃气加热炉

交流与讨论

1. 45钢的AC_1为724°C，AC_3为780°C；T10钢的AC_1为730°C，AC_{cm}为800°C。请问45钢、T10钢在不同温度时的组织是什么？填写表5-1。

表 5-1 45 钢和 T10 钢在不同温度时的组织

材料	室温	735°C	830°C
45钢			
T10钢			

2. 亚共析钢完全奥氏体化，应加热到__________以上；
共析钢完全奥氏体化，应加热到__________以上；
过共析钢完全奥氏体化，应加热到__________以上。

奥氏体的形成过程

任何成分的钢加热到 AC_1 温度以上时，都要发生珠光体向奥氏体转变的过程（即奥氏体化）。下面以共析钢为例，来分析奥氏体化的过程。

共析钢加热到 AC_1 温度时，便会发生珠光体向奥氏体的转变。奥氏体的形成过程可分为四个阶段，即奥氏体晶核的形成、奥氏体晶核的长大、残余渗碳体的溶解和奥氏体的均匀化。奥氏体的形成过程如图 5-3 所示。

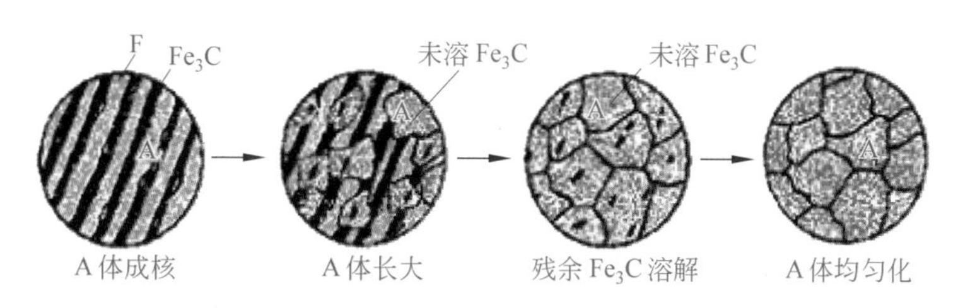

图 5-3　共析钢中奥氏体形成过程示意图

1. 奥氏体晶核的形成

组成珠光体的铁素体和渗碳体两个相界面处优先形成奥氏体的晶核，因为相界面上原子排列比较紊乱，处于不稳定状态，为奥氏体形核提供了条件。

2. 奥氏体晶核的长大

晶核形成之后，随着铁素体向奥氏体的转变和渗碳体的不断溶解，使奥氏体晶核逐渐长大，并形成新的界面。

3. 残余渗碳体的溶解

由于渗碳体向奥氏体的溶解速度比铁素体向奥氏体转变慢，因此，当铁素体全部消失，奥氏体形成后，仍有部分渗碳体尚未溶解。随着保温时间的延长，这些渗碳体继续向奥氏体中溶解，直至全部消失为止。

4. 奥氏体的均匀化

当残余渗碳体全部溶解后，奥氏体中的碳浓度仍然是不均匀的，在原渗碳体处的含碳量比在原铁素体处的含碳量要高一些。因此，需要继续延长保温时间，依靠碳原子的扩散，使奥氏体的成分逐渐趋于均匀。

亚共析钢和过共析钢的奥氏体形成过程与共析钢基本相似，不同之处是亚共析钢和过共析钢需要加热到 AC_3 或 AC_{cm} 以上时才能获得单一的奥氏体组织，即完全奥氏体化。

奥氏体晶粒长大及影响因素

1. 晶粒长大过程

钢在加热时，不论原来钢的晶粒粗或细，奥氏体化刚完成时，都能得到细小的奥氏体起始晶粒。这是由于珠光体向奥氏体转变刚完成时，珠光体内铁素体和渗碳体的相界面很多，有利于形成数目众多的奥氏体晶核。但是，如果加热温度继续升高，奥氏体起始晶粒之间会通过相互吞并继续长大。钢在具体加热条件下获得的奥氏体晶粒称为奥氏体实际晶粒。

奥氏体实际晶粒的粗细对热处理冷却产物性能有很大影响。奥氏体晶粒细小，在冷却后奥氏体的转变产物也细小，其强度、塑性、韧性都比较好；反之，奥氏体晶粒粗大，在冷却后奥氏体的转变产物也粗大，其性能也差。

2. 影响晶粒长大因素

尽管奥氏体晶粒长大是一个自发过程，但不同外界因素可以从不同程度上促进或抑制晶粒长大。其影响因素主要有以下几个方面。

（1）加热温度和保温时间。加热温度越高，保温时间越长，则晶粒越容易长大，其中以加热温度的影响最大。所以在生产中，钢件在加热时产生奥氏体晶粒粗大的原因，往往是加热温度过高所致。

（2）加热速度。当加热温度一定时，加热速度快，可以得到细小的奥氏体晶粒。

（3）化学成分。钢中的含碳量增加，奥氏体晶粒长大快。

（4）合金元素。大多数合金元素（除锰、磷）都能阻碍奥氏体晶粒长大。

为了控制奥氏体晶粒长大，应采取以下措施：热处理加热时，要合理选择并严格控制加热温度和保温时间，合理选用钢材。

练习与实践

一、填空题

1. 钢的热处理是将固态钢进行__________、__________和__________，改变钢的内部__________，从而改善钢的__________的工艺。

2. 普通热处理有__________、__________、__________和__________。表面热处理有__________和__________。

3. 热处理中，加热的目的是为了获得______________组织；保温的目的是______________。

4. 奥氏体的形成过程有________________、________________、________________和________________四个阶段。

5. 将临界点的含义填入表 5-2。

表 5-2　记录表

临界点	含　义
AC_1	
AC_3	
AC_{cm}	

6. 亚共析钢加热至 AC_1 ~ AC_3 之间，组织是______________，加热到 AC_3 以上时，组织是__________；

过共析钢加热至 AC_1 ~ AC_{cm} 之间，组织是______________，加热到 AC_{cm} 以上时，组织是__________。

7. 45 钢（AC_1：724°C，AC_3：780°C）在室温时的组织为__________，加热到 750°C 时的组织为__________，加热到 830°C 时的组织为__________。

二、选择题

1. 加热是钢进行热处理的第一步，其目的是使钢获得（　　）。

A. 均匀的 F 体组织　　B. 均匀的 A 体组织

C. 均匀的 P 体组织　　D. 均匀的 Fe_3C 体组织

2. 亚共钢完全奥氏体化正确的加热临界点是（　　）。

A. AC_1　　B. AC_3　　C. AC_{cm}

3. 过共钢奥氏体化正确的加热临界点是（　　）。

A. AC_1　　B. AC_3　　C. AC_{cm}

4. 亚共析钢加热到 AC_3 以上时（　　）。

A. 铁素体自奥氏体中析出　　B. 开始发生奥氏体转变

C. 奥氏体开始转变成珠光体　　D. 铁素全部溶入奥氏体中

三、判断题

1. 热处理的目的是提高工件的强度和硬度。（　　）
2. 退火、正火、淬火和回火属于普通热处理。（　　）
3. 任何热处理都由加热、保温和冷却三个阶段组成。（　　）
4. 钢制零件加热温度越高，保温时间越长，奥氏体晶粒越大，力学性能越好。（　　）
5. 不论加热、保温时间多长，钢奥氏体化后都能得到细小的奥氏体晶粒。（　　）

四、简述与实践题

钢为什么可以通过热处理改变其组织？

第二节　钢在冷却时的组织转变

钢经奥氏体化后，由于冷却条件不同，其转变产物和性能上有很大差别。由表5-3可以看出，45钢在同样奥氏体化条件下，由于冷却速度不同，其力学性能有明显差别。

表5-3　45钢经840°C加热后在不同条件冷却后的力学性能

冷却方法	σ_b/MPa	σ_s/MPa	δ/%	ψ/%	HRC
随炉冷却	519	272	33	50	16
空气冷却	681	333	20	48	21
油中冷却	882	608	15	45	45
水中冷却	1078	706	7	13	56

在热处理生产中，常用的冷却方式有两种，即等温冷却和连续冷却，如图5-4所示。

等温冷却是将奥氏体迅速冷却到A_1以下某一温度进行保温，使奥氏体发生转变，然后冷却到室温（见图5-4曲线1）。

连续冷却是将奥氏体自高温连续冷却到室温（见图5-4曲线2）。

由于等温转变对研究钢在冷却时的组织转变较为方便，下面以共析钢为例来说明冷却方式对钢组织和性能的影响。

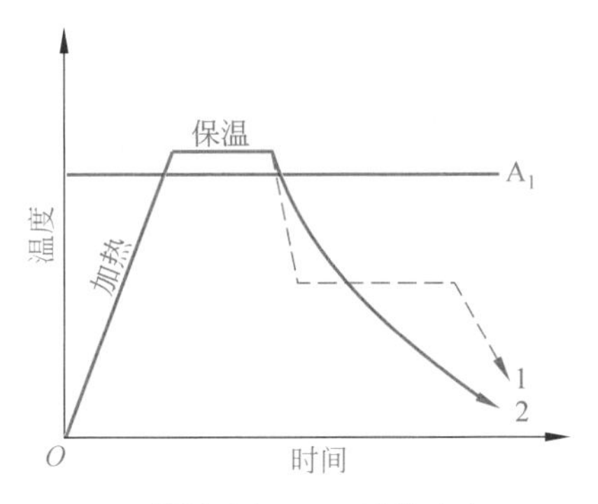

1—等温冷却；2—连续冷却

图5-4　等温冷却和连续冷却曲线

过冷奥氏体等温转变

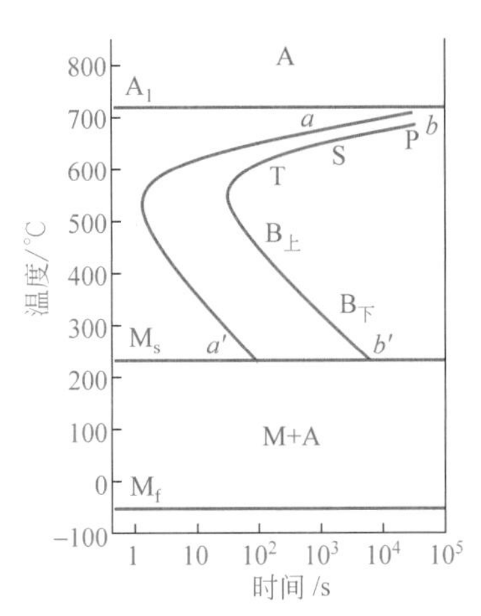

图5-5　共析钢过冷奥氏体等温转变图

通过前面的学习，我们知道奥氏体在临界温度A_1以下是不稳定的，必定要发生转变。热处理中把在A_1温度以下暂时存在，处于不稳定状态的奥氏体称为“过冷奥氏体”。

1. 过冷奥氏体等温转变图

反映过冷奥氏体等温转变温度与转变产物之间关系的图形称为过冷奥氏体等温转变图。图5-5所示为共析钢过冷奥氏体等温转变图，图中*aa′*曲线为过冷奥氏体转变开始线，*bb′*曲线为过冷奥氏体转变终了线，因两条曲线形状如英文字母C，故称为“C曲线”。

从C曲线图中我们可以看出：A_1以上是奥氏体稳定区域；在A_1以下*aa′*曲线左边，由于过冷现象，奥氏体仍然存在一段时间，这段时间称为孕育期。孕育期的长短标志着过冷奥氏体稳定性的大小。曲线的拐弯处（550°C 左右）俗称“鼻尖”，孕育期最短（约 1s），过冷奥氏体稳定性最小；*bb'* 曲线右边为转变产物区；在 *aa'*、*bb'* 两条曲线之间为过渡区，转变正在进行。

请大家注意，如果把加热到奥氏体状态的共析钢试样迅速冷却到 230°C 以下，过冷奥氏体将发生连续转变，得到马氏体组织，即在 C 曲线下部有两条水平线，一条是过冷奥氏体发生马氏体转变的开始温度线（M_s 线），另一条是过冷奥氏体发生马氏体转变的终了温度线（M_f 线）。

2. 过冷奥氏体等温转变产物的组织和性能

过冷奥氏体等温转变图中的鼻尖将曲线分为上下两部分，上部称为珠光体转变区，下部称为贝氏体转变区。

1）珠光体转变（在 A_1 ～ 550°C 范围）

珠光体是铁素体和渗碳体的机械混合物。渗碳体呈片层状分布在铁素体基体上，等温转变温度越低，所得珠光体越细。根据所形成片层间距大小，珠光体又可分为珠光体、索氏体和托氏体（见表 5-4）。其中珠光体片层较粗（见图 3-8），索氏体片层较细，托氏体片层更细，需要用电子显微镜才能看出它们呈片状。

表 5-4　共析钢珠光体转变产物的组织和性能

组织名称	符　号	形成温度范围	显微组织特征	硬度/HRC
珠光体	P	A_1～650°C	粗片状	<25
索氏体	S	650～600°C	细片状	25～35
托氏体	T	600～550°C	极细片状	35～40

珠光体的力学性能主要取决于片层间距的大小。片层间距越小，则珠光体的强度、硬度越高，同时塑性、韧性也有所改善。

2）贝氏体转变（在 550°C ～ M_s 范围）

因转变温度较低，原子活动能力较弱，过冷奥氏体虽然仍分解成渗碳体和铁素体的混合物，但铁素体溶解的碳超过了正常的溶解度。转变后得到的组织为含碳量具有一定过饱和程度的铁素体和极分散的渗碳体组成的混合物，称为贝氏体，用符号“B”表示。

在 550 ～ 350°C，转变的产物呈密集平行的白亮条状组织，形若羽毛，这种组织称为上贝氏体（见图 5-6）。上贝氏体硬度为 40 ～ 45HRC，但塑性很差，在生产中很少使用。

在 350 ～ 230°C，转变的产物呈黑色针叶状，这种组织称为下贝氏体（见图 5-7）。下贝氏体硬度高（45 ～ 55HRC），韧性也好。共析钢贝氏体转变产物的组织和性能见表 5-5。

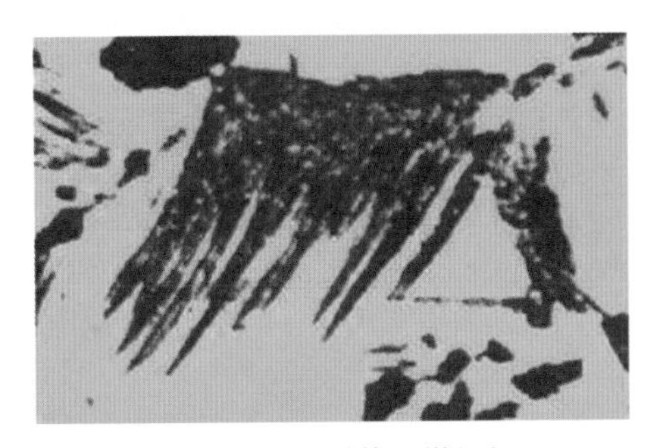

图 5-6　上贝氏体显微组织

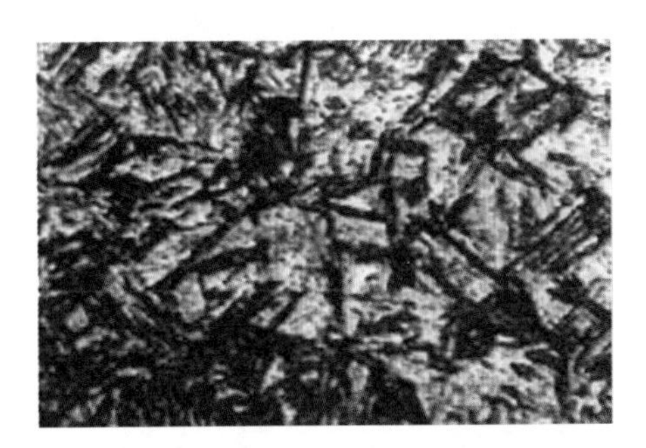

图 5-7　下贝氏体显微组织

表 5-5　共析钢贝氏体转变产物的组织和性能

组织名称	符号	形成温度范围	显微组织特征	硬度/HRC
上贝氏体	$B_上$	550～350°C	羽毛状	40～45
下贝氏体	$B_下$	350°C～M_s	黑色针叶状	45～55

过冷奥氏体连续冷却转变

把钢加热到奥氏体状态后，使奥氏体在温度连续下降的过程中发生的转变称为过冷奥氏体连续冷却转变。因过冷奥氏体连续冷却转变曲线测定困难，故目前生产中通常应用过冷奥氏体等温转变图近似地来分析奥氏体连续冷却时的转变。例如，我们要确定一种钢在某种连续冷却速度下所得到的组织，可将该连续冷却速度线画在此钢的等温转变图上，根据它与 C 曲线相交的位置，便可大致地估计出它可能得到的组织。

1. 典型连续冷转变

在共析钢的等温转变图上估计生产中典型连续冷却时的转变情况，如图 5-8 所示。

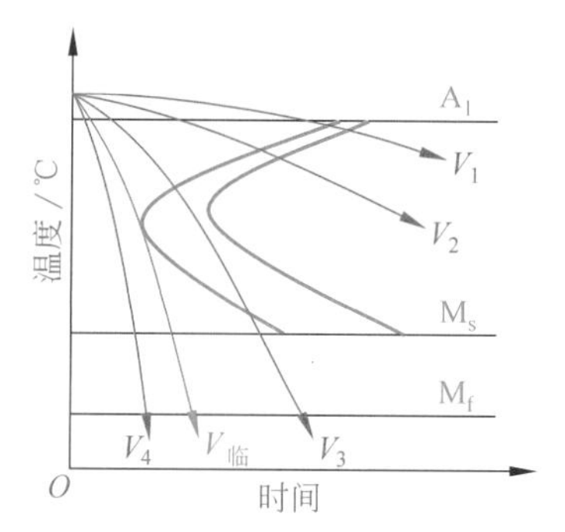

图 5-8　过冷奥氏体等温转变图在连续冷却中的应用

随炉冷却（V_1 约 10°C/min）时，根据它和 C 曲线相交的位置，可以估计出奥氏体转变为珠光体。

空气冷却（V_2 约 10°C/s）时，根据它和 C 曲线相交的位置，可以估计出奥氏体转变为索氏体。

油中冷却（V_3 约 150°C/s）时，它与 C 曲线开始转变线相交，可判断有一部分过冷奥氏体转变为托氏体，但 V_3 没有与 C 曲线的转变终了线相交，故另一部分过冷奥氏体来不及分解，就被过冷到 M_s 温度以下，转变为马氏体，最后得到托氏体 + 马氏体的混合物。

水中冷却（V_4 约 600°C/s）时，它不与 C 曲线相交，一直过冷到 M_s 温度以下，开始转变为马氏体。

$V_{临}$恰好与 C 曲线的开始线相切，是奥氏体向马氏体转变的最小冷却速度，热处理中称为临界冷却速度。显然，只要冷却速度大于 $V_{临}$，就能得到马氏体组织，保证钢的组织中没有珠光体。影响临界冷却速度的主要因素是钢的化学成分。例如，碳钢的 $V_{临}$大，合金钢的 $V_{临}$小，这一特性对于钢的热处理具有非常重要的意义。

表 5-6 为典型的连续冷却产物。

表 5-6　典型的连续冷却产物

连续冷却名称	随炉冷却（V_1）	空气冷却（V_2）	油中冷却（V_3）	水中冷却（V_4）
平均冷却速度	10°C/min	10°C/s	150°C/s	600°C/s
转变产物	珠光体	索氏体	托氏体+马氏体	马氏体

2. 马氏体转变

当冷却速度大于 $V_{临}$时，奥氏体很快地过冷到图 5-8 中 M_s 温度以下，发生马氏体转变，这时 γ-Fe 晶格迅速向 α-Fe 晶格转变。但由于温度较低，钢中碳原子来不及扩散，被迫全部留在 α-Fe 晶格中，此时碳大大超过了在 α-Fe 中的正常溶解度。这种碳溶于 α-Fe 的过饱和固溶体称为马氏体，常用符号“M”表示。

材料史话

为了纪念德国冶金专家马滕斯（Martens Adolf）在改进和传播金相技术方面的功绩，法国著名的金相学家奥斯蒙（Floris Osmond）在1895 年建议用马滕斯的姓氏命名钢的淬火组织——Martensite，即马氏体。

马氏体转变的特点如下。

（1）奥氏体向马氏体转变，是连续冷却进行的，它从 M_s 开始，到 M_f 转变终止。马氏体的数量随着温度的下降而不断增多，如果冷却在中途停止，则奥氏体向马氏体转变也停止。

（2）转变速度极快。马氏体转变是非扩散型转变，只有晶格的改组而无铁原子的扩散，马氏体仍保持原奥氏体的化学成分。马氏体转变速度极快，形成一片马氏体仅需 10^{-7}s。

（3）马氏体转变体积发生膨胀，并产生很大的内应力。由于马氏体的比容（单位质量物质的体积）比奥氏体大，因此，钢淬火时体积要发生膨胀，这是钢件淬火时产生内应力，易变形、开裂的重要原因。

（4）转变不彻底，存在残余奥氏体。马氏体转变不能进行到底，即使冷却到 M_f 温度以下，仍有少量奥氏体存在，这部分未发生转变的奥氏体称为残余奥氏体。

马氏体的形态主要有板条状和针状两种，显微组织如图 5-9 所示。图 5-9（a）为含碳量小于 0.2% 的马氏体，其显微组织呈相互平行的细板条状，故称板条状马氏体。板条状马氏体不仅具有较高的强度和硬度，而且具有较好的塑性和韧性，在生产中得到多方面的应用。图 5-9（b）为含碳量大于 1.0% 的马氏体，其断面形状呈针叶状，故称针状马氏体。针状马氏体的硬度很高，但塑性和韧性很差。两种马氏体性能比较见表 5-7。含碳量介于 0.2% ～ 1.0% 时，淬火后的组织是板条状马氏体和针状马氏体的混合物。

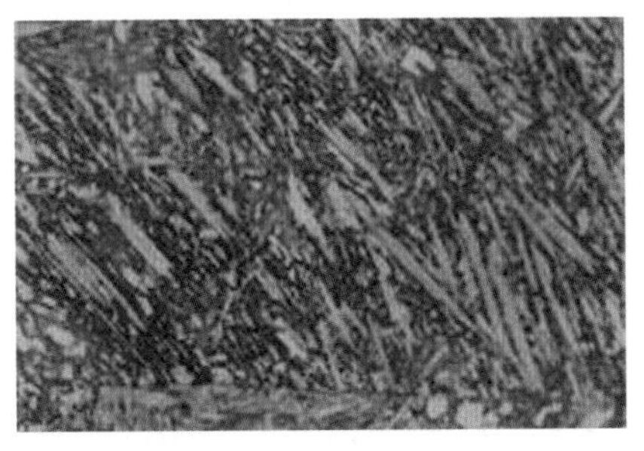

(a) 板条状马氏体显微组织（放大580倍）

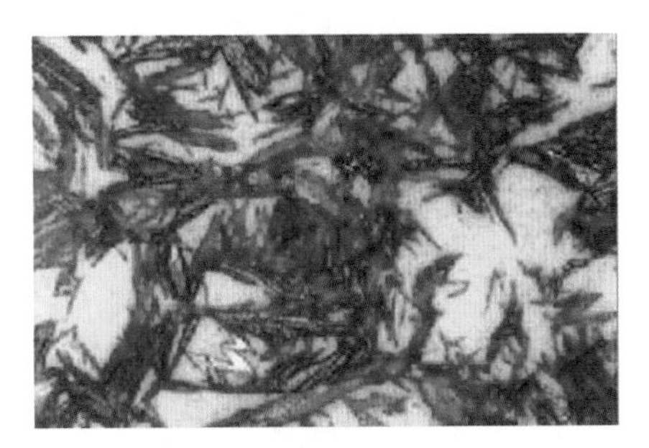

(b) 针状马氏体显微组织（放大580倍）

图 5-9　马氏体组织形态

同一种钢，马氏体比其他任何一种组织的硬度都要高，所以获得马氏体组织的淬火工艺是强化钢铁零件的主要方法。

表 5-7　两种马氏体性能比较

组织名称	σ_b/MPa	σ_s/MPa	δ/%	ψ/%	A_k/J	HRC
板条状马氏体	1000～1500	80～130	9～17	40～65	48～64	30～50
针状马氏体	2300	200	1	30	8	65

交流与讨论

奥氏体、过冷奥氏体、残余奥氏体三者之间有何区别？

练习与实践

一、填空题

1. 在热处理生产中，常用的冷却方式有________________和________________。

2. 共析钢在等温转变过程中，珠光体转变（A_1 ～ 550°C）的产物为__________、__________和__________，相对应的符号是__________、__________和__________。

3. 共析钢奥氏体进行以下连续冷却，请将组织名称填入表 5-8。

表 5-8　记录表

连续冷却	随炉冷却	空气冷却	油中冷却	水中冷却
组织名称				

二、选择题

1. 过冷奥氏体是指冷却到（　　）温度以下，尚未转变的奥氏体。
   A. M_s　　B. M_f　　C. A_1
2. 共析钢奥氏体在 600 ～ 550°C 等温转变将得到（　　）。
   A. P　　B. S　　C. T　　D. $B_{上}$　　E. $B_{下}$
3. 共析钢奥氏体在 350°C ～ M_s 等温转变将得到（　　）。
   A. P　　B. S　　C. T　　D. $B_{上}$　　E. $B_{下}$
4. 下列连续冷却中，冷却速度最快的是（　　）。
   A. 随炉冷却　　B. 空气冷却　　C. 油中冷却　　D. 水中冷却
5. 共析钢奥氏体连续冷却转变产物中，不可能出现的组织是（　　）。
   A. P　　B. S　　C. B　　D. M

三、判断题

1. 马氏体是碳溶于 α-Fe 的固溶体，常用符号“M”表示。（　　）

2. 奥氏体转变为马氏体时，体积发生膨胀，并产生很大的内应力，这是钢件淬火易变形、开裂的重要原因。（　　）

3. 马氏体转变，是在 $M_s \sim M_f$ 之间等温转变完成的。（　　）

4. 珠光体和贝氏体都是铁素体和渗碳体的混合物，两者性能没有多大差别。（　　）

5. 针状马氏体比板条状马氏体的硬度高、脆性大。（　　）

四、简述与实践题

1. 何为马氏体？马氏体转变有何特点？

2. 图 5-10 为共析钢过冷奥氏体等温转变的 C 曲线，请回答下列问题：

（1）在什么温度过冷奥氏体稳定性最小？

（2）在 C 曲线上画出 $V_{临}$。

（3）采用连续冷却的方式：① 获得索氏体；② 获得托氏体和马氏体的混合物；③ 获得马氏体。请在 C 曲线上画出冷却速度。

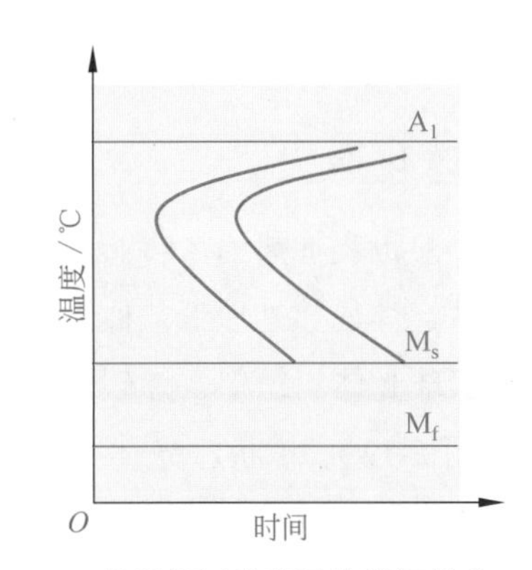

图 5-10　共析钢过冷奥氏体等温转变 C 曲线

第三节　退火和正火

退火和正火是应用非常广泛的热处理工艺，在机械零件或工具制造过程中，通常作为预先热处理工序，安排在铸造或锻造之后，粗加工之前用来消除前一道工序（如铸造、锻造、轧制、焊接等）所造成的某些缺陷并为随后的工序（如切削加工、最终热处理）做组织准备，故也称预备热处理。对于少数要求不高的铸件、锻件，也可作为最终热处理。

退火

将钢加热到适当温度，保温一定时间，然后随炉缓慢冷却的热处理工艺称为退火。

退火的目的如下。

（1）降低硬度，提高塑性，以利于切削加工及冷变形加工。

（2）细化晶粒，均匀钢的组织及成分。

（3）消除钢中的残余内应力，以防止工件变形或开裂。

按钢的成分和热处理目的不同，常用的退火方法可分为完全退火、球化退火和去应力退火等。

1. 完全退火

将亚共析钢加热到 AC_3 以上 30 ~ 50°C，保温一定时间，然后随炉缓慢冷却的热处理工艺称为完全退火。

完全退火在加热过程中，使钢的组织全部转变为奥氏体，在缓慢冷却后得到铁素体和珠光体的混合物，从而达到降低硬度，细化晶粒，消除内应力的目的。

在机械制造中，完全退火主要用于亚共析钢的锻件、铸件、焊接件等。

【例 5-1】 用 38CrMoAl（中碳合金钢）制造精密机床主轴，为降低锻造毛坯的硬度（从 250HBS 左右降到 200HBS 左右），改善切削加工性，可选用完全退火。其部分工艺过程如图 5-11 所示。

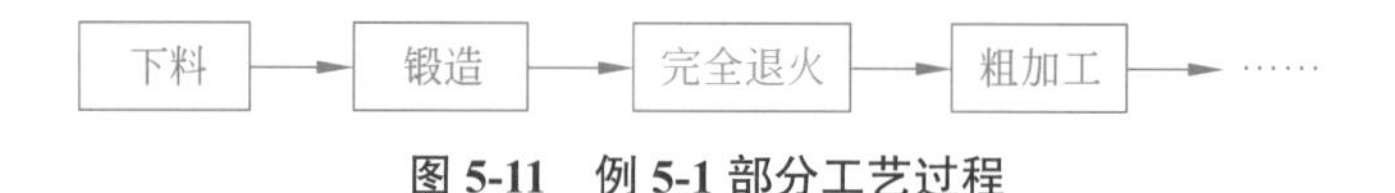

图 5-11　例 5-1 部分工艺过程

2. 球化退火

将过共析钢加热到 AC_1 以上 20 ～ 30°C，保温一段时间，然后随炉缓慢冷却（小于 50°C/h），以获得球状珠光体的热处理工艺称为球化退火。

球状珠光体组织中，渗碳体呈球状小颗粒均匀分布在铁素体基体上（见图 5-12）。球状珠光体同片状珠光体相比，不但硬度低，便于切削加工，而且在淬火加热时，奥氏体晶粒不易长大，冷却时工件变形和开裂的倾向小。

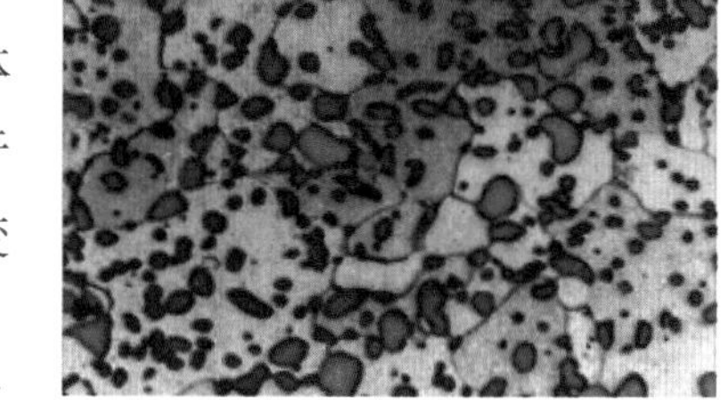

图 5-12　T10 钢的球化退火组织

球化退火主要用于共析钢和过共析钢，如碳素工具钢、合金工具钢和轴承钢多采用球化退火作为预先热处理。

【例 5-2】 用 T13 钢制造锉刀，为获得球状珠光体，降低锻造毛坯硬度，改善切削加工性，消除毛坯的内应力，通常选用球化退火。其部分工艺过程如图 5-13 所示。

下料 → 锻造 → 球化退火 → 粗加工 → ……

图 5-13　例 5-2 部分工艺过程

同学们应注意，过共析钢不能进行完全退火，即不能加热到 AC_{cm} 以上温度。因为加热到 AC_{cm} 以上温度时，在缓慢冷却过程中，过共析钢将析出网状渗碳体，使力学性能变差。

3. 去应力退火

将钢加热到略低于 A_1 温度（一般取 500 ～ 600°C），保温一段时间，然后随炉缓慢冷却的热处理工艺称为去应力退火。去应力退火过程中，钢的组织不发生变化，只消除内应力。

材料史话

第一次世界大战期间，曾发生了奇特的子弹弹壳裂开事件。军工厂将冲压好的黄铜（H70）弹壳装上弹药和弹头，运往前线供打仗使用。然而，当战场上士兵打开弹药箱顿时傻了眼，一个个子弹都自动裂开了花，根本无法使用。

是什么原因导致弹壳自动裂开的呢？经材料专家深入研究后发现：黄铜在深度冷冲压成弹壳后，弹壳内存在内应力，在弹药的化学作用下最终导致弹壳自动裂开。弄清弹壳裂开的原因后，军工厂将冲压好的黄铜弹壳在250°C下进行退火处理，消除内应力后，再装配弹药和弹头，从此弹壳开裂现象就再没发生过。

内应力是指无外力作用时，存在于物体内部的应力。零件在冷加工变形、锻造、铸造、焊接及切削加工等生产过程中都会产生内应力。零件内部存在内应力是十分有害的，如不及时消除，将使零件在加工和使用过程中发生变形或开裂，影响工件的精度，甚至报废。因此，锻造、铸造、焊接、深度冷加工变形及切削加工后（精度要求高）的工件应采用去应力退火，以消除加工过程中产生的内应力。

【例 5-3】 用 65Mn 钢制造直径为 5mm 的弹簧，为消除冷卷制和喷丸（用直径 0.3 ～ 0.5mm 铁丸或玻璃钢珠高速喷射在弹簧表面，以使弹簧表面强化的工艺）过程中产生的内应力，通常选用去应力退火。其部分工艺过程如图 5-14 所示。

图 5-14　例 5-3 部分工艺过程

正火

将钢加热到 AC_3 或 AC_{cm} 以上 30 ～ 50°C，保温一段时间，随后在空气中冷却的热处理工艺称为正火。

正火与退火的目的基本相同，但由于正火冷却速度比退火稍快，正火后的组织较细，强度、硬度比退火高（见表 5-9），而且操作简单，生产周期短，成本低，因此在生产上应用很广。通常正火主要应用于以下几个方面。

表 5-9　45 钢退火、正火状态力学性能比较

热 处 理	σ_b/MPa	δ/%	A_k/J	HBS
退火	650～700	15～20	32～48	180
正火	700～800	15～20	40～64	220

1. 改善低碳钢、中碳钢的切削加工性

【例 5-4】 用 45 钢制造普通车床主轴，为降低硬度，改善切削加工性，调整组织，消除锻造内应力，通常选用正火。其部分工艺过程如图 5-15 所示。

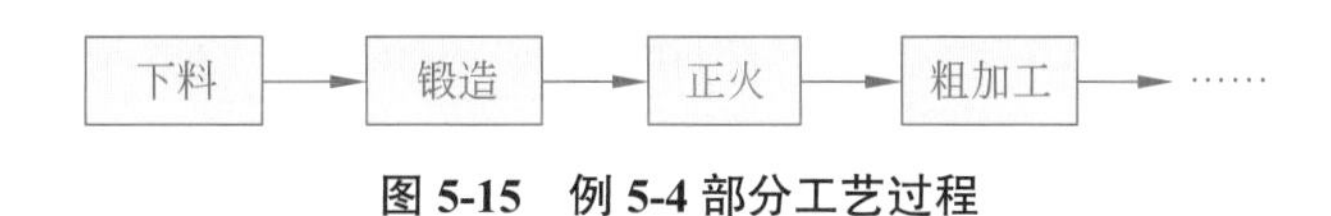

图 5-15　例 5-4 部分工艺过程

2. 作为普通结构零件的最终热处理

【例 5-5】 某工厂用 45 钢制造小型电机主轴，因对力学性能要求不高，该厂选用正火作为最终热处理。其部分工艺过程如图 5-16 所示。

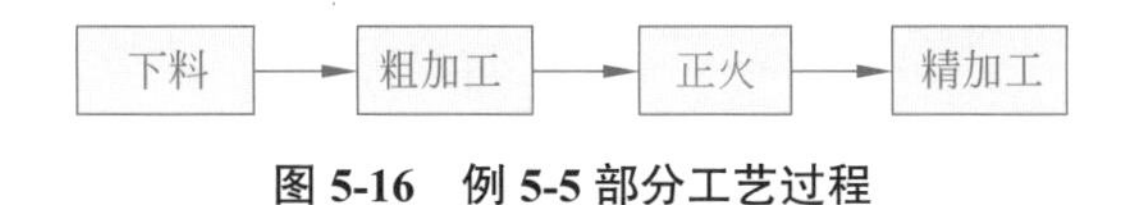

图 5-16　例 5-5 部分工艺过程

3. 消除过共析钢中网状渗碳体，改善钢的力学性能

过共析钢中有网状渗碳体存在时，不仅硬度高，难以进行切削加工，而且钢的脆性大，淬火时易变形及开裂。因此，钢在热处理时应防止产生网状渗碳体组织。

【例 5-6】 一含有网状渗碳体组织的 T10 钢毛坯，为改善其切削加工性能，应如何进行热处理？请简述所进行的热处理的作用。

解：（1）正火，消除网状渗碳体。

（2）球化退火，降低硬度，改善切削加工性。

各种退火、正火加热温度范围和工艺曲线如图 5-17 所示。

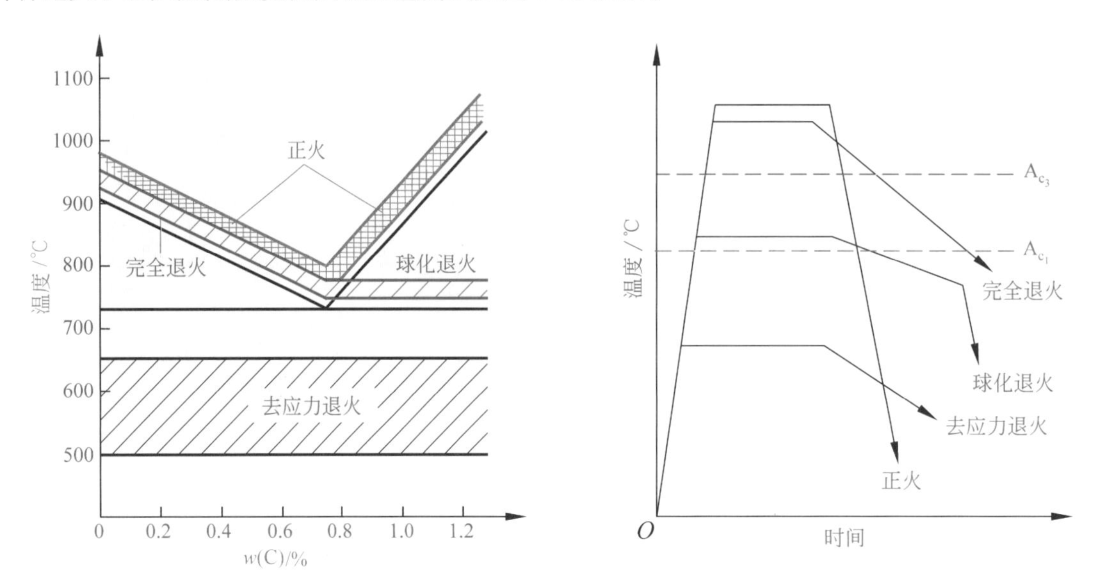

图 5-17　各种退火、正火加热温度范围和工艺曲线图

退火与正火的选择

退火与正火的目的大致相同，在实际选用中要从以下三个方面进行考虑。

1. 从切削加工性考虑

一般来说，金属材料硬度在 170 ～ 230HBS 范围内切削性能良好。图 5-18 所示为各种碳钢退火和正火后的大致硬度值，其中，阴影部分为切削加工性较好的硬度范围。

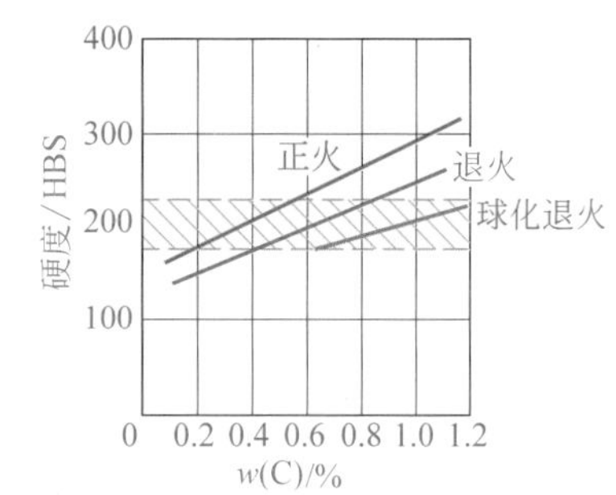

图 5-18　退火和正火钢的硬度值范围

观察与思考

从切削加工考虑：
低碳钢、中碳钢宜选用_______火；
高碳钢宜选用_______火。

2. 从使用性能上考虑

对于亚共析钢来说，正火处理比退火处理具有更好的力学性能，如果零件性能要求不高，可用正火作为最终热处理。但当零件形状复杂，正火的冷却速度较快，有形成裂纹危险时，则采用退火处理。

3. 从经济上考虑

正火比退火的生产周期短，成本低，操作方便，故在可能条件下，应优先考虑采用正火。

练习与实践

一、填空题

1. 正火的冷却速度比退火________（慢、快），故正火钢的组织较________（细、粗），它的强度、硬度比退火钢________（低、高）。

2. 根据所学知识填写表 5-10。

表 5-10　记录表

热处理	45钢正火	60钢完全退火	T10钢球化退火	T10钢正火
加热临界温度				
冷却方式				

二、选择题

1. 正火是将工件加热到 AC_3 或 AC_{cm} 以上 30 ～ 50°C，保温一定时间，然后采用（　　）。

A. 随炉冷却　　B. 油中冷却　　C. 空气中冷却　　D. 水中冷却

2. 完全退火主要适用于（　　）。

A. 亚共析钢　　B. 共析钢　　C. 过共析钢

3. 为改善 20 钢的切削加工性能，通常选用的热处理是（　　）。

A. 完全退火　　B. 球化退火　　C. 去应力退火　　D. 正火

4. 为改善 T12 钢的切削加工性能，通常选用的热处理是（　　）。

A. 完全退火　　B. 球化退火　　C. 去应力退火　　D. 正火

5. 45 钢退火与正火后的强度关系是（　　）。

A. 退火 > 正火　　B. 退火 < 正火　　C. 退火 = 正火

三、判断题

1. 完全退火是将工件加热到 AC_{cm} 以上 30 ～ 50°C，保温一定的时间后，随炉缓慢冷却的一种热处理工艺。（　　）

2. 正火比退火冷却速度快，组织较细，强度、硬度高。（　　）

3. 过共析钢不宜进行完全退火。（　　）

4. 为降低硬度，改善切削加工性，低碳钢、中碳钢在锻造后都应采用正火处理。（　　）

5. 过共析钢常用球化退火来消除网状渗碳体。（　　）

四、简述与实践题

1. 某工厂用 T10 钢制造丝锥，其工艺路线为：下料→锻造→球化退火→切削加工→淬火→低温回火→切削加工，试分析工艺路线中球化退火的作用。

2. 某工厂用 70 钢制造小弹簧，其工艺路线为：下料→冷卷制→喷丸→去应力退火，试分析工艺路线中去应力退火的主要作用。

第四节　钢的淬火

淬火是将钢加热到 AC_3 或 AC_1 以上 30 ~ 50°C，保温一定时间，然后快速冷却，以获得马氏体组织的热处理工艺。淬火的目的主要是获得马氏体组织，提高钢的硬度和耐磨性。淬火是强化钢材最显著、最重要的方法。

你知道吗

淬火的神奇作用

70钢供应状态时的抗拉强度为715MPa，硬度为27HRC，经淬火后其抗拉强度可达2010MPa，硬度达55HRC。

机械手表上的弹簧发条是用铍青铜制造的，未淬火时，手表弹簧发条上足后，表针走动将不超过5分钟。但经过淬火处理，弹簧发条每次上足劲后，表针至少走24小时，使用寿命一下提高300倍。

淬火加热温度的选择

钢的淬火加热温度，主要根据 Fe-Fe_3C 相图临界点来确定。图 5-19 所示为碳钢的淬火加热温度范围。

亚共析钢的淬火加热温度一般为 AC_3+（30 ~ 50）°C。淬火后的组织为均匀细小的马氏体。如果淬火加热温度不足（小于 AC_3），则淬火后的组织中将出现铁素体，造成淬火硬度不足。反之，若加热温度过高，则会使奥氏体的晶粒粗化，淬火后马氏体组织粗大。

过共析钢的淬火加热温度一般为 AC_1+（30 ~ 50）°C。淬火后的组织为马氏体和粒状渗碳体。如果加热至 AC_{cm} 以上温度淬火，则不仅会得到粗大的马氏体，增大脆性，而且残余奥氏体量也多，降低了钢的硬度和耐磨性，同时加热温度过高，引起钢的氧化、脱碳，也增大了淬火内应力，增加了工件变形和开裂的倾向。

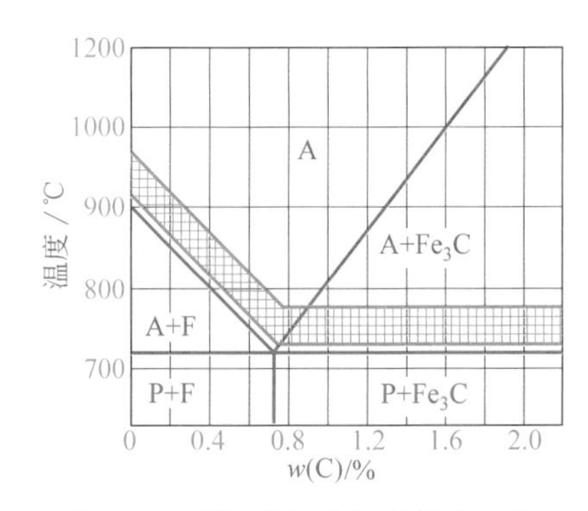

图 5-19　碳钢的淬火加热温度范围

淬火冷却介质

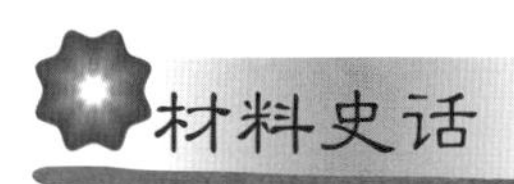

材料史话

随着淬火技术的发展，人们逐渐发现冷却剂对淬火质量的影响。三国蜀人蒲元曾在陕西斜谷为诸葛亮打制3000把刀，相传是派人到800多千米外的成都取水淬火的，这说明中国在古代就注意到不同水质的冷却能力了。

淬火时为了得到马氏体，工件在淬火介质中的冷却速度必须大于或等于临界冷却速度，但不是冷却速度越快越好。若淬火冷却速度过快，产生的收缩应力大大超过马氏体膨胀应力，工件易出现变形或开裂。因此，在保证淬硬的前提下，应尽量选择缓和的冷却介质，以减少淬火应力，防止工件变形和开裂。从共析钢的过冷奥氏体等温转变图可以看出，为了获得马氏体组织，并不需要在整个冷却过程中都快冷,关键应在等温转变图“鼻尖”附近快冷。图 5-20 所示为理想的冷却速度（即慢—快—慢）。但是，目前实际使用的淬火冷却介质还不能完全满足理想的冷却速度的要求。

生产中应用较广的淬火冷却介质有水、盐或碱的水溶液、油等。表 5-11 是常用的淬火冷却介质及其冷却特性。

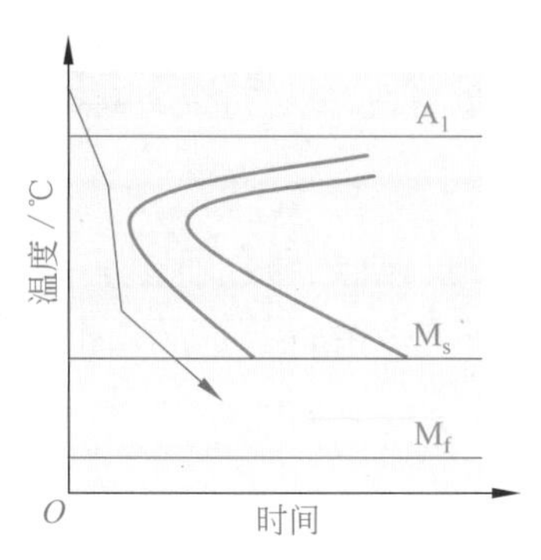

图 5-20 钢的理想淬火冷却曲线

表 5-11 常用的淬火冷却介质及其冷却特性

淬火介质	平均冷却速度/（°C/s）	
	650～500°C	300～200°C
静止自来水（20°C）	135	270
静止自来水（60°C）	80	185
10% NaCl水溶液	1900	1000
15% NaOH水溶液	2750	775
N32机油	100	50

1. 水

由表 5-11 可知,水的冷却特性很不理想。因为在需要快冷的 650 ～ 500°C 范围,它的冷却速度很小,而在 300 ～ 200°C 需要慢冷时，它的冷却速度反而增大，使工件容易发生变形，甚至开裂。其次，水温的变化对其冷却能力影响很大。水温越高，冷却能力越小。生产中常通过搅拌冷却水或让冷却水循环，以提高 650 ～ 500°C 范围内的冷却能力。另外，淬火冷却水中若混有油、肥皂等杂质时，会显著降低其冷却能力，这在使用时必须注意。

然而，由于水价廉易得，使用安全，无燃烧、腐蚀等危害，水仍然是应用最广泛的淬火冷却介质。碳钢零件通常采用水淬火。

2. 盐或碱的水溶液

为了提高水的冷却能力，可加入少量（10% ～ 15%）的盐或碱。常用的是食盐水溶液和氢氧化钠水溶液。

由表 5-8 可知，食盐水溶液和氢氧化钠水溶液的优点在于 650 ～ 500°C 范围内冷却速度快，缺点是 300 ～ 200°C 的冷却速度仍然很快，容易引起变形开裂，并且对工件有腐蚀作用，淬火后工件必须清洗。

食盐水溶液和氢氧化钠水溶液主要用于形状复杂的碳钢零件的淬火冷却。

你知道吗?

为什么加入少量盐，水的冷却能大大提高

当红热的淬火工件放入溶有食盐（NaCl）水溶液冷却时，水被剧烈汽化，此时因水减少而结晶出来的食盐晶体，碰到温度很高的工件立即产生急剧爆炸，极大地加速了水的流动，从而使冷却能力提高十倍以上。

3. 矿物油

矿物油也是一种应用广泛的淬火冷却介质，目前生产中用作淬火冷却介质的矿物油有机油、柴油、变压器油等。由表5-8可知，油在300 ~ 200℃内冷却速度比较慢，这对于减少淬火工件的变形与开裂是很有利的，但它在650 ~ 500℃内冷却速度太慢，故不能用于碳钢，而只能用于临界冷却速度小的合金钢淬火，但油价格较高，易燃，不易清洗。

淬火方法

为了使淬火时最大限度地减少变形和避免开裂，除了正确地进行加热和合理选择冷却介质外，还应该根据工件的成分、尺寸、形状和技术要求选择合适的淬火方法。常用的淬火方法如下。

1. 单液淬火法

将加热后的工件在一种淬火介质（通常为水或油）中冷却的方法称为单液淬火法，如图5-21中曲线①所示。例如，碳钢在水中淬火，合金钢在油中淬火。

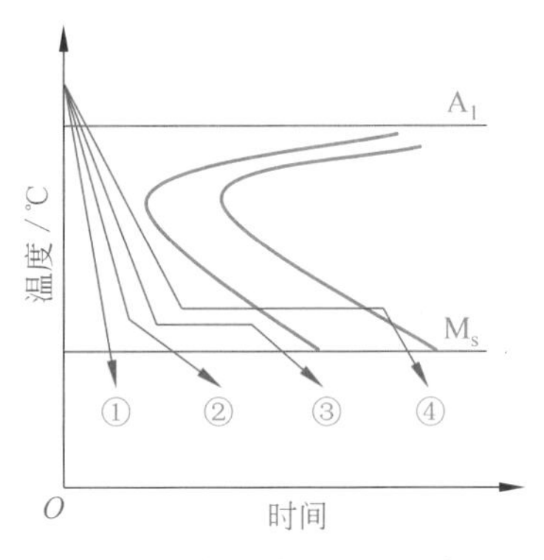

图5-21 常用淬火方法示意图

单液淬火法的优点是操作简单，易实现机械化、自动化，应用广泛。缺点是水淬变形开裂倾向大；油淬冷却速度慢，容易产生硬度不足或硬度不均匀现象。

单液淬火法只适用于形状简单，变形要求不高的工件。通常碳钢采用水、盐水作淬火介质；合金钢一般临界冷却速度较低，采用油作淬火介质。

2. 双液淬火法

将加热后的工件先放入冷却较强的介质中，冷却到稍高于M_s的温度，再立即转入另一冷却较弱的介质中，使之发生马氏体转变的淬火方法称为双液淬火法，如图5-21中曲线②所示。例如，碳钢通常采用先水淬后油冷，合金钢通常采用先油淬后空冷。

双液淬火法的优点在于能把两种不同冷却能力的介质的长处结合起来，既保证获得马氏体组织，又减少了淬火应力,防止工件的变形与开裂。缺点是不易掌握工件由第一种介质转入第二种介质的温度。若是时间过短，中心部分淬不硬；时间过长，失去双液淬火法的意义。

双液淬火法主要用于碳素工具钢制造易开裂的工件，如丝锥、板牙等。

3. 分级淬火法

将加热后的工件先投入温度在M_s附近的盐浴中，停留适当时间，然后取出空冷，以获得马氏体组织的淬火方法称为分级淬火法，如图5-21中曲线③所示。

分级淬火法的优点是内外温度差基本一致，从而有效减小工件变形或开裂。缺点是只适用于尺寸较小的零件，否则介质冷却能力不足，温度也难以控制。

分级淬火法一般用于形状复杂的碳钢或合金钢的小型零件。

4. 等温淬火法

将加热后的工件快速淬入温度稍高于 M_s 点的盐浴（或碱浴）中，保持足够长的时间，直至过冷奥氏体完全转变为下贝氏体，然后在空气中冷却，如图 5-21 中曲线④所示。

下贝氏体具有较高的硬度和韧性，故等温淬火法的优点是能够使零件获得较高的硬度，且具有良好的韧性，显著减少淬火变形，基本避免工件的淬火开裂。缺点是零件的直径或厚度不能过大，否则心部将会因冷却速度慢而产生珠光体转变，达不到淬火目的。

等温淬火法常用于形状复杂，强度和韧性要求高的各种小型模具、成型刀具。

淬硬性与淬透性

（1）淬硬性指钢经淬火后能达到的最高硬度。淬硬性主要取决于钢中的碳含量，含碳量越高，钢淬火后的硬度越高。如 45 钢淬火最大硬度为 55HRC，T13 钢淬火最大硬度为 65HRC。

（2）淬透性指在规定条件下，钢淬火后获得淬硬层深度的能力。表 5-12 为 45、60 和 40Cr 钢采用水冷的淬透层深度。淬透性与钢的临界冷却速度有密切的关系，临界冷却速度越小，钢的淬透性越好。由于绝大多数合金元素都能增加过冷奥氏体的稳定性，使 C 曲线右移，减小合金钢的临界冷却速度，提高钢的淬透性，因此，合金钢易淬透，而碳钢难淬透。

表 5-12 45、60 和 40Cr 钢水冷淬透层深度

金属材料	碳钢		合金钢
牌号	45	60	40Cr
水冷淬透层/mm	18	25	36

淬透性是钢的重要的热处理性能。淬透性对钢的力学性能影响很大，主要表现在两方面：一是能使大截面零件淬透，淬透性好的钢，即使零件的尺寸较大，也能完全淬透，可获得理想的力学性能；淬透性差的钢则不能完全淬透，截面上的组织和性能分布不均匀，越靠近心部，力学性能越差。二是淬透性好的钢可用冷却能力弱的介质淬火，减少零件的变形与开裂。因此，钢的淬透性对提高大截面零件的力学性能，发挥钢材的潜力，具有重要意义。

同学们应注意，钢的淬硬性与淬透性并没有必然的联系，淬透性好的钢，其淬硬性不一定高。反之，淬硬性高的钢，其淬透性也不一定好。

交流与讨论

淬火是强化钢材最显著、最重要的方法，请问工件淬火后，能否直接使用？为什么？

练习与实践

一、选择题

1. T10 钢进行淬火处理时，加热温度应选择在（　　）。

A. AC_1 +（30 ～ 50）°C　　B. AC_3 +（30 ～ 50）°C　　C. AC_{cm} +（30 ～ 50）°C

2. 碳钢淬火后具有高硬度的原因是（　　）。

A. 获得珠光体和网状渗碳体　　B. 冷却速度快，获得马氏体组织

C. 获得莱氏体组织　　D. 获得奥氏体组织

3. 45 钢（AC_1：724°C，AC_3：780°C）经下列不同热处理后硬度值最高的是（　　）。

A. 45 钢加热到 700°C，经保温后投入水中

B. 45 钢加热到 750°C，经保温后投入水中

C. 45 钢加热到 800°C，经保温后投入水中

4. 合金钢淬火冷却时，常采用的冷却介质是（　　）。

A. 矿物油　　B. 水

C. 10% 盐水　　D. 10% 碱水

5. 在规定条件下，钢淬火后获得淬硬层深度的能力称为（　　）。

A. 淬硬性　　B. 淬透性　　C. 耐磨性

6. 淬硬性好的钢（　　）。

A. 具有高的合金元素含量　　B. 具有高的含碳量　　C. 具有低的含碳量

7. 淬火方法不当，就会引起工件的变形或开裂。对于尺寸小、形状复杂的碳钢零件，为了获得马氏体组织，可采用下列的（　　）。

A. 单液淬火法　　B. 水溶液淬火法

C. 分级淬火法　　D. 等温淬火法

8. 45 钢淬火后，组织中一定不含有（　　）。

A. 马氏体　　B. 残余奥氏体　　C. 珠光体

二、判断题

1. 淬火是提高钢材强度和硬度最显著、最重要的方法。（　　）

2. 钢中的含碳量越高，其淬火加热温度越高。（　　）

3. 亚共析钢淬火采取加热到 AC_1 以上 30 ～ 50°C 快速冷却的工艺。（　　）

4. 淬透性好的钢，淬硬性一定高。（　　）

5. 40Cr 钢（含碳量为 0.40% 的合金钢）的淬透性与淬硬性都比 T10 钢要高。（　　）

三、简述与实践题

1. 淬火的目的是什么？亚共析钢和过共析钢的淬火加热温度应如何选择？

2. 将 T12 钢（AC_1 = 730ºC，AC_{cm} = 830ºC）试样分别加热到 780ºC 和 860ºC，经保温后以大于 $V_{临}$的速度冷却至室温，试问哪个淬火温度合适？为什么？

3. 到目前为止，你所学过的强化（即提高硬度）金属材料的方法有哪些？哪一种强化方法最显著？

4. 共析钢的“C 曲线”如图 5-22 所示，按图中 a、b 方法冷却，请说明两种淬火方法的名称及得到的组织。

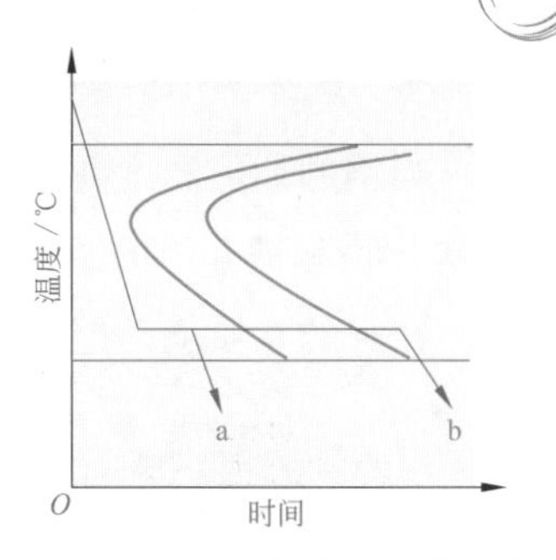

图 5-22　共析钢的“C 曲线”

第五节　钢的回火

将淬火钢加热到 AC_1 以下某一温度，保温一定时间，然后冷却到室温的热处理工艺称为回火。回火是淬火必需的后续工序。回火的目的如下。

（1）消除淬火应力。一般淬火钢内部存在很大的内应力，如不及时消除，将引起零件变形与开裂。

（2）降低脆性，调整性能。在通常情况下，零件淬火后强度和硬度都有很大的提高，但塑性和韧性却显著降低，而零件在实际工作中要求具有一定的塑性和韧性。因此，选择适当的温度进行回火，降低脆性，调整所需要的力学性能。

（3）稳定组织，稳定尺寸。淬火组织中的马氏体和残余奥氏体有自发转化的趋势，只有经过回火后才能稳定组织，使零件在使用过程中的性能与尺寸得到稳定。

回火时组织与性能的变化

钢淬火后的组织是马氏体和残余奥氏体，它们都是不稳定组织，都有向稳定组织转变的倾向。如马氏体中过饱和的碳要析出，残余奥氏体要分解。淬火钢在回火时组织和性能有明显变化，而加热温度对回火转变有着决定性的意义。按回火温度的不同，回火时组织转变分为以下四个阶段。

1. 马氏体分解

当钢加热到 80 ~ 200°C 时，马氏体中不断析出极微细的碳化物（$Fe_{2.4}C$），且分散度很大，马氏体的含碳量逐渐降低。这种由含碳量较低的马氏体与极微细的碳化物组成的混合物称为回火马氏体。

2. 残余奥氏体分解

当钢加热到 200 ~ 300°C 时，马氏体继续分解的同时，残余奥氏体也开始分解，转变的产物仍是回火马氏体。

3. 渗碳体的形成

当钢加热到 300 ~ 400°C 时，所析出的极微细的碳化物转变为极细小的粒状渗碳体，此时得到的组织是铁素体和细粒状渗碳体的混合物，称为回火托氏体。

4. 渗碳体的聚集长大

当钢的加热温度高于400℃时，细小的粒状渗碳体不断聚集长大。通常，把500～650℃形成的粒状碳化物和铁素体的回火组织称为回火索氏体。

回火的本质就是把不稳定的组织转变为稳定组织。由于组织发生了变化，因而其性能也随之改变。

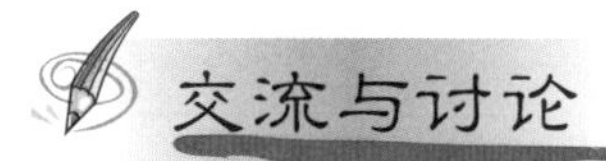

45钢的力学性能与回火温度的关系如图5-23所示，请分析随着回火温度的升高，强度、硬度、塑性和韧性是如何变化的？并由此完成以下结论的填充。

结论：随着回火温度的升高，钢的强度、硬度__________，塑性、韧性__________。

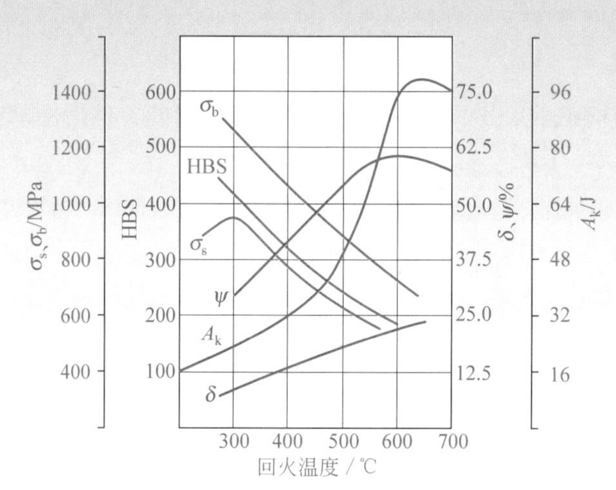

图5-23　45钢的力学性能与回火温度的关系

回火的分类及应用

回火时，决定钢的组织和性能的主要因素是回火温度。回火温度要根据工件要求的力学性能来选择。

1. 低温回火

低温回火指在150～250℃进行的回火。低温回火所得的组织是回火马氏体，具有高的硬度（58～64HRC）和耐磨性，有一定的韧性，内应力降低。其主要用于高硬度工具和耐磨件的回火，如刀具、冷模具、量具、滚动轴承、渗碳件等。

2. 中温回火

中温回火指在250～500℃进行的回火。中温回火所得的组织是回火托氏体，具有高的弹性强度、屈服点和适当的韧性，内应力基本消除。其主要用于弹性零件和热模具的回火。

3. 高温回火

高温回火指在500～650℃进行的回火。高温回火所得的组织是回火索氏体，具有良好的综合力学性能——强度、硬度、塑性和韧性良好配合的性能，内应力全部消除。生产中常把淬火与高温回火相结合的热处理称为调质处理。调质处理广泛用于受力构件的热处理，如主轴、曲轴、连杆、螺栓、齿轮等。

调质处理与正火相比，材料不仅强度较高，而且塑性、韧性远高于正火钢（见表 5-13），这是由于调质处理后的组织是回火索氏体，其渗碳体呈球粒状，而正火后的组织为索氏体，且索氏体呈薄片状。因此，重要的零件应采用调质处理。

表 5-13　40 钢正火与调质处理力学性能比较

热处理工艺	σ_b /MPa	σ_s /MPa	δ /%	ψ /%	A_k /J
正火	575	313	20	36	55
调质处理	595	346	30	65	112

活动与探究

简单手工工具的热处理

在机械加工过程中经常使用的手工工具，如螺丝刀、榔头、錾子、丝锥、锯条等均属于手工工具，这类工具在工作时承受较大的局部压力，并产生摩擦、磨损，性能上要求具有较高的硬度和耐磨性，同时还具有足够的塑性和韧性。因此一般的手工工具均采用碳素工具钢制造，并进行热处理。现以一字螺丝刀为例，介绍如何进行简单手工工具的热处理。螺丝刀一般用T7钢（或60钢、65钢）制造，其热处理为淬火和回火。

准备：

① 将磨损严重的大螺丝刀在砂轮机上磨好刃部；

② 简单的加热源——液化气火焰或煤气火焰；

③ 冷却水。

淬火：把螺丝刀刃口部分20mm左右加热到呈暗樱红色（1023～1053°C），取出后迅速浸入冷水中冷却，浸入深度5～6mm。为加速冷却，并使接近水面的螺丝刀形成较好淬火过渡组织，可让螺丝刀在水面上微微摆动。

回火：在螺丝刀露出水面的部分变成黑色时，将螺丝刀从水中取出，利用上部的余热进行回火。

黄火回火：观察到螺丝刀刃口由白色变成黄色时，把螺丝刀全部浸入水中冷却，得到的回火组织硬度大，韧性较差。

蓝火回火：观察到螺丝刀刃口由白色变成黄色再变为蓝色时，把螺丝刀全部浸入水中冷却，得到的回火组织韧性较好，硬度适中。

练习与实践

一、选择题

1. 钢的回火处理是在（　　）。

A. 退火后进行　　B. 正火后进行　　C. 淬火后进行

2. 淬火钢在 150 ～ 250°C 进行的是（　　）。

A. 低温回火　　B. 中温回火　　C. 高温回火

3. 调质处理是指（　　）。

A. 淬火＋低温回火　　B. 淬火＋中温回火　　C. 淬火＋高温回火

4. 刀具、量具及渗碳件淬火后应进行（　　）。

A. 低温回火　　B. 中温回火　　C. 高温回火

二、判断题

1. 淬火工件不能直接使用。（　　）
2. 钢的回火温度在 A_1 以下，故回火时无组织变化。（　　）
3. 钢的回火硬度决定于回火温度及保温时间，与回火的冷却速度无关。（　　）
4. 回火不可空气冷却。（　　）
5. 淬火钢进行回火的最主要目的是减少或消除内应力。（　　）
6. 调质处理是指淬火后进行低温回火。（　　）
7. 淬火后的钢，随回火温度的增高，其强度和硬度也增高。（　　）
8. 零件如果需要高的硬度和耐磨性，则淬火后应进行一次高温回火。（　　）

三、填空题

根据所学知识填写表5-14。

表5-14　记录表

淬火后的零件	回火种类	回火组织	回火后的性能
车床主轴（45钢）			
气门弹簧（65Mn钢）			
锉刀（T13钢）			

四、简述与实践题

1. 工件淬火后为什么要及时回火？回火的目的是什么？

2. 某工厂用T10钢制造丝锥，其工艺路线为：下料→锻造→球化退火→切削加工→淬火→低温回火→切削加工，试分析工艺路线中淬火、低温回火的作用。

3. 甲、乙两厂生产同一零件，均选用45钢，硬度要求220～250HBS 。甲厂采用正火，乙厂采用调质处理，均能达到硬度要求。试分析甲、乙两厂产品的组织和性能差别。

第六节　钢的表面热处理

发动机活塞、齿轮、链条这类零件（见图5-24～图5-26），受冲击载荷、交变载荷作用，心部需保持足够的塑性和韧性，但表面受摩擦、磨损，要求零件表面硬度高、耐磨。想一想冶炼厂能炼出这种要求表面硬而心部软的材料吗？采用整体淬火或退火能达到这种要求吗？

图 5-24 汽车发动机活塞

图 5-25 齿轮

图 5-26 链条

表面热处理是使零件表层具有高的硬度和耐磨性，而心部具有足够的塑性和韧性的热处理工艺。表面热处理可分为表面淬火和化学热处理。

表面淬火

表面淬火是通过不同的热源对零件进行快速加热，使零件一定厚度的表层很快达到淬火温度，然后快速冷却，从而使表层获得高硬度的马氏体组织，而心部仍保持着原来塑性和韧性的热处理方法。表面淬火是一种不改变钢表层化学成分，但改变表层组织的局部热处理方法。

常用的表面淬火有火焰加热表面淬火、感应加热表面淬火和激光表面淬火。

1. 火焰加热表面淬火

利用高温火焰将零件表面快速加热到淬火温度，随即喷水快速冷却的方法称为火焰加热表面淬火，如图 5-27（a）所示。图 5-27（b）所示为采用乙炔—氧火焰（最高温度达 3200°C）为汽车零件进行火焰加热表面淬火。

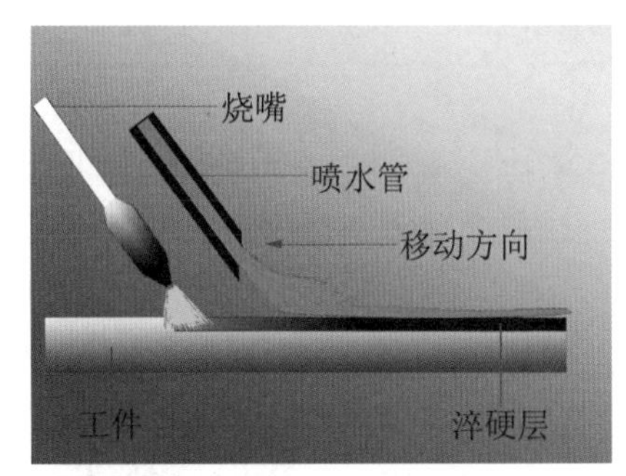

(a) 火焰加热表面淬火示意图

(b) 火焰加热表面淬火

图 5-27 火焰加热表面淬火

火焰加热表面淬火的淬硬层一般为 2 ～ 6mm。它适用于由中碳钢、中碳合金钢及铸铁制成的大型铸件（如大型轴类、大模数齿轮等）的表面淬火。

火焰加热表面淬火方法简单，不需特殊设备，但由于加热温度不易控制，淬火质量不够稳定，限制了它在机械制造业中的应用，故适用于单件或小批量生产。

2. 感应加热表面淬火

利用交变磁场产生的感应电流，使零件表面层快速加热到淬火温度，然后用水急冷的方法，称为感应加热表面淬火。图 5-28（a）所示为感应加热表面淬火示意图，图 5-28（b）所示为齿轮轴感应加热表面淬火。将需要表面淬火的零件，放入与它相适应的一个感应器内，感应圈与零件间需保持 1.5 ～ 3mm 的间隙，将一定频率的交流电通入感应线圈时，感应线圈的周围便产生交变磁场。零件在交变磁场的作用下产生感应电流。这种电流主要集中在零件表面层。由于电流热效应的作用，零件表面层迅速被加热到淬火温度，随之喷水急冷，使零件表面层淬硬。

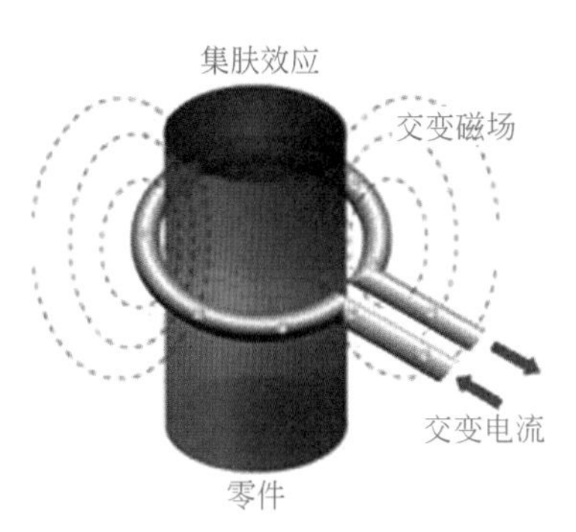

(a) 感应加热表面淬火示意图

(b) 感应加热表面淬火实景图

图 5-28　感应加热表面淬火

感应加热表面淬火时，淬硬层深度主要取决于电流频率，频率越高，淬硬层越薄。生产上常用的感应加热电流频率有以下几种。

（1）高频感应加热（200 ～ 300kHz），淬硬层深度为 1 ～ 2mm。

（2）中频感应加热（1 ～ 10kHz），淬硬层深度为 3 ～ 8mm。

（3）工频感应加热（50Hz），淬硬层深度为 10 ～ 15mm。

感应加热表面淬火的主要特点是：加热迅速（几秒到几十秒），生产率高；淬硬层易于控制，淬火质量好，淬火变形小；易于实现机械化、自动化，适用于大批量生产。但设备较贵，不适用于形状复杂的零件，消耗电能较大。

感应加热表面淬火零件宜选用中碳钢和中碳低合金结构钢。目前应用最广泛的是汽车、拖拉机、机床和工程机械中的齿轮、轴类等，也可以用于高碳钢、低合金钢制造的工具和量具等。

3. 激光表面淬火

激光是 20 世纪最重大的科学发现之一。激光是具有高亮度、高方向性、高单色性的相干光束，这种神奇的光束可以达到任何其他已知光束所不能达到的聚焦精度，并且聚焦后可以将巨大的能量集中在非常小的范围内。激光表面淬火就是用高能量激光作热源，以极快的速度加热零件表面，让其自行冷却，使零件表面强化的热处理工艺。目前使用最多的是 CO_2 激光器，CO_2 激光表面淬火如图 5-29 所示。

图 5-29　CO_2 激光表面淬火

激光表面淬火快速、清洁，冷却不需要水或油等冷却介质，淬火变形几乎可以忽略，淬火硬度较常规淬火高 10% ～ 20%，可解决复杂零件、易变形零件难淬火的问题，特别适合高精度零件的表面处理。

例如，40 钢制的轴，应用矩形激光（10mm × 17.8mm），扫描速度为 305cm/min，淬火后得到 0.3mm 的淬硬层，硬度达 57HRC。又如，美国在高速钢头敷 WC 粉，激光照射扩散后，局部合金化，使刀具使用寿命提高 2 ～ 3 倍。

化学热处理

化学热处理是将零件放在一定的活性介质中加热，使某些元素渗入零件表层，以改变表层的化学成分、组织和性能的热处理工艺。

化学热处理包含分解、吸收、扩散三个基本过程。

分解——化学介质在一定的温度下，由于发生化学分解反应，便生成能够渗入钢表面的“活性原子”。

吸收——活性原子被吸附在零件表面，并渗入表层的过程。活性原子既可以溶入铁的晶格中，也可以与铁形成化合物。

扩散——钢表面吸收活性原子后，使渗入原子浓度大大提高，这样就形成了表面和内部显著的浓度差。在一定的温度条件下，原子沿着浓度下降的方向扩散，结果便会得到一定厚度的扩散层。

目前在制造业中，最常用的化学热处理有渗碳、渗氮和碳氮共渗。

1. 渗碳

将零件在渗碳介质中加热并保温，使碳原子渗入表层的热处理工艺称为渗碳。渗碳件一般选用低碳钢或低碳合金钢。渗碳层厚度根据零件工作条件和尺寸来确定，一般为 0.5 ～ 2mm。渗碳层含碳量控制在 0.85% ～ 1.05%。图 5-30 所示为 20 钢渗碳缓冷后的渗碳层组织。

渗碳方法可分为固体渗碳、盐浴渗碳及气体渗碳三种，应用较为广泛的是气体渗碳。图 5-31 所示为大型井式气体渗碳炉。

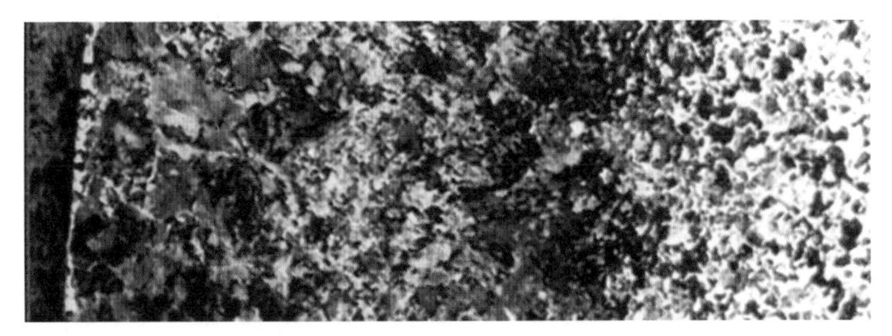

（放大 580 倍，左边表面，右边心部）

图 5-30　20 钢渗碳缓冷后的渗碳层组织

图 5-31　大型井式气体渗碳炉

同学们必须明白，渗碳只是使零件表层获得了高的含碳量。要使零件表面具有高的硬度（58 ～ 64HRC）、耐磨性和疲劳强度，心部仍保持足够的塑性和韧性，还必须进行淬火和低温回火。渗碳主要用于表面严重磨损并受较大冲击的零件，如汽车齿轮、活塞销、套等。

2. 渗氮

在一定温度下，使活性氮原子渗入零件表面的化学热处理称为渗氮。渗氮的目的是提高零件表层的硬度、耐磨性、疲劳强度和耐蚀性。目前常用的渗氮方法有气体渗氮和离子渗氮。图 5-32 所示为气体渗氮炉，图 5-33 所示为辉光离子渗氮炉，图 5-34 所示为辉光离子渗氮件。

图 5-32　气体渗氮炉

图 5-33　辉光离子渗氮炉

图 5-34　辉光离子渗氮件

与渗碳相比，渗氮有如下优点。

（1）渗氮温度低（500 ~ 600°C），渗氮后不用淬火，零件变形小。

（2）渗氮层具有很高的表层硬度和耐磨性。如 38CrMoAl 钢渗氮层硬度高达 1000HV（相当于 69 ~ 72HRC）。

（3）渗氮后具有很好的耐蚀性。可防止水、蒸汽、碱溶液的腐蚀。

但渗氮的周期长（如渗层为 0.4 ~ 0.5mm，需用 40 ~ 50h），成本高，不宜承受集中的载荷，并需用专用的氮化钢，这就使渗氮的应用受到一定限制。在生产中，渗氮主要用来处理重要和精密的零件，如精密机床的主轴、精密丝杆、镗杆等。

3. 碳氮共渗

在一定温度下，将碳、氮原子同时渗入零件表层的化学热处理工艺称为碳氮共渗。这种工艺是渗碳和渗氮的综合，兼有两者的优点。目前生产中应用较广的是中温（一般约 850°C）气体碳氮共渗。

中温气体碳氮共渗主要起渗碳作用，故渗后须进行淬火及低温回火。它适用于低碳和中碳结构钢零件，如汽车和机床上的各种齿轮、蜗轮、蜗杆和轴类零件。

一、选择题

1. 用 20 钢制造摩托车链条，零件渗碳后还须进行（　　）热处理才能获得所需性能。

   A. 淬火 + 低温回火　　B. 淬火 + 中温回火　　C. 淬火 + 高温回火

2. 化学热处理与其他热处理的基本区别是（　　）。

   A. 加热温度　　B. 组织变化　　C. 改变表面的化学成分

3. 下列化学热处理不用淬火就具有很高硬度的是（　　）。

   A. 渗碳　　B. 渗氮　　C. 碳氮共渗

4. 1968 年出土的西汉（公元前 206—公元 24 年）中山靖王墓中的宝剑，心部含碳量为 0.15% ~

0.4%，而表面含碳量却在 0.6% 以上。根据此宝剑的制造技术，你认为西汉时期中国的工匠们就已经能进行（　　）热处理工艺。

A. 退火　　B. 正火

C. 火焰加热表面淬火　　D. 渗碳

二、填空题

根据所学知识填写表 5-15。

表 5-15　记录表

热处理		
热处理名称		
特点		
应用		

第七节　典型零件热处理工艺分析

你知道吗？

热处理技术条件的标注

根据零件性能要求，在零件图样上应标出热处理条件，其内容包括最终热处理方法（调质、淬火、回火、渗碳等）及应达到的力学性能要求等，作为热处理生产及检验的依据。

零件的力学性能要求通常只标出硬度值。正火、退火、调质的热处理硬度要求通常以布氏硬度表示（如调质220HBS）；淬火、回火的高硬度值通常以洛氏硬度表示（如40～45HRC），低硬度时也可以使用布氏硬度表示。对于主轴、曲轴、齿轮、连杆等，还应标出强度、塑性、韧性要求。对力学性能要求高的零件还要标注金相组织要求。渗碳或渗氮件应标注渗碳或渗氮部位，渗层深度，淬火、回火后的硬度等。表面淬火件应标注淬硬部位、淬硬层深度等。

热处理工序位置安排

合理安排热处理工序位置，对保证零件质量和改善切削加工性能具有重要意义。按热处理和工序位置不同，分为预先热处理和最终热处理，其工序位置安排如下。

1. 预先热处理

预先热处理包括退火、正火、调质等。

（1）退火、正火

工序位置：毛坯生产（铸、锻、焊、冲压等）之后，切削加工之前。

主要目的：改善切削加工性，消除毛坯应力，细化晶粒，均匀钢的组织，为后续工序准备条件。

退火、正火件加工路线为：下料→毛坯生产→退火（或正火）→切削加工。

对于精密零件，为消除切削加工的残余应力，在半精加工之后，还要安排去应力退火。

（2）调质

工序位置：粗加工之后，半精加工或精加工之前。

主要目的：获得良好的综合力学性能，或为后续表面淬火作好组织准备。

调质件加工路线一般为：下料→锻造→正火（或退火）→粗加工（留余量）→调质→半精加工（或精加工）。

交流与讨论

调质可否在粗加工前进行？如果那样做，会产生什么后果？

2. 最终热处理

最终热处理包括淬火、回火、渗碳等。零件经最终热处理后，获得所需要性能，硬度较高，除磨削外不宜进行其他切削加工。故工序位置一般安排在半精加工后，磨削加工前。

（1）淬火

① 整体淬火。整体淬火件加工路线一般为：下料→锻造→退火（或正火）→粗加工、半精加工（留磨量）→淬火、回火→磨削。

② 表面淬火。表面淬火件加工路线一般为：下料→锻造→正火（或退火）→粗加工→调质→半精加工→表面淬火、低温回火→磨削。

（2）渗碳

渗碳件加工路线一般为：下料→锻造→正火→粗加工、半精加工（留余量）→渗碳、淬火、低温回火→磨削。

注意：有部分零件性能要求不高，只要经过预先热处理即可满足要求。即预先热处理也可作为最终热处理。

典型零件热处理工序分析

1. 整体淬火

【例 5-7】 某工厂制造图 5-35 所示平锉刀，锉刀刃部要求具有高的硬度和耐磨性，一定的冲击韧性和足够的强度。

经过对锉刀的结构及工作条件分析，因切削速度低，对材料的红硬性要求不高，故该锉刀选用 T12 钢制造。

热处理技术条件为：刃部硬度为 62 ~ 64HRC，齿尖淬硬深度 > 1mm。

其工艺路线为：下料→锻造→球化退火→切削加工→淬火、低温回火→机械精加工。

热处理工序分析如下：球化退火属于预先热处理，淬火、低温回火属于最终热处理。

球化退火：锻造毛坯的硬度大于 260HBS，通过球化退火降低硬度，以利于切削加工（如图 5-36 的剁齿加工锉刀）。同时，消除毛坯应力，细化晶粒，均匀钢的组织，为后续工序准备条件。

淬火、低温回火：使锉刀刃部获得回火马氏体，具有高的硬度和耐磨性。

图 5-35　锉刀

图 5-36　剁齿加工锉刀

【例 5-8】 某工厂制造线径为 16mm 承受中等载荷的大型农机座位弹簧（见图 5-37），要求淬火、回火后硬度达到 28 ~ 37HRC。

经过对弹簧结构及工作条件分析，弹簧在冲击、振动和交变应力作用下工作，主要是疲劳破坏。因此，弹簧必须具有高的弹性极限、疲劳极限和足够的塑性、韧性。故该弹簧选用 65Mn 钢制造，采用热成型方法（见图 5-38）加工。其工艺路线为：下料→退火→热成型加工→淬火、中温回火→喷丸强化→验收。

热处理工序分析如下：退火属于预先热处理，淬火、中温回火属于最终热处理。

退火：降低硬度，提高塑性，以利于热成型加工。同时，消除毛坯应力，细化晶粒，均匀钢的组织，为后续工序准备条件。

淬火、中温回火：使弹簧获得高的弹性极限、疲劳极限和足够的塑性、韧性。

图 5-37　弹簧

图 5-38　弹簧热成型

观察与思考

整体淬火主要用于中碳钢（中碳合金钢）的结构件（主轴、曲轴、齿轮、凸轮、蜗杆、销等），高碳钢（高碳合金钢）的工具、模具、量具、耐磨零件和弹性零件等的热处理。

通常整体淬火的预先热处理为__________，最终热处理通常是__________、回火。

整体淬火工件的性能取决于回火工艺的温度。要获得良好的综合力学性能应进行__________回火；要获得高的弹性极限、疲劳极限和足够的塑性、韧性，应进行______回火；要获得高硬度和耐磨性应进行______回火。

2. 表面淬火

【例 5-9】 某工厂制造图 5-39 所示的 M120W 万能磨床圆磨头主轴，轴径要求具有高的硬度和耐磨性。

通过主轴的结构及工作条件的分析，该主轴受交弯曲和转矩复合应力，载荷和转速不高，冲击载荷不大，整体结构综合力学性能可满足要求。但轴颈有摩擦，需要较高的硬度和耐磨性，需采用表面淬火。因此，该主轴选用 45 钢的锻件毛坯制造。

热处理技术条件为：整体调质后硬度为 220 ～ 250HBS；轴颈部分硬度为 48 ～ 52HRC。

生产过程中，主轴的加工工艺路线为：下料→锻造→正火→粗加工→调质→半精加工→轴颈表面淬火、低温回火→磨削。

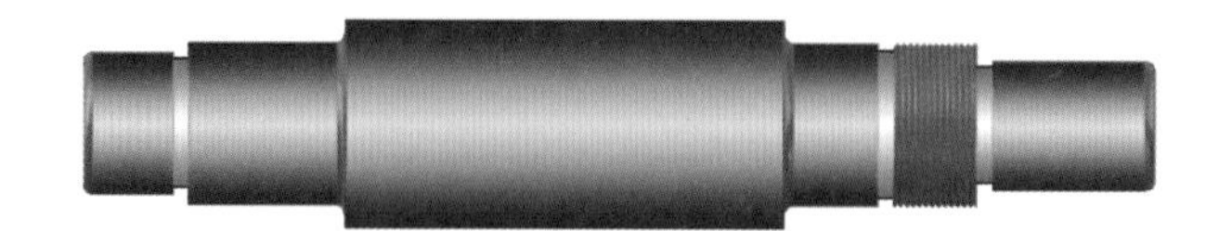

图 5-39　M120W 万能磨床圆磨头主轴

热处理工序分析如下：正火、调质属于预先热处理，轴颈的表面淬火、低温回火属于最终热处理。

正火：主要是降低硬度，以利于切削加工性，消除毛坯的锻造应力，均匀组织、细化晶粒，为以后的热处理作组织准备。

调质：经淬火及高温回火，主要是使主轴获得高的综合力学性能，整体硬度达到 220 ～ 250HBS。

表面淬火：轴颈部分采用高频加热表面淬火、低温回火，表面硬度达到 48 ～ 53HRC。最后用磨削消除总变形，从而保证主轴的装配质量。

观察与思考

表面淬火零件材料通常选用______（低、中、高）碳钢（如45、40钢等）或______碳合金钢（如40Cr、38CrMoAIA等合金调质钢）。

表面淬火通常需进行三个热处理，其中正火、调质属于______热处理，表面淬火、低温回火属于______热处理。

表面淬火主要适用于需局部热处理的零件（如齿轮的轮齿，轴类零件的轴颈、蜗杆的螺旋齿等），零件局部表面淬火、回火后，其硬度比零件整体硬度要______（低、高）。

3. 渗碳

【例 5-10】 某工厂欲制造低载荷下承受较大冲击，轮齿要求耐磨的齿轮（见图 5-40）。

经过对齿轮的结构及工作条件分析，该齿轮工作时承受冲击和表面磨损，要求表面具有高的硬度、耐磨性及疲劳强度，心部具有良好的塑性、韧性，故该齿轮选用 20 钢的锻件毛坯制造，它的热处理技术条件如下。

渗碳层表面：含 C% 为 0.8% ～ 1.05%。

渗碳层深度：0.8 ～ 1.3mm。

齿面硬度：58 ～ 62HRC。

心部硬度：33 ～ 48HRC。

其工艺路线为：下料→锻造→正火→机械加工→渗碳、淬火、低温回火→磨削。

图 5-40　齿轮

热处理工序分析如下。

正火：主要是为了改善切削加工性，消除毛坯的锻造应力，均匀组织、细化晶粒，为以后的热处理作组织准备。

渗碳：使齿轮轮齿表层的含碳量和渗碳层深度达到技术要求，渗碳应安排在轮齿加工之后。

淬火、低温回火：渗碳后直接进行淬火，经低温回火后轮齿表面获得回火马氏体，硬度可达 58 ～ 62HRC，齿轮心部得到低碳马氏体，具有较高的强度和韧性，硬度在 33 ～ 48HRC。

观察与思考

渗碳零件材料通常选用____________（低、中、高）碳钢（如15钢、20钢等）或____________碳合金钢（如20Cr、20CrMnTi等合金渗碳钢）。

渗碳零件热处理由两个阶段的热处理组成，其中正火属于____________热处理，渗碳、淬火、低温回火属于____________热处理。

渗碳零件大多用于表面磨损，受冲击载荷较大的重要的零件（如齿轮、凸轮、轴类、蜗杆及活塞销、套类等）。渗碳、淬火、低温回火后，零件表面具有高的____________，心部具有良好的____________。

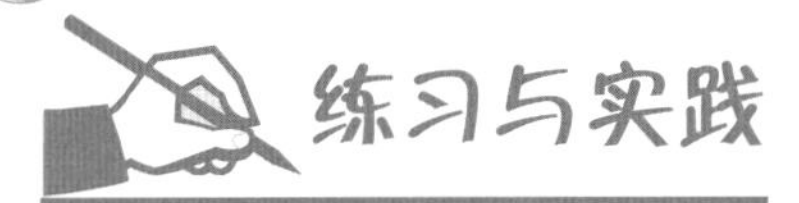

练习与实践

一、选择题

1. 下列热处理中，（　　）不能用于钢的预先热处理。

   A．退火　　B．正火　　C．调质　　D．淬火

2. 滚动轴承可以采用（　　）作为预备热处理。

   A．正火　　B．完全退火　　C．淬火　　D．球化退火

3. 用T10钢制造丝锥，（　　）可作为最终热处理。

   A．淬火＋低温回火　　B．淬火＋中温回火　　C．调质　　D．正火

4. 淬火、回火一般放在工件的（　　）。

   A．粗加工之前　　B．精加工之后

   C．精加工之前，半精加工之后　　D．毛坯制造后

5. 汽车变速齿轮承受交变载荷且摩擦较大的零件，可选用（　　）。

   A．中碳钢或中碳合金钢，调质处理

   B．高碳钢或高碳合金钢，淬火、低温回火

   C．中碳钢，正火或调质、表面淬火、低温回火

   D．低碳合金钢，渗碳后、淬火、低温回火

二、简述与实践题

1. 某工厂制造图5-41所示的柴油机凸轮轴，凸轮表面要求具有高的硬度（50～54HRC），心部具有良好的塑性和韧性。选用用15钢制造，其工艺路线为：下料→锻造→正火→机械加工→渗碳、淬火、低温回火→磨削。

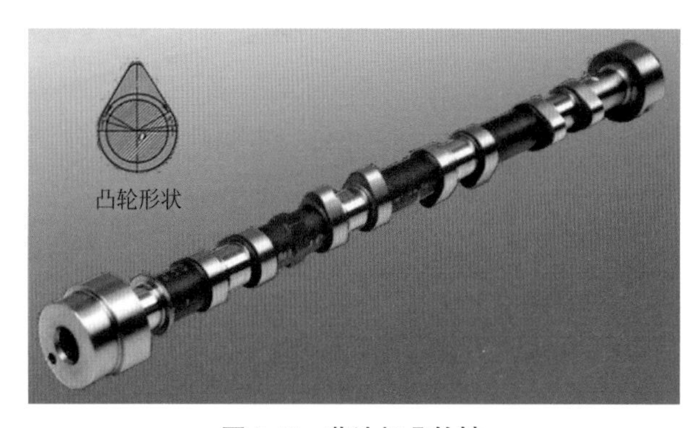

图5-41　柴油机凸轮轴

请分析预先热处理和最终热处理的作用，并填入表5-16。

表5-16　记录表

热处理工序	热处理名称	作　　用
预先热处理		
最终热处理		

2. 用 T10 钢制造丝锥，其工艺路线为：下料→锻造→热处理 1 →切削加工→热处理 2 →切削加工。试安排热处理工艺，说明其作用，并填入表 5-17。

表 5-17　记录表

项目	热处理名称	作　用
热处理1		
热处理2		

3. C620 车床主轴如图 5-42 所示，受力情况和工作要求如下：机床主轴工作时承受扭转 - 弯曲复合作用，其应力不大（中等载荷），承受的冲击为中等。使用滑动轴承，轴颈处要求耐磨。

图 5-42　C620 车床主轴

若材料选用碳钢，依据题意请完成表 5-18。

表 5-18　记录表

选用材料		预先热处理		最终热处理	
工艺路线					
预先热处理作用					
最终热处理作用					

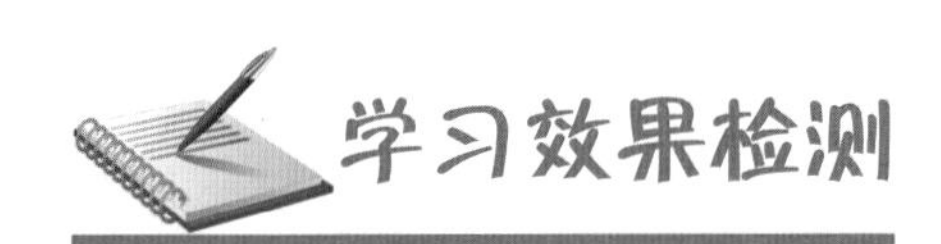

节　　次	学 习 内 容	分值	自我评价	小组评价	教师评价
第一节　钢在加热时的组织转变	热处理	4			
	奥氏体的形成过程	1			
	奥氏体晶粒长大及影响因素	1			
第二节　钢在冷却时的组织转变	过冷奥氏体等温转变	2			
	过冷奥氏体连续冷却转变	4			
第三节　退火与正火	退火	10			
	正火	10			
	退火与正火的选择	10			

续表

节　　次	学习内容	分值	自我评价	小组评价	教师评价
第四节　钢的淬火	淬火	10			
	淬火加热温度的选择	1			
	淬火冷却介质	2			
	淬火方法	1			
	淬硬性	4			
	淬透性	4			
第五节　钢的回火	回火	10			
	回火时组织变化	2			
	回火时性能变化	2			
	回火的分类及应用	4			
第六节　钢的表面热处理	钢的表面热处理	2			
	表面淬火	4			
	化学热处理	4			
第七节　典型零件热处理工艺分析	热处理工序位置安排	4			
	典型零件热处理工序分析	4			
合　　计		100			

第六章　合　金　钢

国家体育场——鸟巢是2008年北京奥运会主体育场，它由赫尔佐格（瑞士）、德梅隆（瑞士）与李兴刚（中国）等合作设计，采用4.2万t Q460钢组成一根根“钢筋铁骨”，构成了孕育生命的“鸟巢”。国家体育场长轴332.3m，短轴296.4m，最高点高度68.5m，最低点高度42.8m，建筑面积25.8万m^2，座席数91000个。

学习要求

知道合金钢，了解合金钢的优点。

掌握合金结构钢和合金工具钢的分类、牌号、热处理、性能及典型用途。

了解不锈钢、耐热钢和耐磨钢的牌号、成分、性能及典型用途。

学习重点

合金钢的优点，合金结构钢和合金工具钢的分类、牌号、性能及典型用途。

不锈钢牌号、成分、性能及典型用途。

随着工业和科学技术的不断发展，对钢材的要求也越来越高。如大型重要的结构零件，要求具有更高的综合力学性能；切削速度较高的车刀，要求更高的硬度、耐磨性和红硬性；大型的电站设备、军事设备、化工设备、航空发动机等，不仅要有高的力学性能，而且还要求具有耐蚀、耐热、抗氧化等特殊物理、化学性能。显然，碳钢不能满足这些要求，于是人们就研制各种合金钢，以适应日益发展的科学技术和工业生产的需要。

为改善钢的性能，特意加入一种或数种合金元素的钢称为合金钢。目前常用的合金元素有硅（Si）、锰（Mn）、铬（Cr）、镍（Ni）、钨（W）、钼（Mo）、钒（V）、钛（Ti）、铝（Al）、硼（B）、铌（Nb）、锆（Zr）和稀土元素（Re）等。

新闻链接

稀土元素

稀土的英文是Rare Earth，意即“稀少的土”。其实这不过是18世纪遗留给人们的误会。1787年后人们相继发现了若干种稀土元素，但相应的矿物发现却很少。由于当时科学技术水平的限制，人们只能制得一些不纯净的、像土一样的氧化物，故人们便给这组元素留下了这么一个别致有趣的名字。其实稀土元素是钪、钇和镧等17种元素的总称。我国是稀土储量最丰富的国家，占全世界总储量的70%。内蒙古包头钢铁公司主要冶炼稀土金属，包头市有“稀土之城”之美誉。

稀土被人们称为新材料的“宝库”，是各国科学家，尤其是材料专家最关注的一组元素，被美国、日本等国家有关政府部门列为发展高技术产业的关键元素。稀土除具有金属通用性以外，还具有自己的一些“绝招”。钢中加入适量稀土，可细化晶粒，改善加工性能，提高钢的耐高温、抗腐蚀的本领。铸铁中加入稀土，可大大提高铸铁的塑性。另外，稀土还可很好地改善玻璃、陶瓷的性能。

第一节　合金钢的优良性能

合金元素在钢中不仅与铁和碳这两个基本元素发生作用，而且合金元素之间也可能相互作用，从而使合金钢具有优良的性能。

力学性能好

合金元素溶入铁后，形成合金铁素体，使铁素体的强度和硬度提高。强化铁素体最显著的合金元素是硅、锰和镍。

钛、钒、钨、钼、铬、锰这些与碳亲和力大的和金元素，能与碳形成较稳定的特殊碳化物，显著提高钢的强度、硬度和耐磨性，而对塑性和韧性影响不大。

因此，我们可以发现，与碳钢相比，合金钢具有优良的力学性能。

红硬性高

合金元素在淬火时大部分能溶入马氏体，因而在回火过程中，合金元素对扩散过程起阻碍作用，使马氏体不易分解，碳化物不易析出，使钢在回火过程中硬度下降较慢。淬火钢在回火过程中抵抗硬度下降的能力称为耐回火性。

高的耐回火性使钢在较高的温度条件下，仍能保持高硬度和耐磨性。金属材料在高温（> 550°C）下保持高硬度（≥ 60HRC）的能力，称为红硬性。

碳钢制造的刀具只能在 200°C 以下保持高硬度，而合金钢的红硬性最高可达 600°C。红硬性高的材料可用于制造切削速度高的刀具，在金属切削加工中发挥重要作用。

淬透性好

合金元素（除钴外）溶入奥氏体后，能增加过冷奥氏体的稳定性，从而使 C 曲线右移，减小了钢的临界冷却速度，提高钢的淬透性。如 45 钢在水中仅淬透 18mm，而 40CrNiMoA 在油中能淬透 100mm。

淬透性好的钢能使大截面的零件淬透，且可用冷却能力弱的介质淬火，减少零件的变形与开裂。

具有特殊的物理、化学性能

一些合金元素加入钢后，能使钢具有一些特殊的物理、化学性能。加入铬、镍、钼等合金元素，可使钢有很好的耐腐蚀性和耐热性；加入 11% ~ 14% 的锰元素，钢将具有特别高的耐磨性。钢的这些特殊的物理、化学性能，使钢发挥着特殊的作用。

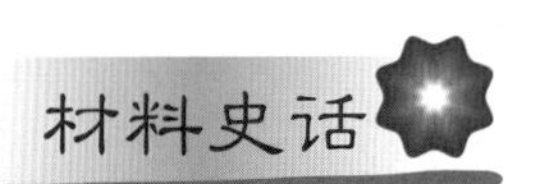

合金材料左右着战争的胜负

1916年，第一次世界大战期间，法国索玛河畔的战场上，英、德两国军队用猛烈的炮火相互射击，双方的士兵都隐蔽在战壕里，谁也不敢“越雷池一步”。9月15日黎明，英军又开始炮击，德军照常还击。突然，从英军阵地发出隆隆的怪声。不一会儿，许多像大铁盒似的庞然大物向德军阵地直冲过来。这些大家伙没有轮子却能快速奔跑，炮弹不断从它的两侧飞出来，德军慌忙向它射击，可是子弹一打上就反弹回来，英军很快就突破德军防线。这种驰骋疆场、越障跨壕、不怕枪弹、无所阻挡、能攻能防的怪物就是坦克（见图6-1和图6-2），它在战场上一出现就显示出巨大的威力。可是没过多久，所向披靡的英国坦克出乎意料地被德国的一种特殊炮弹击穿了。英军很恼火，经反复化验才知道，德军炮弹壳里含有少量的金属钨，钨和钢中的碳结合，生成很硬的碳化钨，用这种钢制成的炮弹穿透力很强，所以能摧毁坦克。然而，“道高一尺，魔高一丈”。英国人在制造坦克装甲的钢中加入了少量的铬、锰、镍和钼后，性能优于钨钢炮弹。这种钢板仅有原来钢板厚度的1/3，但防弹能力很强，德军炮弹再也打不透了。

图 6-1　1916 年英国制造的最早的参战坦克

图 6-2　美制 M1A2“艾布拉姆斯”主战坦克

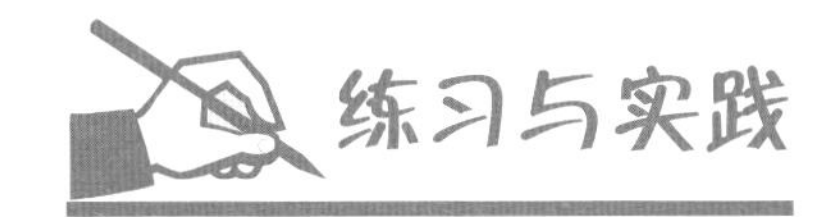

一、选择题

1. 合金钢制造的刀具的工作温度最高可达（　　）。

   A. 200°C　　B. 250°C

   C. 600°C　　D. 1000°C

2. 红硬性是指钢在高温下（>550°C）保持（　　）。

   A. 高强度　　B. 高韧性

   C. 高抗氧化性　　D. 高硬度和高耐磨性

3. 钢的红硬性主要取决于（　　）。

   A. 钢的含碳量　　B. 马氏体的含碳量

   C. 残余奥氏体的含碳量　　D. 马氏体的耐回火性

4. 淬火时，合金工具钢比碳素工具钢变形和开裂的倾向小，这是因为（　　）。

   A. 这类钢的冶金质量好

   B. 含碳量比一般碳素工具钢低

   C. 淬透性好，可以用较低的冷却速度进行淬火冷却

二、判断题

1. 凡是存在合金元素的钢就是合金钢。（　　）

2. 红硬性是指金属材料在高温（>550°C）下保持高硬度（≥ 60HRC）的能力。（　　）

3. 比较重要或大截面的结构零件通常选用合金钢制造。（　　）

4. 钢中合金元素含量越多，则淬火后钢的硬度越高。（　　）

5. 合金元素溶于奥氏体后，均能增加过冷奥氏体的稳定性。（　　）

三、简述与实践题

1. 何为合金钢？合金钢与碳钢相比，具有哪些优良性能？
2. 合金元素为什么能提高钢的淬透性？淬透性好的钢有何实际意义？

第二节　合金钢的分类和牌号

合金钢的品种很多，为便于生产、管理和使用，必须对其进行科学的分类、命名和编号。

合金钢的分类

合金钢的分类方法很多，最常用的是以下两种方法。

1. 按合金元素含量分类

（1）低合金钢，合金元素总含量≤ 5%。

（2）中合金钢，合金元素总含量 5% ～ 10%。

（3）高合金钢，合金元素总含量≥ 10%。

2. 按主要用途分类

（1）合金结构钢主要用于制造重要的机械零件和工程结构件。

（2）合金工具钢主要用于制造重要工具。

（3）特殊性能钢是具有某些特殊物理、化学性能的合金钢，如不锈钢、耐热钢、耐磨钢等。

同学们应懂得，合金钢的价格较碳钢贵，一般在碳钢难以胜任工作时才考虑使用合金钢。

合金钢牌号的表示方法

1. 合金结构钢牌号的表示方法

除低合金高强度结构钢和特殊专用钢，我国的合金结构钢牌号采用下列方法表示：

二位数字	+	元素符号	+	数字
平均含碳的 万分之几		合金元素		合金元素平均 百分含量

例如，40Mn2 表示含 C 0.40%、Mn 2.0%；20Cr2Ni4 表示含 C 0.20%、Cr 2.0%、Ni 4.0%。若高级优质钢，则在牌号后加“A”，特级优质钢在牌号后加“E”，如 20Cr2Ni4A。

2. 合金工具钢牌号的表示方法

合金工具钢的牌号采用下列方法表示：

一位数字	+	元素符号	+	数字
平均含碳的千分之几		合金元素		合金元素平均百分含量

注意：当 C ≥ 1.0% 时，牌号中不予标出。

例如，3Cr2W8V 表示含 C 0.30%、Cr 2.0%、W 8.0%、V 1.0%；Cr 12MoV 表示含 C ≥ 1.0%、Cr 12.0%、Mo 1.0%、V 1.0%。

交流与讨论

合金结构钢和合金工具钢的牌号表示：

不同点是____________________________；

相同点是____________________________。

3. 特殊性能钢牌号的表示方法

特殊性能钢牌号的表示方法与合金工具钢基本相同，只是当含碳量为 0.03% ～ 0.1% 时，牌号中用 0 表示；当含碳量≤ 0.03% 时，牌号中用 00 表示。如不锈钢的牌号有 2Cr13，0Cr18Ni9，00Cr30Mo2 等。

除此以外，还有一些特殊专用钢，为表示钢的用途，在钢的牌号前面冠以汉语拼音字母字头，而不标含碳量，合金元素含量的标注也特殊。例如，滚动轴承钢牌号的表示方法是：在牌号前加“G”（“滚”字的汉语拼音字首），如 GCr15、GCr15SiMn、GCr9。这里应特别注意牌号中铬元素后面的数字是表示铬的千分之几，其他元素仍按百分之几表示。如 GCr15SiMn 表示平均含 Cr1.5%，Si1.0%，Mn1.0% 的滚动轴承钢。

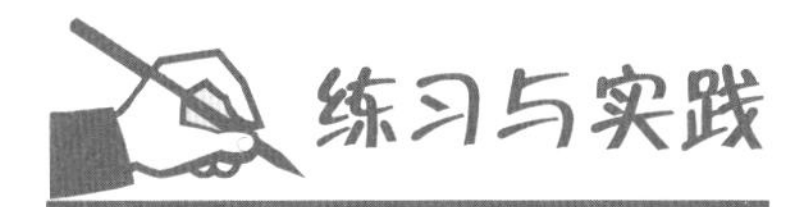

一、填空题

1. 合金结构钢主要用于制造__________和__________。合金工具钢主要用于制造__________。

2. 60Si2Mn 钢中，平均含 C ______ %、Si ______ %、Mn ______ %；9Mn2V 钢中，

平均含 C ________ %、Mn ________ %、V ________ %；Cr12 钢中，平均含 C ________ %、Cr ________ %。

二、选择题

1. Cr12MoV 钢按含碳量分为（　　）。

   A. 低碳钢　　B. 中碳钢　　C. 高碳钢

2. GCr15 钢含 Cr 为（　　）。

   A. 15%　　B. 1.5%　　C. 0.15%

3. 下列牌号的钢中，属于高合金钢的是（　　）。

   A. GCr15SiMn　　B. CrWMn　　C. 20Cr2Ni4　　D. W18Cr4V

第三节　合金结构钢

合金结构钢按照用途可分为工程用钢和机械制造用钢两大类。

工程用钢主要用于各种工程结构，如建筑钢架、桥梁、车辆等。这类钢是含少量合金元素的低碳结构钢，过去称为普通低合金结构钢，现今称为低合金高强度结构钢。

机械制造用钢主要用于制造机械零件，按其用途和热处理特点，又分为合金渗碳钢、合金调质钢、合金弹簧钢、滚动轴承钢等。

低合金高强度结构钢

低合金高强度结构钢是在低碳钢的基础上加入少量合金元素而制成的钢，钢中的含碳量小于 0.2%，合金元素总量小于 3%。由于合金元素产生的显著强化作用，这类钢的强度比含碳量相同的碳钢高得多（高 25% ~ 150%），故称低合金高强度结构钢。它还具有良好的塑性、韧性和焊接性，耐腐蚀性也比碳钢好。由于这类钢塑性好，便于冷弯和冲压成型，成本低，产量大。另外，冷脆转变温度低，对高寒地区使用的结构件和运输工具有很重要的意义。

低合金高强度结构钢牌号的表示方法与普通碳素结构钢相同，它仍用“Q 数字—质量等级”表示其牌号，如 Q345—A 表示 σ_s 为 345MPa 的 A 级低合金高强度结构钢。这类钢的屈服点在 295 ~ 460MPa 之间。

交流与讨论

低合金高强度结构钢由于强度大，若达到碳钢相同的强度时，可大大节约钢材，减轻设备自重。如20世纪60年代建造的南京长江大桥采用Q345（16Mn）钢，它比采用Q235钢节省材料约15%；又如年产8万t的合成氨设备，

以14MnMoVB取代碳钢，钢材由280t减至102t，节约钢材64%。对于车辆、船舶、工程机械等动力机械，由于减轻自重，可以大大节约能源，提高运载能力，并提高工作效率。设备的加工由于壁厚减薄，重量减轻，从而减少焊接工作量。采用低合金高强度结构钢可促进各类工程及设备向大型、轻量、高效能方向发展。

根据以上事实，你认为强度大的金属材料有哪些实际意义？

低合金高强度结构钢广泛用于桥梁（见图6-3）、车辆（见图6-4）、船舶、建筑钢架、输油管、锅炉、高压容器（见图6-5）及低温下工作的结构件。这类钢通常是热轧状态下供应，使用时一般不再进行热处理。常用的低合金高强度结构钢的牌号、性能和用途见表6-1。

图6-3 1991年用Q420（15MnVN）钢建成的江西九江大桥

图6-4 德国krupp公司制造的世界顶级挖土机

图6-5 大型压力容器

表6-1 常用低合金高强度结构钢的牌号、性能和用途

牌号	质量等级	力学性能				主要用途
		σ_s/MPa	σ_b/MPa	δ/%	A_k/J	
Q295	A	295	390～570	23		车辆冲压件、拖拉机轮圈、石油井架、输油管等
	B	295	390～570	23	34(20°C)	
Q345	A	345	470～630	21		建筑构件、工业厂房、桥梁、铁路车辆、容器、起重机械、矿山机械等
	B	345	470～630	21	34(20°C)	
	C	345	470～630	22	34(0°C)	
	D	345	470～630	22	34(–20°C)	
	E	345	470～630	22	27(–40°C)	
Q390	A	390	490～650	19		大型厂房结构、起重运输设备、高载荷的焊接结构件等
	B	390	490～650	19	34(20°C)	
	C	390	490～650	20	34(0°C)	
	D	390	490～650	20	34(–20°C)	
	E	390	490～650	20	27(–40°C)	
Q420	A	420	520～680	18		大型船舶、电站设备、大型焊接结构、中压或高压容器等
	B	420	520～680	18	34(20°C)	
	C	420	520～680	19	34(0°C)	
	D	420	520～680	19	34(–20°C)	
	E	420	520～680	19	27(–40°C)	
Q460	C	460	550～720	17	34(0°C)	用于各种大型工程结构及要求强度高、载荷大的轻型结构
	D	460	550～720	17	34(–20°C)	
	E	460	550～720	17	27(–40°C)	

交流与讨论

武汉长江大桥、南京长江大桥、江西九江大桥分别采用Q235、Q345（16Mn）和Q420（15MnVN）建造。请你比较这三种钢的力学性能，你认为这些桥梁用钢在力学性能上的变化是什么？

合金渗碳钢

用于制造渗碳零件的钢称为渗碳钢。碳素渗碳钢（15 钢、20 钢、25 钢）由于淬透性差，仅能在表层获得高的硬度，而心部得不到强化，故适用于制造受力小的渗碳零件。一些性能要求高、截面更大的零件，都必须采用合金渗碳钢。

合金渗碳钢是用来制造既要有优良的耐磨性、耐疲劳性，又能承受冲击载荷作用而有足够高的韧性、强度的零件，如汽车和拖拉机上的变速齿轮、齿轮箱（见图 6-6）、内燃机上的凸轮轴（见图 6-7）、活塞销（见图 6-8）等。

图 6-6　齿轮箱

图 6-7　摩托车凸轮轴

图 6-8　活塞销

合金渗碳钢含碳量为 0.10% ~ 0.25%，以保证心部具有足够的塑性和韧性。加入 Cr、Ni、Mn、Si、B 等合金元素，主要是提高淬透性，使零件在热处理后，从表面到心部都得到强化；加入 V、Ti 等合金元素，目的是细化晶粒。20CrMnTi 是最常用的合金渗碳钢，适用于截面直径在 30mm 以下的高强度渗碳零件。

合金渗碳钢的热处理一般是渗碳、淬火和低温回火。

常用的合金渗碳钢的牌号、力学性能和用途见表 6-2。

表 6-2　常用合金渗碳钢的牌号、力学性能和用途

牌　号	毛坯尺寸 /mm	σ_s /MPa	σ_b	δ /%	ψ	A_k/J	用　途
20Cr	15	540	835	10	40	47	齿轮、小轴、活塞销
20CrMnTi	15	850	1080	10	45	55	汽车、拖拉机的变速齿轮
20MnVB	15	885	1080	10	45	55	重型机床齿轮、汽车后桥齿轮
20CrMnMo	15	885	1180	10	45	55	大型齿轮、凸轮轴

合金调质钢

调质钢是指经调质处理（淬火 + 高温回火）后使用的钢。优质碳素结构钢中 40 钢、45 钢、50 钢是常用的调质钢。这类钢价格便宜，工艺简单，但淬透性差，调质后力学性能不够理想，仅适用于制造形状简单、尺寸小的零件。许多重要零件必须选用合金调质钢。

合金调质钢含碳量为 0.25% ~ 0.50%。加入 Cr、Mn、Si、Ni、B 等合金元素，主要是强化铁素体，显著提高淬透性，使大截面零件获得均匀、一致的组织和性能。加入少量 Mo、V、W、Ti 等合金元素，目的是细化晶粒，进一步提高强度。

40Cr 是合金调质钢最常用的钢种，其强度比 40 钢提高 20%，属于低淬透性合金调质钢，油淬临界直径为 30 ~ 40mm，用于制造一般尺寸的重要零件。

35CrMo 为中淬透性合金调质钢，油淬临界直径为 40 ~ 60mm。

40CrMnMo 为高淬透性合金调质钢，油淬临界直径为 60 ~ 100mm。

常用合金调质钢的热处理、力学性能及用途见表 6-3。

表 6-3　常用合金调质钢的热处理、力学性能及用途

牌号	热处理			力学性能					用途
	淬火 /°C	介质	回火 /°C	σ_b /MPa	σ_s	δ /%	ψ	A_k /J	
40Cr	850	油	520	980	785	9	45	48	重要调质件，如主轴、连杆，重要的齿轮
40MnVB	850	油	520	980	785	10	45	48	
35CrMo	850	油	550	980	835	12	45	64	重要调质件，如主轴、曲轴、连杆
30CrMnSi	880	油	520	1080	885	10	45	40	
40CrMnMo	850	油	600	980	785	10	45	64	高强度零件，如航空发动机轴
40CrNiMoA	850	油	600	980	835	12	55	80	
38CrMoAlA	940	油	640	980	835	14	50	72	精密机床主轴、精密丝杆、精密齿轮

合金调质钢的淬透性好，一般用油淬，调质后的组织为回火索氏体。若要求零件表面有很高的耐磨性，可在调质后进行表面淬火或化学热处理。

合金调质钢广泛用于制造承受多种工作载荷，受力情况比较复杂，要求综合力学性能好的重要零件。如机器中传递动力的机床主轴、大型电机主轴（见图 6-9）、大型船用曲轴（见图 6-10）、核电汽轮机转子（见图 6-11）、汽车拖拉机后桥半轴、连杆、高强度螺栓等。

图 6-9　电机主轴

图 6-10　大型船用曲轴

图 6-11　核电汽轮机转子

拓展视野

超高强度钢

超高强度钢是指屈服点大于1300MPa、抗拉强度大于1400MPa的钢。它是在合金调质钢的基础上，加入多种合金元素而发展起来的，主要用于航空和航天工业。如35Si2MnMoVA钢的抗拉强度可达1700MPa，用于制造飞机起落架、框架等。40SiMnCrWMoRe钢在300～500°C时仍能保持高强度、抗氧化性和抗疲劳性，可用于制造超音速飞机的机体构件。

合金弹簧钢

弹簧是各种机械和仪表中的重要零件之一。它利用在弹性变形时所储存的能量，来缓和机械上的振动和冲击作用。由于弹簧一般是在动载荷条件下使用的，因此，弹簧钢必须具有高的弹性强度、高的疲劳强度和足够的韧性。

优质碳素结构钢中 65、70、75、80 和 65Mn 是常用的碳素弹簧钢，由于它们的淬透性差，只适用于制作直径小于 15mm 的小弹簧。如果弹簧未淬透，将会使弹簧的屈服点显著降低，以致弹簧在工作时产生塑性变形，因此，较大截面的弹簧必须采用合金弹簧钢。图 6-12 所示为解放牌汽车板弹簧（60Si2Mn 制作）。

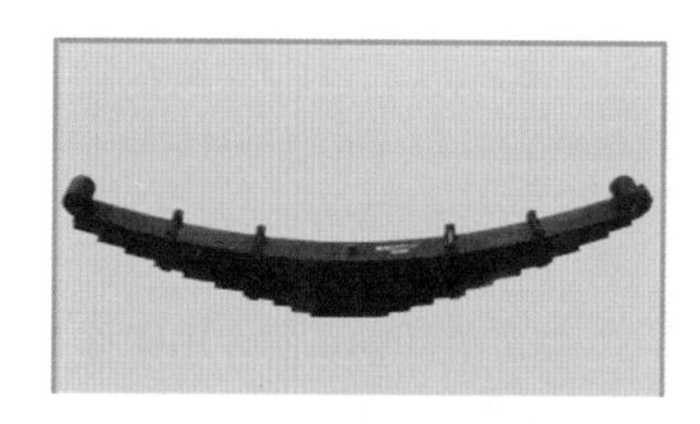

图 6-12　解放牌汽车板弹簧（60Si2Mn 制作）

合金弹簧钢的含碳量在 0.45% ～ 0.70%，通常加入 Mn、Si、Cr 等合金元素，主要是提高弹簧钢的强度和淬透性。尤其是 Si，能显著提高弹簧的弹性强度，是弹簧钢中的常用元素之一。

含硅、锰的弹簧钢最高工作温度在 250°C 以下，而含铬、钒、钨的弹簧钢可在 350°C 以下工作。例如，50CrVA 钢具有高的强度，在 300°C 以下工作时性能稳定，并具有良好的低温韧性。表 6-4 为常用弹簧钢的热处理、性能和用途。

表 6-4　常用弹簧钢的热处理、性能和用途

材料类别	牌　号	热　处　理		力学性能				用　　途
		淬火温度	回火温度	σ_s	σ_b	δ	ψ	
		/°C		/MPa		/%		
碳素弹簧钢	65	840 ± 20	500 ± 50	785	980	9	35	外径小于15mm的小弹簧，如气门弹簧
	65Mn	830 ± 20	540 ± 50	785	980	8	30	外径小于20mm的冷卷弹簧，如刹车弹簧
合金弹簧钢	60Si2Mn	870 ± 20	480 ± 50	1175	1275	5	25	外径25～30mm的弹簧，如汽车板簧、测力弹簧
	50CrVA	850 ± 20	500 ± 50	1127	1275	10	40	外径30～50mm的弹簧，如安全阀弹簧

滚动轴承钢

拓展视野

滚动轴承

如图6-13所示，滚动轴承是现代机械应用广泛的支承零件，滚动轴承通常由外圈、内圈、滚动体、保持架四个主要部件组成。滚动轴承工作时，滚动体与套圈之间属于点接触或线接触，接触面积小，摩擦阻力小，启动灵敏，效率高，润滑简便，互换性好，但抗冲击能力差，噪声大，工作寿命较短。

图6-13　滚动轴承

制造滚动轴承的专用钢称为滚动轴承钢。滚动轴承在工作时，承受着高而集中的交变应力，同时在滚动体和套圈之间还会产生强烈的摩擦。因此，滚动轴承必须具有高的硬度和耐磨性、高的弹性强度和疲劳强度，以及一定的韧性。

滚动轴承钢含碳量为0.95%～1.05%，含铬量为0.45%～1.65%。加入合金元素Cr是为了提高淬透性，并在热处理后形成细小均匀分布的碳化物，提高其耐磨性。制造大型轴承时，为进一步提高淬透性，还可以加入Si、Mn等元素。

表6-5是常用滚动轴承钢的牌号、成分、热处理及用途。

表6-5　常用滚动轴承钢的牌号、成分、热处理及用途

牌号	化学成分/%				热处理			应用范围
	w(C)	w(Cr)	w(Mn)	w(Si)	淬火温度/°C	回火温度/°C	硬度/HRC	
GCr6	1.05～1.15	0.40～0.70	0.20～0.40	0.15～0.35	800～820	150～170	62～64	制造直径小于10mm的滚珠或滚针
GCr9	1.00～1.10	0.90～1.20	0.20～0.40	0.15～0.35	810～830	150～170	62～66	制造直径小于20mm的滚珠或滚针
GCr15	0.95～1.05	1.30～1.65	0.20～0.40	0.15～0.35	820～840	150～160	62～64	制造直径20～50mm的轴承钢球
GCr15SiMn	0.95～1.05	1.30～1.65	0.90～1.20	0.45～0.65	820～840	150～200	61～65	制造直径大于50mm的轴承钢球

由于滚动轴承一般由专门的轴承厂生产，而滚动轴承钢的化学成分和性能特点又类似工具钢，故滚动轴承钢还可以用于制造刀具、冷模具、量具等。

滚动轴承钢的热处理主要是锻造后再进行球化退火（<210HBS），制成零件后进行淬火和低温回火，得到回火马氏体组织，硬度可达62HRC以上。

拓展视野

航空母舰

航空母舰（Aircraft Carrier）简称“航母”，是一种以舰载机为主要作战武器的大型水面舰艇。依靠航空母舰，一个国家可以在远离其国土的地方，不依靠本土的机场情况下进行作战。航空母舰已成为一个国家工业、科学技术与综合国力的象征。

最大的航空母舰是美国罗纳德·里根号尼米兹级航母，该航母由2座核反应堆和4座蒸汽轮机推动，满载排水量91487t，舰长340m，宽76.8m，舰载飞机85架，工作人员6300人，舰体和甲板采用63.5mm厚的、性能优异、能抗九级大风的HSLA—100合金钢制造。该舰艇造价50亿美元，每月的开支至少需要1300万美元。

一、填空题

1. 制造下列机械零件或结构件，请选用合适的材料填入表6-6。

表6-6　记录表

零件或结构件	大型厂房结构	汽车变速齿轮	机床主轴	钢板弹簧	滚动轴承
选用材料					

材料牌号：20CrMnTi　40Cr　60Si2Mn　GCr15　Q390

2. 40Cr是一种________钢，加入Cr元素，一个作用是________，另一个作用是________，其最终热处理是________。

3. GCr15是________钢，主要用于制造________，其主要性能与低合金刀具钢相近，故也可以用来制造刀具、冷模具和______具等。

二、选择题

1. 下列材料中，属于合金渗碳钢的是（　　）。

A. GCr15SiMn　　B. 20Cr　　C. 38CrMoAlA　　D. 50CrVA

2. 合金调质钢的最终热处理是（　　）。

A. 淬火+低温回火　　B. 淬火+中温回火　　C. 淬火+高温回火

3. 制造直径为 30mm 的连杆，要求整个截面上具有良好的综合力学性能，应该选用（　　）。

A. 45 钢经正火处理

B. 60Si2Mn 钢经淬火 + 中温回火

C. 40Cr 钢经调质处理

三、简述与实践题

1. 解放牌载重汽车变速齿轮要求表面具有高耐磨性及疲劳强度，心部具有较高的塑性和韧性，选用 20CrMnTi 制造，其工艺路线为：下料→锻造→热处理 1 →粗加工→热处理 2 →精加工。

试安排热处理工艺，说明其作用，并填入表 6-7。

表 6-7　记录表

项目	热处理名称	作　　用
热处理1		
热处理2		

2. 某工厂用 40Cr 制造机床主轴，要求整体硬度为 200~300HBS，但轴颈处要求硬而耐磨（54~58HRC），其工艺过程为：下料→锻造→热处理 1 →加工端面和中心孔→粗车→热处理 2 →半精车→热处理 3 →低温时效处理→粗精磨外圆、内孔。

试安排热处理工艺，说明其作用，并填入表 6-8。

表 6-8　记录表

项目	热处理名称	作　　用
热处理1		
热处理2		
热处理3		

第四节　合金工具钢

工具钢可分为碳素工具钢和合金工具钢两种。碳素工具钢来源较广，价格便宜，淬火后能达到高的硬度和较高的耐磨性，但因它的淬透性差，淬火变形倾向大，红硬性差（只能在 200°C 以下保持高硬度）。因此，尺寸大、精度高和形状复杂的模具、量具及切削速度较高的刀具，都要采用合金工具钢制造。

合金工具钢按用途可分为刀具钢、模具钢和量具钢。

合金刀具钢

合金刀具钢主要用来制造车刀、铣刀、钻头等各种金属切削刀具。刀具钢要求高硬度、耐磨、红硬性高，有足够的强度和韧性。

合金刀具钢分为低合金刀具钢和高速钢。

1. 低合金刀具钢

低合金刀具钢是在碳素工具钢的基础上加入少量合金元素的钢。这类钢含碳量为 0.8% ~ 1.5%，合金元素总量不大于 5%，故称低合金刀具钢。加入 Cr、Si、Mn 等合金元素，主要是提高钢的淬透性和强度。加入少量 W、V 等合金元素，主要是提高钢的硬度和耐磨性，并防止加热时过热，保持晶粒细小。

低合金刀具钢与碳素工具钢相比淬透性提高了，淬火后的硬度可达 61 ~ 65HRC，红硬性为 300 ~ 400°C，最大切削速度为 8m/min。它主要用于制造尺寸较大，切削速度较低，形状比较复杂，要求淬火后变形小的刀具，如板牙（见图 6-14）、拉刀（见图 6-15）、铰刀（见图 6-16）等。

图 6-14　板牙

图 6-15　拉刀

图 6-16　铰刀

最常用的低合金刀具钢是 9CrSi、CrWMn 和 9Mn2V。

（1）9CrSi 钢。由于加入 Cr 和 Si，使其具有较高的淬透性和耐回火性，碳化物细小均匀，硬度为 60 ~ 64HRC，工作温度可达 300°C。因此，9CrSi 钢主要用来制造要求淬火变形较小和刀刃细薄的刀具，如丝锥、板牙、铰刀等。

（2）CrWMn 钢。由于 Cr、W、Mn 同时加入，使钢具有高的硬度（64 ~ 66HRC）和耐磨性，特别是热处理时变形很小，故称微变形钢。它主要用来制造要求淬火变形较小、较精密的低速切削刀具（如长铰刀、拉刀）、模具和耐磨零件（淬硬精密丝杆）。

需要指出的是，CrWMn 钢“微变形”不是绝对的，其变形大小和热处理工艺好坏有密切的关系。若热处理不恰当，仍有可能产生较大的变形。CrWMn 钢较明显的缺点是热加工（轧制、锻造）时容易形成较严重的网状碳化物，从而增加工具的脆性，造成淬火或使用中开裂。此外，CrWMn 钢价格较高，磨削性较差，易产生磨削剥落现象及裂纹。

（3）9Mn2V 钢。它是不含铬的低合金刀具钢，价格较低。Mn 元素能显著提高钢的淬透性，但 Mn 有增加高温时晶粒长大倾向，使钢容易过热，故加入 V 元素，细化晶粒，还可形成碳化钒，提高钢的硬度和耐磨性。9Mn2V 钢的淬透性、耐磨性和淬火变形倾向虽不及 CrWMn 钢，但比 T10A 钢好得多。因此，许多工厂用 9Mn2V 钢代替一部分 CrWMn 钢和 T10A 钢使用，取得良好效果。

低合金刀具钢的预备热处理是球化退火，最终热处理为淬火后低温回火。

常用低合金刀具钢的牌号、化学成分和热处理见表 6-9。

表 6-9　常用低合金刀具钢的牌号、化学成分和热处理

牌　号	化学成分/%					淬　火			回　火	
	w(C)	w(Cr)	w(Si)	w(Mn)	其他	温度/°C	介质	HRC	温度/°C	HRC
9CrSi	0.85～0.95	0.90～1.70	0.95～1.25	0.30～0.60		860～880	油	≥62	180～200	60～62
8MnSi	0.75～0.85		0.80～1.10	0.30～0.60		800～820	油	≥62	180～200	58～60
9Mn2V	0.85～0.95		≤0.40	1.70～2.40	w(V)0.10～0.25	780～820	油	≥62	150～200	60～62
CrWMn	0.90～1.05	0.90～1.20	0.15～0.35	0.80～1.10	w(W)1.2～1.60	800～820	油	≥62	140～160	62～65

2. 高速钢

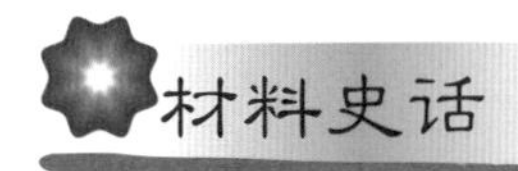

随着工业生产的发展，在切削加工中切削速度和走刀量日益增大，被加工的高强度材料日益增多，切削时产生大量的热量使刀刃受热温度大为升高，而且还承受很大的切削力。这就要求刀具应有更高的硬度、耐磨性和红硬性。碳素工具钢和低合金刀具钢已不能满足这样的要求。1898年，美国的材料专家泰勒和怀特采用高合金化的方法，研制成功具有高的强度、硬度（63～66HRC）和耐磨性，红硬性达600°C，切削速度达16m/min仍保持刃口锋利的高速钢，切削速度比碳素工具钢和低合金刀具钢提高1～3倍，使用寿命提高7～14倍。因此，高速钢广泛用来制造较高切削速度的刀具。

高速钢是一种含有 W、Cr、V 等多种元素的高合金工具钢。较高的碳可保证形成足够的碳化物，提高硬度和耐磨性；加入 Cr，主要作用是提高淬透性；加入 W 和 Mo，主要作用是提高红硬性；加入 V 能显著提高钢的硬度、耐磨性和红硬性。高速钢诞生一百多年来，已发展成为品种较多、应用广泛的钢种。常用高速钢的牌号、化学成分和热处理见表 6-10。

表 6-10　常用高速钢的牌号、化学成分和热处理

牌　号	化学成分/%						热处理/°C		硬度/HRC
	w(C)	w(W)	w(Mo)	w(Cr)	w(V)	其他	淬火	回火	
W18Cr4V	0.70～0.80	17.5～19.00	≤0.30	3.80～4.40	1.00～1.40		1270～1280	550～570	＞63
W18Cr4VCo5	0.70～0.80	17.5～19.00	0.40～1.00	3.75～4.50	0.80～1.20	w(Co)4.25～5.75	1270～1290	540～560	＞63
W6Mo5Cr4V2	0.80～0.90	5.50～6.75	4.50～5.50	3.80～4.40	1.75～2.20		1210～1230	540～560	＞64
W6Mo5Cr4V2Al	1.05～1.20	5.50～6.75	4.50～5.50	3.80～4.40	1.75～2.20	w(Al)0.80～1.20	1230～1240	540～560	＞65
W2Mo9Cr4V2	0.97～1.05	1.40～2.10	8.20～9.20	3.50～4.40	1.75～2.20		1190～1210	540～560	＞65
W9Mo3Cr4V	0.77～0.87	8.50～9.50	2.7～3.30	3.80～4.40	1.30～1.70		1190～1210	540～560	＞64

高速钢的优良性能必须经反复锻造和正确的热处理后才能达到。通过反复锻打，将特殊碳化物打碎且均匀分布。然后进行球化退火，改善切削加工性，制成所需形状、尺寸的刀具，再进行淬火、回火获得优良性能。

淬火、回火工艺好坏，决定着高速钢刀具的使用性能和寿命，它是热处理的关键。图 6-17 是 W18Cr4V 钢的最终热处理工艺曲线。由热处理工艺曲线可知，与一般工具钢相比，高速钢淬火、回火的特点是：淬火温度高（一般在 1200 ～ 1300°C）、回火温度高（560°C）且多次回火。

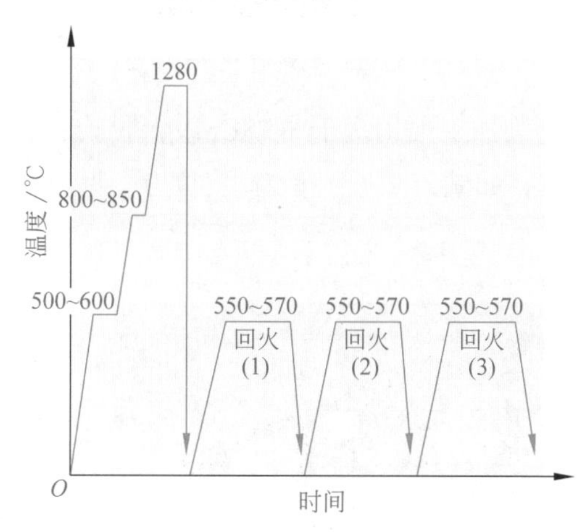

图 6-17　W18Cr4V 钢的最终热处理工艺曲线

高速钢的导热性很差，淬火温度又很高，表面极易产生过热或过烧，所以淬火加热时必须进行预热。一次预热在 800 ～ 850°C 进行，两次预热可在 500 ～ 600°C 和 800 ～ 850°C 分别进行。高速钢中含有大量 W、Mo、V、Cr 等难溶碳化物，它们只能在 1200°C 以上才能溶入奥氏体中，以保证淬火、回火后获得高的红硬性。因此，高速钢的淬火加热温度必须很高。高速钢的淬火冷却常采用油冷或分级淬火方法。

高速钢淬火后的组织由马氏体、未溶合金碳化物与大量残余奥氏体组成，残余奥氏体量多达 20% ～ 30%，此时钢的硬度尚不够高。为了使残余奥氏体转变，必须在 550 ～ 570°C 重复进行三次回火。此时，马氏体析出极细碳化物，残余奥氏体转变成回火马氏体，钢的强度、硬度进一步得到提高。

由于高速钢具有高的强度、硬度、耐磨性和较高的红硬性，故广泛用于制造切削速度较高的刀具（如车刀、铣刀、钻头等）和形状复杂、载荷较重的成型刀具（如齿轮铣刀、拉刀等）。此外，高速钢还应用于冷模具及某些耐磨件的制造。最常用的高速钢有以下三类。

（1）钨系高速钢。最常用的牌号是 W18Cr4V（18-4-1 钢）。它是发展最早，过去在我国使用最广（占 95%）的高速钢。其突出的优点是通用性强，红硬性较高，淬透好，脱碳敏感性小，有较好的韧性，磨削性能好。但碳化物分布不均匀，热塑性低，导热率小。钨系高速钢广泛用于制作工作温度在 600°C 以下的各种复杂刀具，如成型车刀（见图 6-18）、螺纹铣刀（见图 6-19）、拉刀、齿轮刀具等，也广泛用做麻花钻（见图 6-20）、铣刀和机用丝锥。适于加工软或中等硬度的材料。

（2）钨钼系高速钢。最常用的牌号是 W6Mo5Cr4V2（6-5-4-2 钢）。这种钢用钼代替一部分钨。它的主要特点是热塑性、使用状态的韧性和耐磨性均优于钨系高速钢。由于钼的存在，使碳化物细小、

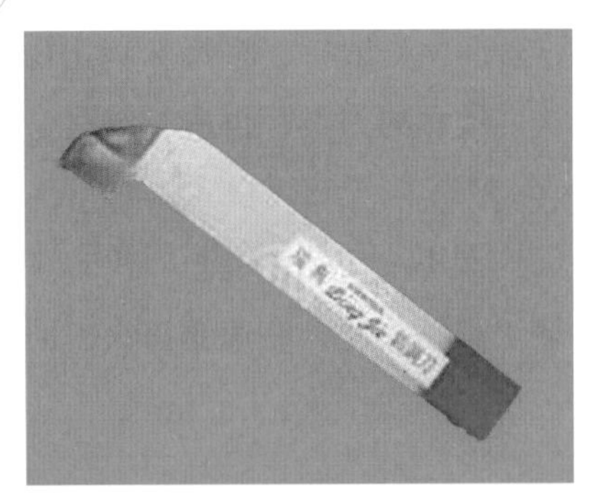

图 6-18　高速钢车刀

图 6-19　高速钢螺纹铣刀

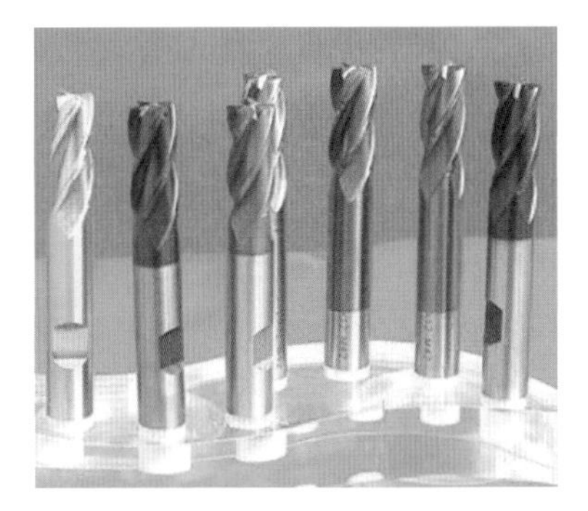

图 6-20　高速钢麻花钻头

分布均匀，且价格便宜。但它的磨削加工性稍次于 W18Cr4V，脱碳的敏感性也较大。钨钼系高速钢广泛用于制作承受冲击力较大的刀具，如铣刀（见图 6-21）、拉刀（见图 6-22）、插齿刀（见图 6-23）、钻头等。

图 6-21　高速钢铣刀

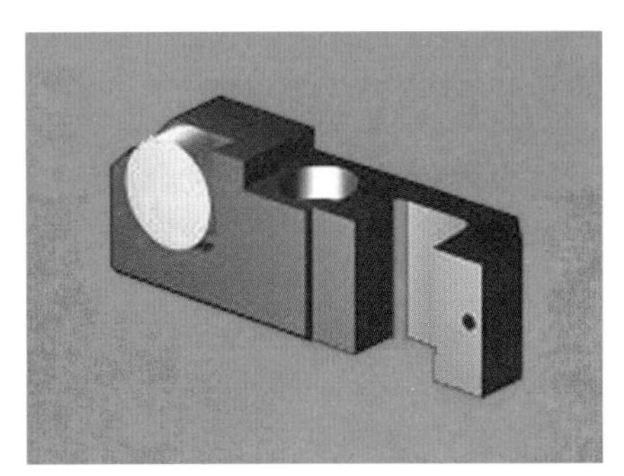

图 6-22　高速钢拉刀

图 6-23　高速钢插齿刀

（3）超硬高速钢。它是为加工高硬度、高强度的金属材料（如钛合金、高强度钢）而研制的。它是在钨系和钨钼系高速钢基础上加入 5% ~ 10% 的钴，形成含钴高速钢。典型钢的牌号是 W18Cr4VCo10，热处理后硬度可达 65 ~ 70HRC，红硬性达 670°C，但脆性大，价格高，一般用做特殊刀具。

合金模具钢

用于制造冲压、锻造、成型的压铸等模具的钢统称为模具钢。按工作条件不同，可分为冷模具钢和热模具钢。

1. 冷模具钢

冷模具钢是用于制造使金属在冷态下变形的模具，如冷冲模（见图 6-24）、冷挤压模（见图 6-25）、拉丝模（见图 6-26）等。它们都要使金属在模具中产生塑性变形，因而受到很大的压力、摩擦或冲击。所以要求模具钢具有高的硬度（一般为 58 ~ 62HRC）和耐磨性，并有足够的强度和韧性。大型的冷模具还要求有良好的淬透性。

小型冷模具可采用碳素工具钢和低合金刀具钢或滚动轴承钢来制造，如 T10A、T12、9CrSi、CrWMn、9Mn2V 和 GCr15 等。

图 6-24 冷冲压模具

图 6-25 冷挤压模

图 6-26 拉丝模

大型冷模具一般采用 Cr12、Cr12MoV 等高碳高铬钢制造。这类钢热处理后具有高的硬度、强度和耐磨性。

2. 热模具钢

热模具钢是用于制造使金属在高温下成型的模具，如热锻模（见图 6-27）、热挤压模（见图 6-28）和压铸模（见图 6-29）等。热模具钢一般在 400 ~ 600°C 工作，并承受很大的冲击力。因此要求热模具钢具有高的热强性、良好的韧性、一定的硬度和耐磨性。

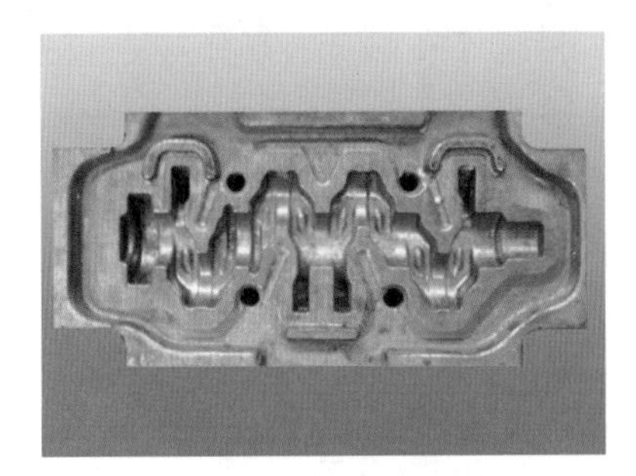
图 6-27 曲轴热锻模具

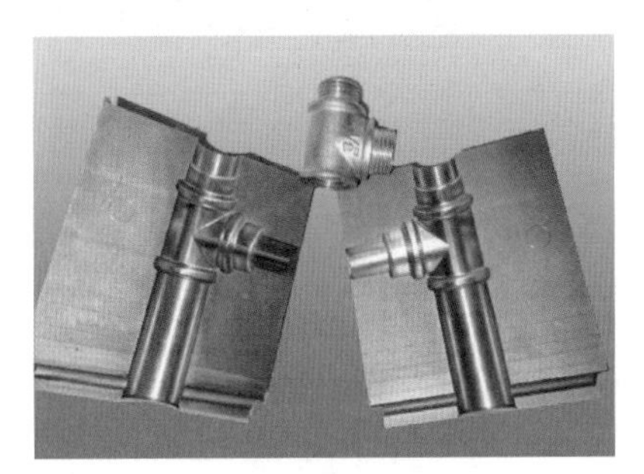
图 6-28 热挤压模具

图 6-29 压铸模具

热模具钢一般采用中碳合金钢（w(C)：0.30% ~ 0.60%）制造。含碳量高会使韧性下降，导热性也差，含碳量太低则不能保证钢的强度和硬度。加入合金元素 Cr、Ni、Mn、Si 等的目的是为了强化钢的基体和提高淬透性。加入 W、Mo、V 等是为了提高钢的热强性和耐磨性。

目前常采用 5CrMnMo 和 5CrNiMo 钢制作热锻模，采用 3Cr2W8V 钢制作热挤压模和压铸模。

热模具钢的最终热处理是淬火后中温回火（或高温回火），以保证足够的韧性。

交流与讨论 

合金冷模具钢与合金热模具钢的化学组成有什么区别？

合金量具钢

量具是测量工件尺寸的工具，如游标卡尺、千分尺、塞规、块规和样板等。量具在使用中常与被测工件接触，受到摩擦与碰撞，这就要求量具用钢具有高硬度（62 ~ 65HRC）、高耐磨性、高的尺寸稳定性和足够的韧性。

目前，量具用钢主要有低合金刀具钢、滚动轴承钢、碳素工具钢和渗碳钢。

（1）低合金刀具钢和滚动轴承钢有 CrWMn、9Mn2V、GCr15 等，主要用于制造高精度、形状复杂的量具，如量规（见图 6-30）、量块（见图 6-31）、塞规等。

（2）碳素工具钢有 T10A、T12A 等，主要用于制造精度不很高、形状简单、尺寸较小的量具，如量规、卡尺等。

（3）渗碳钢有 15、20、20Cr 等，主要用于制造长形或平板状量具，如卡规（见图 6-32）、样板、钢直尺等。

图 6-30　量规

图 6-31　量块

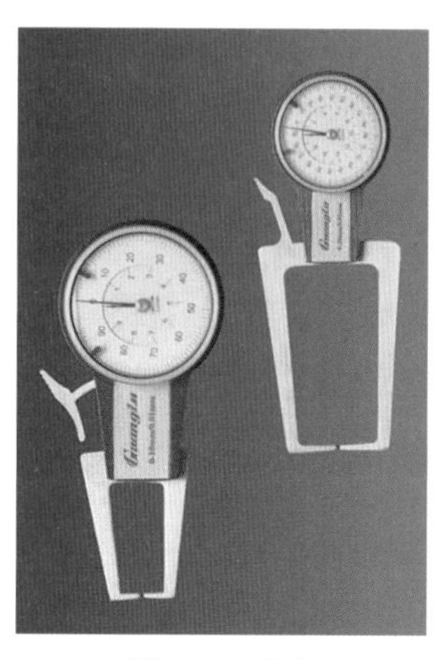

图 6-32　卡规

常见量具钢的牌号、热处理和用途见表 6-11。

表 6-11　常见量具钢的牌号、热处理和用途

牌　　号	热处理方法	用途举例
CrWMn、9Mn2V、GCr15	淬火—低温回火—冷处理—时效处理	高精度量规、量块
T10A、T12A	淬火—低温回火	精度不很高的量块、卡尺
15、20、15Cr、20Cr	渗碳—淬火—低温回火	简单的平样板、卡规、钢直尺

一、填空题

1. 制造下列工具，请选用合适的材料填入表 6-12。

表 6-12　记录表

工　具	高精度丝锥	麻花钻头	大型冷冲模	热锻模
选用材料				

材料牌号：5CrMnMo　9CrSi　Cr12　W18Cr4V

2. 高速钢的优良性能必须经反复锻造和正确的热处理后才能达到。与一般工具钢相比，高速钢淬火、回火的特点是：淬火温度______，回火温度______，且______回火。

3. W18Cr4V、W6Mo5Cr4V2 属于______钢。该类钢经高温淬火及多次高温回火后具有高的强度、______和______，红硬性温度达到______°C，故该类钢主要用于制造切削速度较高的刀具（如______、铣刀等）和形状复杂、负荷较重的成型刀具（如齿轮铣刀、拉刀等）。

4. 高速钢刀具在切削温度达 600°C 时，仍能保持高的______和______。

二、选择题

1. 可用于制造刀具、冷模具和量具，有微变形钢之称的是（　　）。

A. T10　　　　B. 9CrSi

C. CrWMn　　　　D. W18Cr4V

2. W18Cr4V 属于（　　）。

A. 低合金刀具钢　　　　B. 合金冷模具钢

C. 合金热模具钢　　　　D. 高速钢

3. （　　）钢都可以用于制作冷模具。

A. Cr12MoV、9CrSi、9Mn2V

B. 3Cr2W8V、5CrMnMo、9CrSi

C. Cr12MoV、5CrMnMo、9CrSi

三、简述与实践题

W18Cr4V 钢制造的铣刀的工艺路线为：下料→锻造→热处理 1 →机加工→热处理 2 →喷砂→磨加工→产品。

试分析：

1. 写出合金元素 W、Cr、V 在钢中的主要作用。
2. 为何下料后必须反复锻造？
3. 锻造后的热处理 1 是什么？说明其作用。
4. 热处理 2 是什么？说明其特点。
5. 写出最终热处理后的组织。

第五节　特殊钢

特殊钢是指作特殊用途，具有特殊的物理、化学性能的钢，如不锈钢、耐热钢、耐磨钢、低温用钢、电工用钢等。

特殊钢在工业上的应用越来越广泛，发展十分迅速。本节内容着重介绍机械工程上最常用的钢。

不锈钢

美观、耐蚀的不锈钢是一种应用十分广泛，大家非常熟悉的金属材料。我们通常讲的不锈钢是指能抵抗大气或其他介质腐蚀而不生锈的钢。

材料史话

不锈钢不生锈这一独特的性能，是1913年英国材料专家哈里·布里尔偶然发现和发明的。当时，他试验用不同成分的合金钢研制枪管材料，约一个月后，他竟意外地发现有一种枪管材料没有腐蚀生锈，于是他赶紧去检测了这种钢的化学成分，发现是含Cr为13%的合金钢，世界上第一种不锈钢就这样诞生了。经过将近100年的发展，不锈钢已成为品种较多，与我们联系很密切的材料了。

常用的不锈钢主要是铬不锈钢和铬镍不锈钢。

1. 铬不锈钢

要达到耐蚀不生锈的目的，钢中的含 Cr 量必须不小于 13%。常用铬不锈钢的牌号有：1Cr13、2Cr13、3Cr13、4Cr13 等。钢中的 Cr 使钢有良好的耐蚀性，而碳则保证钢有适当的强度。但随着含碳量的增加，钢的强度、硬度提高，韧性、耐蚀性则下降。这类不锈钢具有良好的抗大气、海水、蒸气等介质腐蚀的能力，故主要用于制造在弱腐蚀介质中工作的机械零件和工具。

1Cr13 和 2Cr13 钢由于含碳量较低，淬火达不到高硬度，但塑性和韧性较好，适用于在弱腐蚀条件下，硬度要求不高或受冲击载荷的零件及家用物品，如厨具（见图 6-33）、茶杯、刀具、螺栓、螺母、结构架、汽轮机叶片等。这两种不锈钢的热处理工艺为淬火后高温回火，得到回火索氏体组织。

3Cr13、4Cr13 钢由于含碳量较高，经淬火后低温回火，得到马氏体组织，其硬度在 50HRC 左右，主要用于制造要求不锈的弹簧、滚动轴承（见图 6-34）、量具、医疗器械（见图 6-35）及在弱腐蚀条件下工作、强度要求较高的耐蚀零件。

图 6-33　不锈钢炊具

图 6-34　不锈钢滚动轴承

图 6-35　不锈钢医疗器械

2. 铬镍不锈钢

铬镍类不锈钢平均含 Cr18%、Ni ≥ 8%，故简称 18-8 不锈钢。表 6-13 为常用铬镍不锈钢的牌号、成分和热处理。

表 6-13 常用铬镍不锈钢的牌号、成分和热处理

牌 号	主要化学成分/%				淬火/°C	σ_b/MPa	δ/%
	w(C)	w(Cr)	w(Ni)	w(Ti)			
0Cr18Ni9	≤0.06	17～19	8～11	—	1080～1130水冷	≥500	≥45
1Cr18Ni9	≤0.12	17～19	8～11	—	1100～1150水冷	≥500	≥40
1Cr18Ni9Ti	≤0.12	17～19	8～11	0.4～0.6	1000～1100水冷	≥500	≥40

铬镍不锈钢具有很好的耐腐蚀性。这是由于加入大量的 Cr 和 Ni，不仅在钢表面能形成致密的 Cr_2O_3 保护膜，而且，经淬火后能得到单相奥氏体组织，故又称奥氏体不锈钢。因此，铬镍不锈钢主要用于制造强腐蚀介质（如盐酸、硝酸及碱溶液）条件下工作的结构零件，如化工厂的不锈钢水泵（见图 6-36）、离心机、反应釜、吸收塔、贮槽；因耐腐蚀性好，也广泛用于工程结构（见图 6-37 和图 6-38）和装潢、装饰材料。

图 6-36 不锈钢水泵

图 6-37 不锈钢水轮机转轮

图 6-38 不锈钢岗亭

铬镍不锈钢无铁磁性，磁铁吸不起来。根据这种特性，可与铬不锈钢相区别。

铬不锈钢和铬镍不锈钢具有一定的耐热性，如 1Cr13、2Cr13 等可用于工作温度低于 450°C 的汽轮机叶片。而在铬镍不锈钢中加入钛、铌，如 1Cr18Ni9Ti、0Cr18Ni9Nb 等，可在 500 ～ 700°C 范围内工作。

拓展视野

闻名世界的瑞士军刀

享誉全球，闪烁着阿尔卑斯寒光的瑞士军刀创始于1891年10月，由24岁的卡尔·埃尔森纳在他的家庭作坊里经多年苦心研制发明。第二次世界大战后，驻欧洲的美军非常喜欢这种多用途的不锈钢精巧小刀，由于美军基地遍布全世界各地，因此瑞士军刀很快就名扬四海，受到世人的青睐，如今已经成为瑞士文化的象征之一。

“锋利、结实、耐用”是人们对瑞士军刀品质的形容。瑞士军刀以独具匠心的多功能袖珍设计，尽善尽美的非凡品质让人爱不释手。一把普通的瑞士军刀，一般都有主刀、小刀、剪刀、指甲锉、开瓶器、木锯、螺丝刀、软木起塞、

牙签、小镊子等工具。而在一些工具上还设计了多种功用，如开瓶器上就具有开瓶、平口螺丝刀、电线剥皮槽三种功用。随着时代的发展，一些新兴的技术与其结合，如刀身内藏激光电筒和手表、指南针，甚至还结合了最新的USB移动存储技术，充当移动硬盘。瑞士军刀已经不再单纯是一把刀，而是优良工业品质和完美设计制造之间达到的一种经典。纽约现代艺术博物馆和慕尼黑的德国实用艺术博物馆都将“瑞士冠军”军刀作为“工业设计精品”收藏。这种瑞士军刀由64个独立零件构成，总重量不超过95g。图6-39所示为具有超过十个功能的瑞士军刀。

图 6-39 瑞士军刀

耐热钢

实验研究表明，一般钢材料加热至560°C以上时，钢材表面就会发生氧化作用，生成松脆多孔的FeO，从而起皮脱落，并使强度明显下降，最终导致零件破坏。而航空、火力发电站、发动机等设备中，许多零件在高温下工作，这就要求具有良好的耐热性。高温合金是航空航天发动机中的关键材料。通常我们把在高温下具有高的抗氧化性能和较高强度的钢称为耐热钢。耐热钢可分为抗氧化钢和热强钢两类。

1. 抗氧化钢

在高温下有较好的抗氧化能力，并有一定强度的钢称为抗氧化钢。这类钢主要用于长期在高温（<650°C）下工作，但强度要求不高的零件，如各种加热炉的炉底板、渗碳处理用的渗碳箱等。

抗氧化钢加入的合金元素为Cr、Si、Al等，它们在钢表面形成致密的、高熔点的、稳定的氧化膜（Cr_2O_3、SiO_2、Al_2O_3）。由于氧化膜严密而牢固地覆盖在钢的表面，使钢与高温氧化性气体隔绝，从而避免了钢的进一步氧化。常用的抗氧化钢有4Cr9Si2、1Cr13SiAl等。

2. 热强钢

在高温下具有良好的抗氧化性，并有较高的高温强度的钢称为热强钢。通常加入W、Mo、Ti、V等合金元素，以提高钢的高温强度。常用的热强钢有15CrMo、4Cr14Ni14W2Mo等。15CrMo钢是典型的锅炉用钢，可以制造在300～500°C下长期工作的零件。4Cr14Ni14W2Mo钢可以制造600°C以下工作的零件，如汽轮机叶片、大型发动机排气阀等。

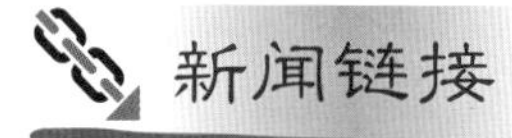

新闻链接

2002年，我国武汉钢铁公司成功冶炼出性能优异的耐热耐腐蚀钢——耐火耐候钢，这种钢耐高温超过1200℃，并具有较好的耐腐蚀性，使我国建筑用钢、耐热钢冶炼跻身于国际领先的地位。

耐磨钢

大家对坦克履带（见图 6-40）、挖掘机铲齿（见图 6-41）、铁道钢轨（见图 6-42）、球磨机衬板这些零件并不陌生，它们都是在强烈冲击和严重磨损条件下工作的，这就要求这类零件具有良好的耐磨性。常用的耐磨钢是一种在强烈冲击载荷作用下才发生硬化的高锰钢。

图 6-40　坦克履带

图 6-41　挖掘机铲齿

图 6-42　铁路钢轨

高锰钢 ZGMn13 为典型的耐磨钢，它是 1882 年由英国人 R.A. 哈德菲尔德首先制成的，故标准型 ZGMn13 钢又称哈德菲尔德钢。高锰钢是一种铸钢，含碳量为 0.9% ～ 1.4%, 含锰为 11% ～ 14%。碳含量较高可以提高耐磨性；锰含量很高，可以保证热处理后得到单相奥氏体组织。

热处理后的高锰钢，硬度很低（180 ～ 220HBS），塑性、韧性很好。但在受到强烈冲击、强大压力和剧烈的摩擦时，表面因塑性变形会产生强烈的加工硬化，使表面硬度提高到 50HRC 以上，从而获得高的耐磨性，而心部仍保持高的塑性和韧性。当旧的表面磨损后，露出的新的表面膜又在冲击和摩擦的作用下形成新的耐磨层。故这种钢具有很高的耐磨性和抗冲击能力。但这种钢只有在受强大压力、强烈冲击和剧烈摩擦条件下，才有高的耐磨性，在一般工作条件下并不耐磨。

由于高锰钢极易产生加工硬化，难以进行切削加工，故应尽量避免对铸件进行加工。铸件上的孔、槽尽可能铸出。

常用的耐磨钢牌号有 ZGMn13—1、ZGMn13—2、ZGMn13—3 和 ZGMn13—4。

练习与实践

一、填空题

1. 3Cr13 钢中，平均含 C ________ %、Cr ________ %；0Cr18Ni9 钢中，平均含 C ________ %、Cr ________ %、Ni ________ %。

2. 我国武汉钢铁公司冶炼的耐热钢耐热温度达________ °C，达到国际领先水平。

二、选择题

1. 1Cr18Ni9 属于（　　）。

A. 高速钢　　B. 轴承钢　　C. 耐磨钢　　D. 不锈钢

2. 切削加工困难，基本上在铸态下使用的钢是（　　）。

A. 高速钢　　B. 耐热钢　　C. 耐磨钢　　D. 不锈钢

三、简述与实践题

1. 1Cr18Ni9 板材中混入 1Cr13 板材，请你想一想怎样找出 1Cr13 板材？
2. 访问工厂和借助图书资料、因特网，了解合金钢在生活和机械制造中的应用情况。

节 次	学 习 内 容	分值	自我测评	小组互评	教师测评
第一节　合金钢的优良性能	合金钢	2			
	力学性能	2			
	红硬性	2			
	淬透性	2			
	物理、化学性能	2			
第二节　合金钢的分类和牌号	合金钢的分类	2			
	合金钢牌号的表示方法	4			
第三节　合金结构钢	低合金高强度结构钢	5			
	合金渗碳钢	10			
	合金调质钢	10			
	合金弹簧钢	10			
	滚动轴承钢	10			
第四节　合金工具钢	合金刀具钢	10			
	合金模具钢	10			
	合金量具钢	5			
第五节　特殊钢	不锈钢	10			
	耐热钢	2			
	耐磨钢	2			
合　　计		100			

第七章　铸　铁

中国是世界上最早发明生铁冶炼的国家，我们的祖先远在三千年前就掌握了一些冶铁、炼钢、铸锻和热处理的技艺，比欧洲各国要早2000多年，对世界文明与人类进步做出了重要的贡献。为此，有专家认为“生铁冶铸技术”应排在我国古代发明的第一位。

学习要求

掌握铸铁及铸铁的优缺点。

了解铸铁的分类，理解铸铁石墨化及其影响因素。

掌握灰铸铁、可锻铸铁、球墨铸铁和蠕墨铸铁的牌号、组织、性能及典型用途。

学习重点

铸铁及铸铁的优缺点。

灰铸铁、可锻铸铁、球墨铸铁和蠕墨铸铁的牌号、组织、性能及典型用途。

铸铁是含碳量大于 2.11% 的铁碳合金。工业上常用的铸铁含碳量一般为 2.5% ～ 4.0%，此外还有较多的硅、锰、硫、磷等杂质。

铸铁在机械制造中应用很广。按质量百分比计算，在农业机械中占 40% ～ 60%，汽车制造业中占 50% ～ 70%，在机床和重型机械中占 60% ～ 90%。

第一节　铸铁的石墨化

你知道吗

石墨的结构和性能

石墨是碳的一种结晶产物，具有六方晶格，碳原子呈层状排列。同一层晶面上碳原子间距较近，原子结合力较强；层与层的距离较远，结合力较弱。因此，石墨受力时，容易沿层面间滑移，故其强度、塑性和韧性极低，接近于零，硬度仅为3HBS。所以，在我们上幼儿园、小学时就能用小刀对石墨做的铅笔芯进行切削。

石墨的结构如图7-1所示。

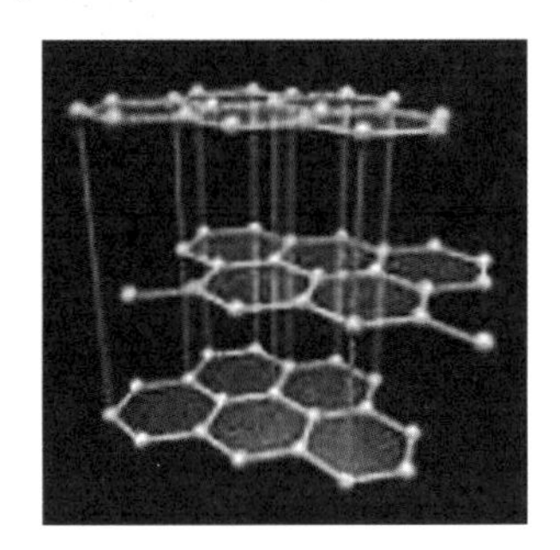

图 7-1　石墨的结构

在铸铁中，碳可以渗碳体（Fe_3C）形式存在，也可以石墨的形式存在。在铸铁生产中，我们把碳原子以渗碳体形式析出的过程称为白口化（因其断口呈银白色），把碳原子以石墨形式析出的过程称为石墨化。

科学实验证明：石墨可以直接从液态铸铁或奥氏体中析出，也可以先结晶出渗碳体，再由渗碳体在一定条件下分解为铁素体和石墨（即 $Fe_3C \rightarrow 3Fe+C$）。

影响铸铁石墨化的因素很多，主要因素是铸铁的成分和冷却速度。

化学成分的影响

铸铁是以铁、碳为主并含有硅、锰、硫、磷等杂质元素的合金，这些常存元素对铸铁的石墨化程度有着不同的影响。

碳和硅是促进石墨化的元素。铸铁中碳、硅含量越高，石墨化程度越充分。但若碳含量过高，会使石墨太多，从而降低铸铁的力学性能。

磷也是促进石墨化的元素，但其作用较弱。磷在铸铁中还易形成 Fe_3P 共晶组织，增大铸铁的脆性，故一般应限制含量（$P < 0.12\%$）。

硫是强烈阻碍石墨化的元素，易使碳以渗碳体形式存在，促进铸铁白口化。硫还会降低铁水的流动性，所以硫在铸铁中是有害元素，其含量应尽可能降低（一般在 0.15% 以下）。

锰是阻碍石墨化的元素。但锰和硫有很大的亲和力，在铸铁中能与硫形成 MnS，减弱硫对石墨化的有害作用。故锰的含量允许在较高的范围，为 0.60% ～ 1.3%。

冷却速度的影响

一定成分的铸铁，其石墨化程度决定于冷却速度。冷却速度越快，碳原子越来不及扩散，石墨化越难以充分进行，就越容易产生白口组织；冷却速度越慢，碳原子越有时间充分扩散，越有利于石墨化进行，越容易得到石墨化组织。

冷却速度受铸型材料、铸造方法及铸件厚壁等因素的影响。例如，金属型铸造使铸铁冷得快，砂型铸造使铸铁冷得慢；壁薄铸件冷得快，壁厚铸件冷得慢。

观察与思考

铸件壁厚(冷却速度)与碳、硅含量对铸铁组织的影响如图7-2所示。从图中可以看出：

铸件越________，碳、硅含量越________，越易形成灰口组织；

铸件越________，碳、硅含量越________，越易形成白口组织。

因此，调整碳、硅含量，控制冷却速度是确保所需铸铁组织和性能的重要措施。

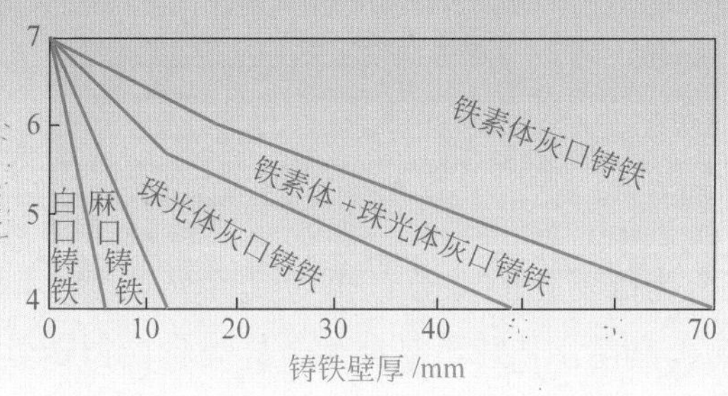

图 7-2　铸件壁厚（冷却速度）和碳、硅含量对铸铁组织的影响

练习与实践

一、填空题

1. 中国是世界上最早发明生铁冶炼的国家，我们的祖先远在________就掌握了一些冶铁、炼钢、铸锻和热处理的技艺，比欧洲各国要早________年，对世界文明与人类进步做出过重要的贡献。

2. 铸铁是含碳量________的铁碳合金。工业上常用的铸铁含碳量的范围一般在________。铸铁中，碳可以________形式存在，也可以________的形式存在。

3. 铸铁成分中的碳、硅、锰、硫、磷五种元素，其中______和______元素的含量越高，越有利于石墨化，而______和______元素为阻碍石墨化元素。

二、选择题

1. 铸铁的含碳量为（　　）。

A. 小于 2.11%　　B. 大于 2.11%　　C. 等于 2.11%

2. 铸铁中的碳以石墨形式析出的过程称为（　　）。

A. 白口化　　B. 石墨化　　C. 变质处理

3. 充分石墨化的铸铁组织为（　　）。

A. 铁素体 + 石墨　　B. 珠光体 + 石墨　　C. 铁素体 + 珠光体 + 石墨

4. 为促进铸件石墨化，可采用（　　）。

A. 提高含碳量、含硅量，并提高冷却速度　　B. 提高含碳量、含硅量，并降低冷却速度

C. 降低含碳量、含硅量，并降低冷却速度　　D. 降低含碳量、含硅量，并提高冷却速度

三、简述与实践题

为什么薄壁铸件容易得到白口铸铁组织，而厚壁铸件容易获得灰口的石墨化组织？

第二节　铸铁的分类和性能

1. 根据碳的存在形式分类

根据铸铁中碳的存在形式，铸铁可分为以下几种。

（1）白口铸铁。碳主要以渗碳体形式存在，其断口呈银白色，故称白口铸铁。由于大量硬而脆的渗碳体存在，白口铸铁硬度高（相当于 800HBS），脆性大，很难进行切削加工。因此，工业上极少直接用它来制造机械零件，除犁铧（见图 7-3）、轧辊（见图 7-4）、球磨机磨球（见图 7-5）等用白口铸铁铸造以外，白口铸铁主要用作炼钢原料或可锻铸铁零件的毛坯。

图 7-3　犁铧

图 7-4　轧辊

图 7-5　球磨机磨球

（2）灰口铸铁。碳主要以片状石墨形式存在，其断口呈灰色，故称灰口铸铁。它有许多优良性能，是应用最广泛的一类铸铁。

（3）麻口铸铁。碳大部分以渗碳体形式存在，少部分以石墨形式存在。其断口呈灰白色相间成麻点，故称麻口铸铁。它是灰口铸铁和白口铸铁的过渡组织，没有应用价值。

2. 根据铸铁中的石墨形态分类

根据铸铁中的石墨形态，铸铁可分为以下几种。

（1）灰铸铁。铸铁中的石墨以片状或曲片状形态存在。这类铸铁有一定的强度，耐磨性、耐压性、减振性能均佳。

（2）可锻铸铁。铸铁中的石墨呈紧密的团絮状。它是用白口铸铁件经长时间退火后获得的。这类铸铁强度较高，韧性好。

（3）球墨铸铁。铸铁中的石墨大部分或全部呈球状。这类铸铁强度高，韧性好。

（4）蠕墨铸铁。铸铁中的石墨大部分呈蠕虫状。这类铸铁抗拉强度、耐压性、耐热性能比灰铸铁有明显改善。

铸铁的组织

灰铸铁、可锻铸铁、球墨铸铁和蠕墨铸铁是工业生产中常用的铸铁。从微观结构分析，常用铸铁组织是由两部分组成的，一部分是石墨，另一部分是金属基体。金属基体可以是铁素体、珠光体或铁素体加珠光体，相当于钢的组织。

由于石墨是碳原子按游离态构成的软松组织，其强度、硬度很低，塑性、韧性几乎为零，在铸铁中犹如存在很多裂纹和空洞，因此，可以把常用铸铁组织看成是金属基体上布满了裂纹和空洞的钢。

铸铁的优良性能

因常用铸铁组织中的石墨割裂了金属基体，破坏了金属基体的连续性，严重削弱了金属基体的强度、塑性和韧性，所以常用铸铁的力学性能明显比钢差。然而，正是由于石墨的存在，铸铁具有许多钢所没有的优良性能。

（1）铸造性好。由于铸铁的含碳量接近共晶成分，与钢相比，铸铁不仅熔点低，结晶区间小，而且流动性好，收缩性小，铸造性好，所以适合浇注形状复杂的零件或毛坯。

（2）切削加工性好。由于石墨割裂了金属基体的连续性，使铸铁的切屑易脆断，且石墨对刀具有一定的润滑作用，使刀具磨损减少。

（3）减摩。铸铁与其他钢件发生摩擦时，由于铸铁中石墨本身具有润滑作用，特别是当它从铸铁表面脱落后所留下的孔隙能吸附和储存润滑油，使摩擦面上的油膜易于保持而具有良好的减摩性。因此，工业上常用铸铁制造机床导轨、车轮制动片等。

（4）减振。由于铸铁在受到振动时石墨能起缓冲作用，阻止振动的传播，并把振动能转变为热能，减振能力比钢大 10 倍。因此，铸铁常用作承受振动的零件，如机床床身、机器的支架、底座等。

（5）缺口敏感性小。钢制零件常因表面有缺口（如油孔、键槽、刀痕等）造成应力集中，使力学性能显著降低，故钢的缺口敏感性大。铸铁中石墨本身就相当于很多小的缺口，所以对外加的缺口并不敏感。

铸铁除具有上面“两好、两减、一小”的优良性能外，还有资源丰富、成本低廉、价格便宜等优点，因而在机械制造中得到广泛应用。

观察与思考

请你根据图7-6的切屑形状，判断哪种材料是钢，哪种材料是铸铁？填写到表7-1中。

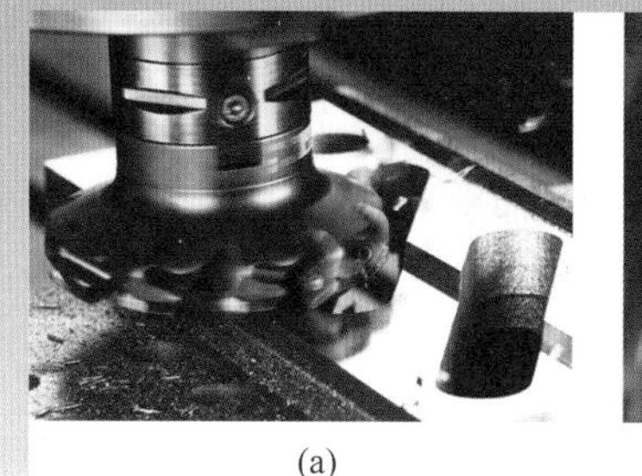

(a)

(b)

图 7-6 钢和铸铁的切削加工

表 7-1 根据切屑形状判断钢的材料

加工材料	理　　由
______为钢	
______为铸铁	

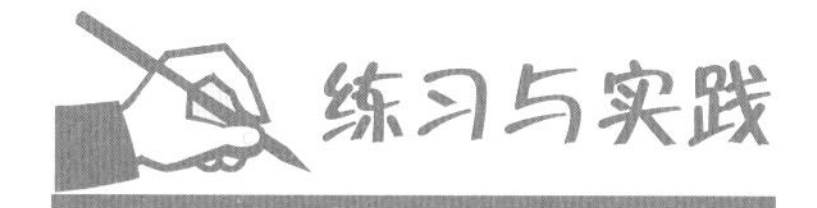

练习与实践

一、填空题

1. 将下列常用铸铁的石墨显微形态填入表 7-2 中。

表 7-2 记录表

类　　别	灰 铸 铁	可锻铸铁	蠕墨铸铁	球墨铸铁
石墨形态				

石墨的显微形态：团絮状、蠕虫状、片状、球状

2. 根据铸铁中碳的存在形式，铸铁可分为____________、____________和____________。

二、判断题

1. 铸铁的减振性比钢好。（　　）
2. 白口铸铁件的硬度适中，易于进行切削加工。（　　）
3. 厚壁铸件的表面硬度总比其内部高。（　　）
4. 石墨能提高铸铁的缺口敏感性。（　　）
5. 化学成分相同的铸铁，其组织就一定相同。（　　）

三、简述与实践题

何为铸铁？它与钢相比具有哪些优良的性能？

第三节　灰铸铁

灰铸铁的密度为 7.25×10^3kg/m^3，熔点在 1150 ～ 1250℃，它是工业上应用最为广泛的铸铁。在各类铸铁中，灰铸铁的产量约占 80% 以上。

灰铸铁的化学成分和生产

为确保石墨化充分，灰铸铁中碳、硅含量较高，硫的含量较低。灰铸铁的化学成分见表 7-3。

表 7-3　灰铸铁的化学成分

化学元素	C	Si	Mn	S	P
含量/%	2.7～3.6	2.2～3.6	0.4～1.2	0.08～0.12	0.2～1.0

灰铸铁的生产过程如图 7-7 所示。灰铸铁的生产是把生铁放入冲天炉（见图 7-8）、电炉等化铁炉进行熔炼后，将生铁水注入铸型而获得铸件的。图 7-9 所示为铸铁的连铸工艺。

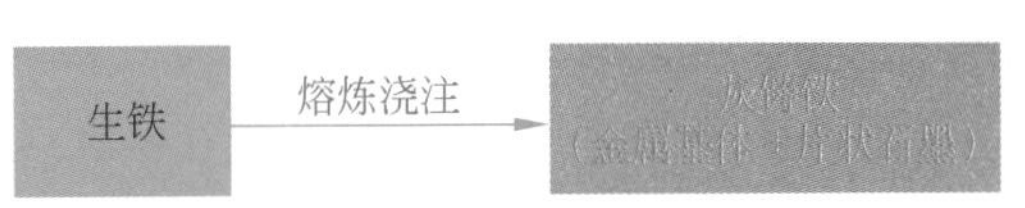

图 7-7　灰铸铁的生产过程

图 7-8　冲天炉熔炼生铁

图 7-9　铸铁的浇铸

灰铸铁的组织和性能

灰铸铁组织由金属基体和片状石墨两部分组成。因石墨化程度不同，灰铸铁有三种不同的金属基体组织，分别如下：

（1）铁素体灰铸铁（铁素体 + 片状石墨）；

（2）铁素体 − 珠光体灰铸铁（铁素体 + 珠光体 + 片状石墨），如图 7-10 所示；

（3）珠光体灰铸铁（珠光体 + 片状石墨）。

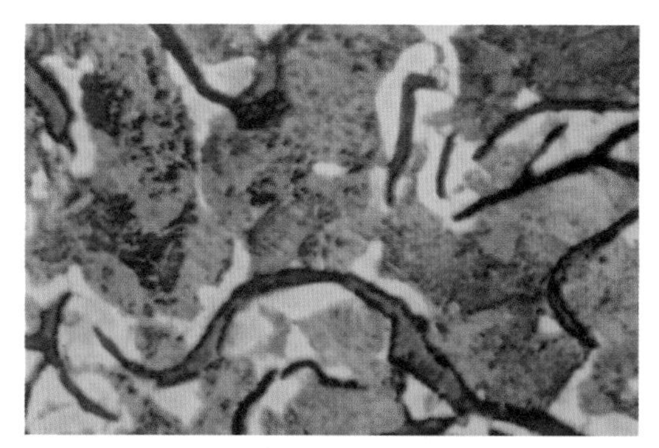

（深灰色为石墨，浅蓝色为铁素体，多彩为珠光体）

图 7-10 灰铸铁的显微组织（放大 580 倍）

灰铸铁中的片状石墨严重割裂了金属基体，极大地破坏了金属基体的连续性，因而抗拉强度低，塑性、韧性差。灰铸铁中的石墨越多，越粗大，分布越不均匀，有害作用越明显，力学性能越差。但片状石墨对抗压性能影响不大，灰铸铁的抗压强度和硬度与相同金属基体的钢差不多，其抗压强度约为本身强度的四倍。为改善灰铸铁的力学性能，生产中常采用孕育处理（变质处理），就是在铁水中加入少量的硅铁（含 Si 75%），使铁水中产生大量均匀分布的晶核，使片状石墨和金属基体得到细化。经过孕育处理后的灰铸铁称为孕育铸铁。孕育铸铁的显微组织是细珠光体基体上分布着细片状石墨，不仅强度有较大提高，而且塑性和韧性也有所改善，常用来制造力学性能较高、截面尺寸较大的铸件。灰铸铁的力学性能见表 7-4。

片状石墨虽然降低了灰铸铁中的力学性能，但由于石墨的存在，却让灰铸铁具有良好的铸造性、切削加工性，减摩、减振，缺口敏感性小。

表 7-4 灰铸铁的力学性能

力学性能	σ_b/MPa	δ/%	ψ/%
指标值	100～350	1	1

灰铸铁的牌号和用途

灰铸铁的牌号由“灰铁”两字的汉语拼音字首“HT”及后面一组数字组成，数字表示其最低抗拉强度。如 HT200 表示抗拉强度为 200MPa 的灰铸铁。表 7-5 列举了几种灰铸铁的牌号及用途。

表 7-5 灰铸铁的牌号及用途

牌 号	σ_b/MPa	HBS	主 要 用 途
HT100	100	143～229	用于受力小、不重要的铸件，如盖、外罩、支架、手轮、重锤等
HT150	150	163～229	用于受力不大的铸件，如底座、罩壳、刀架、轴承座、齿轮箱等
HT200	200	170～241	用于承受较大载荷的铸件，如机床床身、汽车缸体、联轴器、制动轮、飞轮等
HT250	250	170～241	
HT300	300	187～255	用于要求高强度、高耐磨性、高气密性的重要铸件，如重型机床床身、高压油压缸、凸轮、车床卡盘等
HT350	350	197～269	

灰铸铁主要用于承受压力，要求减振、减摩，以及许多力学性能要求不高而形状复杂的零件，如机床的床身（见图 7-11）、导轨，机器的机架、底座，台虎钳（见图 7-12），汽车和拖拉机的发动机气缸（见图 7-13）、气缸盖等。

图 7-11 灰铸铁机床床身

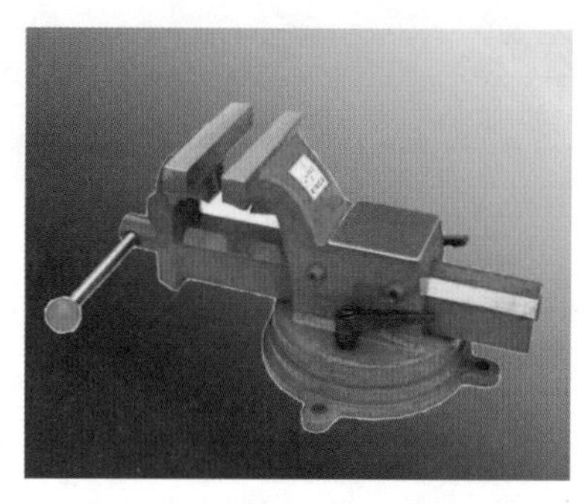
图 7-12 灰铸铁制造的台虎钳

图 7-13 汽车发动机缸体

灰铸铁的热处理

灰铸铁进行热处理只能改变其金属基体组织，不能改变片状石墨形态和分布，因而对提高灰铸铁的力学性能作用不大。灰铸铁的热处理主要用于减少应力，改善切削性能，以及铸件表面强化。

1. 去应力退火

由于铸件形状复杂，壁厚不均匀，在冷却过程中，铸件各个部位冷却速度不一致而产生较大的内应力。内应力不仅在冷却过程中可能使铸件产生变形或裂纹，而且在铸件切削加工过程中，由于内应力的重新分配，也会引起变形，丧失零件的精度。所以，一些形状复杂的铸件或精度要求高的铸件（如机床床身、机架等），都要进行去应力退火。

去应力退火是将铸件加热到 500 ~ 600℃，保温一段时间，然后随炉冷却至 150 ~ 200℃，出炉空冷。经热处理后，铸件内应力基本消除。

2. 高温退火

由于冷却速度快，铸件的表层及薄壁处常出现白口组织，致使切削加工难以进行（如车工在车削某一铸件时，车刀车不动，并伴有尖哨音），因此必须进行高温退火处理，以降低硬度。

高温退火是将铸件加热到 850 ~ 900℃，保温 2 ~ 5h，使白口组织中的渗碳体分解为石墨和铁素体，然后随炉冷却至 400 ~ 500℃，再出炉空冷。经热处理后，铸件能达到降低硬度，改善切削加工性的目的。

3. 表面淬火

有些大型铸件的工作表面需要有较高的硬度和耐磨性（如机床导轨表面、内燃机气缸内壁等），常用表面淬火处理。铸件表面淬火的方法有火焰加热表面淬火、感应加热表面淬火、电接触加热表面淬火等。

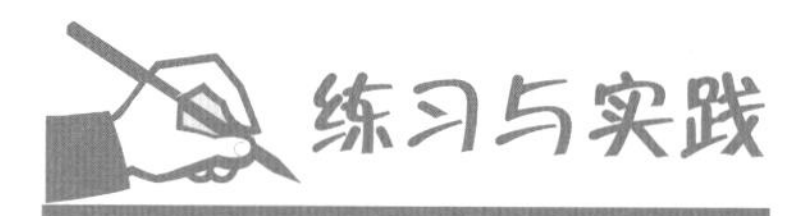

练习与实践

一、填空题

1. 灰铸铁的力学性能比钢_____（好、差）。由于石墨的存在，灰铸铁具有优良的_____________、

______、______、______和______。

2. 灰铸铁按金属基体的不同可分为______灰铸铁、______灰铸铁和______灰铸铁。其中以______灰铸铁的强度和耐磨性最好。

3. 牌号 HT300 表示______。

二、选择题

1. 对于结构复杂的铸件，当要求具有良好的塑性和韧性时，应选用的材料是（　　）。

A. HT200　　B. 45　　C. Q235　　D. ZG230—450

2. 为了提高灰铸铁的力学性能，生产上常采用的方法是（　　）。

A. 表面淬火　　B. 高温退火　　C. 孕育处理

3. 孕育铸铁的石墨呈（　　）。

A. 球状　　B. 细小片状　　C. 蠕虫状　　D. 团絮状

4. 机床导轨通常选用灰铸铁制造，为提高其表面的硬度和耐磨性，应采用（　　）。

A. 渗碳＋低温回火　　B. 等温淬火　　C. 电接触加热表面淬火

三、简述与实践题

1. 灰铸铁为什么易于切削加工？

2. 简述灰铸铁的主要用途。

3. 某工厂用T10钢制造的钻头给一批灰铸铁件打直径10mm的深孔，打了几个孔以后，钻头很快磨损，经检验，钻头的材质、热处理工艺、金相组织、硬度均合格，请分析钻头很快磨损的原因，并提出解决办法。

第四节　可锻铸铁

可锻铸铁又称马铁。可锻铸铁的组织是由金属基体和团絮状石墨组成。

可锻铸铁的生产方法

可锻铸铁的生产过程分为两步，如图7-14所示。

图7-14　可锻铸铁的生产过程

为了保证在一般条件下获得白口铸铁件，又要在退火时易使渗碳体分解，并以团絮状石墨析出，必须严格控制铁水的化学成分（见表7-6）。与灰铸铁相比，碳和硅的含量要低一些，以保证铸件获得白口组织。但也不能太低，否则退火时难以石墨化，延长退火时间。可锻铸铁的化学成分控制严格，高温石墨化退火工艺时间长（约15h），成本较高，只适用于薄壁零件。

表 7-6　可锻铸铁的化学成分

化学元素	C	Si	Mn	S	P
含量/%	2.2～2.8	1.2～1.8	0.4～1.2	< 0.25	< 0.1

交流与讨论

可锻铸铁为什么不能用于制造尺寸大、壁厚的铸件？

可锻铸铁的组织和性能

由于退火方法的不同，可锻铸铁可以得到不同的组织。将白口铸铁在中性气氛中，按图 7-15 ①所示的工艺进行退火，得到铁素体和团絮状石墨的组织（见图 7-16）。这种铸铁的断口呈黑绒状，并带有灰色外圈，因此将它称为黑心可锻铸铁。若白口铸铁在氧化性气氛中，按图 7-15 ②所示的工艺进行退火，则得到珠光体和团絮状石墨的组织，因此将它称为珠光体可锻铸铁。

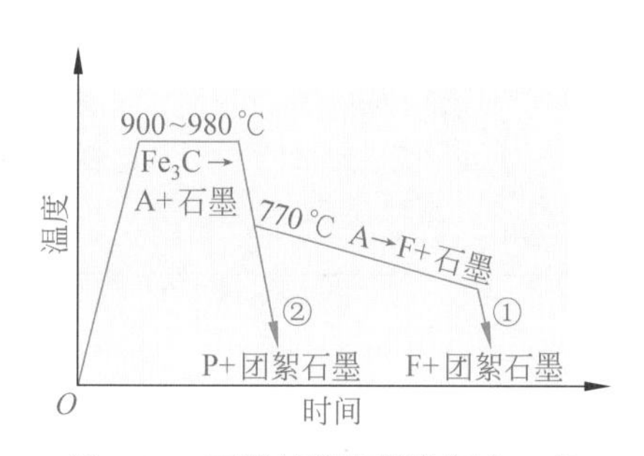

图 7-15　可锻铸铁石墨化退火工艺

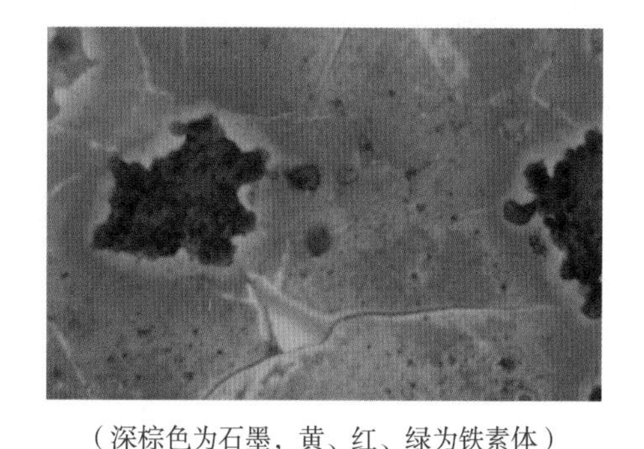

（深棕色为石墨，黄、红、绿为铁素体）

图 7-16　可锻铸铁的显微组织（放大 580 倍）

由于可锻铸铁中的石墨呈团絮状，割裂金属基体的作用及应力集中现象要比片状石墨小得多。因此，可锻铸铁的强度比灰铸铁高，塑性和韧性得到了很大改善，有些像可锻造钢的性能。黑心可锻铸铁具有较高的塑性和韧性，而珠光体可锻铸铁具有较高的强度、硬度和耐磨性。

同学们必须明确，可锻铸铁这个名称只是表示它比灰铸铁具有较高的塑性和韧性，表明人类在铸铁研制中取得了很大的进步和突破，其实可锻铸铁并不能锻造。

可锻铸铁的牌号和用途

我国可锻铸铁的牌号采用三个字母和两组数字表示。其中，前两个字母“KT”是“可铁”的汉语拼音首字母；第三个字母表示类别；后面两组数字分别表示最低抗拉强度和伸长率。

例如：KTH370—12 表示 σ_b 为 370MPa、δ 为 12% 的黑心可锻铸铁；KTZ700—02 表示 σ_b 为 700MPa、δ 为 2% 的珠光体可锻铸铁。

可锻铸铁因具有较高的塑性和韧性，在生产和生活中主要用于制造形状复杂、承受冲击的中小型薄壁零件，如管接头（见图 7-17）、铸铁水龙头（见图 7-18）、扳手（见图 7-19）、中低压阀门、汽车后桥外壳等。表 7-7 是我国可锻铸铁的牌号、力学性能及用途。

图 7-17　可锻铸铁连接件

图 7-18　可锻铸铁水龙头

图 7-19　可锻铸铁铁卡、扳手

表 7-7　我国可锻铸铁的牌号、力学性能及用途

类　别	牌　号	σ_b/MPa	δ/%	HBS	应用举例
黑心可锻铸铁	KTH300—06 KTH330—08 KTH350—10 KTH370—12	300 330 350 370	6 8 10 12	<150	管道配件、中低压阀门、汽车后桥外壳、机床用扳手、弹簧钢板支座、农具等
珠光体可锻铸铁	KTZ450—06 KTZ550—04 KTZ650—02 KTZ700—02	450 550 650 700	6 4 2 2	150～200 180～230 210～260 240～290	适用承受较高载荷、耐磨损，并要求一定韧性的零件，如连杆、摇臂、活塞环等

练习与实践

一、填空题

1. 可锻铸铁是先浇注成__________，经高温长时间的__________而得到的一种__________状石墨的铸铁。

2. 可锻铸铁力学性能比钢________（好、差），比灰铸铁________（好、差）。

3. 牌号 KTH350—10 表示______________________________；
   牌号 KTZ450—06 表示______________________________。

二、选择题

1. 铸铁中的石墨以团絮状形态存在时，这种铸铁称为（　　）。
   A. 灰铸铁　　B. 可锻铸铁　　C. 球墨铸铁　　D. 蠕墨铸铁

2. 可锻铸铁中团絮状石墨采用（　　）方法获得。
   A. 从液体结晶　　B. 由 Fe_3C 分解　　C. 经孕育处理

第五节　球墨铸铁

材料史话

灰铸铁的力学性能差，它的用途受到很大的限制。然而，人类研制新型铸铁的脚步从来就没停止过。1947年，英国材料专家通过往生铁水中加入金属铈，冶炼得到了石墨呈球状的铸铁——球墨铸铁。球墨铸铁优异的性能引起材料专家的极大兴趣和关注。1948年，美国材料专家通过往生铁水中加入金属镁，同样冶炼制得球墨铸铁。从此球墨铸铁开始大批量生产，在机械制造中得到了广泛应用。中国是较早能冶炼球墨铸铁的国家之一。1950年，我国试制成功球墨铸铁，其生产和应用都得到了飞速的发展。特别是1965年，材料专家结合我国资源特点研制成功具有世界先进水平的稀土镁球墨铸铁，使球墨铸铁的生产获得了更进一步的发展和扩大。

球墨铸铁的化学成分

为保证石墨化充分，球墨铸铁的化学成分要求比较严格，碳、硅含量较高，硫、磷含量较低。表 7-8 为球墨铸铁的化学成分。

表 7-8　球墨铸铁的化学成分

化学元素	C	Si	Mn	S	P
含量/%	3.6～3.9	2.0～2.8	0.6～0.8	< 0.07	< 0.1

球墨铸铁的生产

球墨铸铁的组织由金属基体和球状石墨组成，如图 7-20 所示，那么它是怎样冶炼生产出来的呢？球墨铸铁的生产过程如图 7-21 所示。

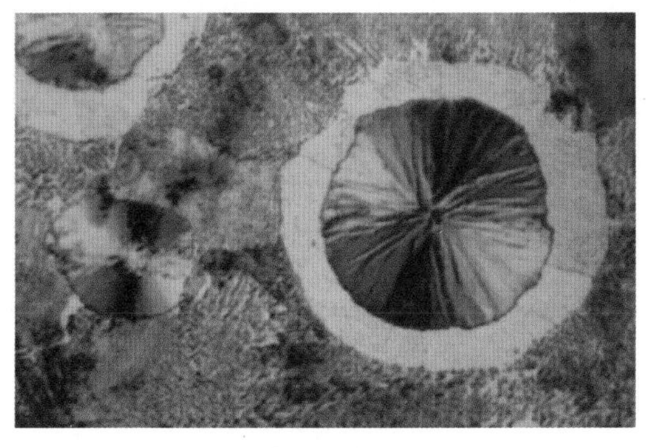

图 7-20　球墨铸铁的显微组织

图 7-21　球墨铸铁的生产过程

1. 球化处理

促使铸铁中的碳结晶成球状石墨。球化剂有纯镁和稀土镁两种。

球化剂中的镁和稀土元素具有很强的球化能力，但它们也是强烈阻碍石墨化的元素，使石墨不易析出。

2. 孕育处理

促进石墨化，并细化球墨铸铁的晶体。孕育剂有硅铁合金和硅钙合金。

经球化处理和孕育处理，生铁水应在15min内浇铸完。若铁水停留得时间过长，将因球化剂的氧化和晶核的上浮或减少，使球化作用和孕育作用都发生衰退。

球墨铸铁的性能和牌号

经过球化处理和孕育处理生产出来的球墨铸铁，由于石墨呈球状，割裂金属基体的作用大大减小，金属基体可以充分发挥作用。因此，球墨铸铁的力学性能比灰铸铁好得多，可与钢相媲美。塑性、韧性比钢略低，其他性能与钢相近，屈服点甚至超过钢。同时，球墨铸铁仍具有铸造好、切削加工性好、减摩、减振、缺口敏感性小等优良性能。球墨铸铁的力学性能见表7-9。

表7-9 球墨铸铁的力学性能

力学性能	σ_b/MPa	δ/%	ψ/%
指标值	400～900	2～22	0.5～1.2

我国球墨铸铁的牌号是由“球铁”两字的汉语拼音首字母“QT”及两组数字组成，两组数字分别表示最低抗拉强度和伸长率。如QT400—18表示σ_b为400MPa、δ为18%的球墨铸铁。

表7-10是球墨铸铁的牌号和力学性能。

表7-10 球墨铸铁的牌号和力学性能

基体类型	牌 号	σ_b/MPa	σ_s/MPa	δ/%	HBS
铁素体	QT400—18	400	250	18	130～180
	QT400—15	400	250	15	130～180
	QT450—10	450	310	10	160～210
铁素体+珠光体	QT500—7	500	320	7	170～230
	QT600—3	600	370	3	190～270
珠光体	QT700—2	700	420	2	225～305
贝氏体	QT800—2	800	480	2	240～335
	QT900—2	900	600	2	280～360

球墨铸铁的热处理

因球状石墨对金属基体的割裂作用大大减小，金属基体可以充分发挥作用。因此，球墨铸铁能像钢一样进行各种热处理，改变金属基体组织，从而改变球墨铸铁的力学性能。常用的热处理工艺有以下几种。

（1）退火。退火的主要目的是为了获得铁素体基体的球墨铸铁，以提高球墨铸铁的塑性和韧性，改善切削加工性能，消除内应力。

（2）正火。正火的目的是为了得到珠光体基体的球墨铸铁，从而提高其强度和耐磨性。

（3）调质处理。调质处理的目的是为了获得回火索氏体的球墨铸铁,从而获得良好的综合力学性能。

（4）等温淬火。等温淬火是为了得到贝氏体基体的球墨铸铁，从而获得高强度、高硬度和高韧性的性能。

球墨铸铁的用途

由于球墨铸铁的力学性能可与钢相媲美，并具有铸铁的优良性能。因此，以往受力大的构件都是由钢制作的，现在可用球墨铸铁代替；过去钢制零件必须进行锻造，现在只要铸造即可。球墨铸铁的研制成功彻底颠覆了传统的机械制造工艺，在机械制造中真正实现了“以铁代钢，以铸代锻”，是铸铁生产上的一次重大革命。现在，球墨铸铁可用于制造强度、硬度、韧性要求高，形状复杂的零件，如供水管道（见图 7-22），发动机曲轴（见图 7-23），车床、铣床、磨床主轴，法兰（见图 7-24）等。由于球墨铸铁的价格比钢低，因此应用日益广泛，其产量也持续增长。

图 7-22　球墨铸铁管

图 7-23　球墨铸铁曲轴

图 7-24　球墨铸铁法兰

新闻链接 

20世纪90年代初，南京汽车制造厂引进意大利菲亚特依维柯汽车制造技术时，与清华大学、郑州机械研究所合作，成功地制造出球墨铸铁QT900—2高韧性的汽车发动机械曲轴。从1990年至今，该厂仅球墨铸铁汽车发动机械曲轴这一项目，就创造了巨大的经济效益。

交流与讨论 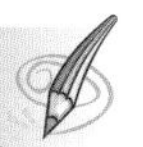

1. 从热处理、力学性能、其他性能和价格四个方面，你认为球墨铸铁有哪些特点？

2. 到目前为止，我们学习过的金属材料中哪些可用于制造轴类零件？

练习与实践

一、填空题

1. 球墨铸铁是用一定成分的铁水经__________和__________后获得的石墨呈__________的铸铁。

2. 球墨铸铁的力学性能比灰铸铁、可锻铸铁__________（好、差），与相同基体的钢__________。由于石墨的存在，球墨铸铁还具有良好的__________、__________、__________、__________和小的缺口敏感性。

3. 牌号QT450—10表示____________________。

二、选择题

1. 球墨铸铁牌号QT400—15中的两组数字分别表示（　　）。

   A. 强度和硬度　　B. 强度和塑性

   C. 强度和韧性　　D. 硬度和塑性

2. 球墨铸铁经（　　）热处理获得铁素体基体组织。

   A. 退火　　B. 正火　　C. 贝氏体等温淬火

3. 可用于制造发动机曲轴的铸铁是（　　）。

   A. KTH300—06　　B. HT350　　C. QT700—2

三、简述与实践题

为什么球墨铸铁可以代替钢制造某些零件？

第六节　蠕墨铸铁

新闻链接

蠕墨铸铁

蠕墨铸铁是20世纪60年代发展起来的一种新型金属材料，因其石墨显微组织形似动物蠕虫状而得名。蠕墨铸铁具有独特的组织和性能，强度和韧性比灰铸铁高，接近于球墨铸铁；导热性、减振性、铸造性和切削加工性比球墨铸铁好，更接近于灰铸铁。因此，蠕墨铸铁普遍为世界各国材料专家所重视，相继开展大量的研制工作，并应用于生产。目前，蠕墨铸铁主要用来代替高强度灰铸铁、黑心可锻铸铁、低伸长率的铁素体型球墨铸铁和合金铸铁，生产大功率柴油机缸盖、电动机外壳、机座、生铁模、钢锭模等零件。质量最大的蠕墨铸铁件达7.5t。国内已经铸造出很多蠕墨铸铁的机床零件。

蠕墨铸铁的化学成分

为确保石墨的最佳蠕化效果，蠕墨铸铁采用高碳和低硫、磷的成分。表 7-11 为适宜大、小铸件的蠕墨铸铁的化学成分。

表 7-11　蠕墨铸铁的化学成分

铸件大小	化学成分/%				
	w(C)	*w*(Si)	*w*(Mn)	*w*(S)	*w*(P)
小件	3.6～3.9	1.8～2.0	0.5～0.8	0.05～0.09	< 0.1
大件	3.6～3.9	1.5～2.0	0.9～1.5	0.05～0.09	< 0.1

蠕墨铸铁的生产

蠕墨铸铁生产时，在生铁熔炼后，还须进行蠕化处理和孕育处理，其生产过程如图 7-25 所示。

生铁熔炼 ① 蠕化处理 → ② 孕育处理 → 蠕墨铸铁（金属基体 + 蠕虫状石墨）

图 7-25　蠕墨铸铁的生产过程

1. 蠕化处理

脱硫、脱氧和促使碳结晶成蠕虫状石墨。蠕化剂是稀土硅铁合金。

蠕化剂最好预热至 200 ～ 300℃，粒度为 3 ～ 6mm。蠕化剂中的稀土元素有很强烈的阻碍石墨化的作用。

2. 孕育处理

促进石墨化，并细化蠕墨铸铁的晶体。孕育剂有硅铁合金和硅钙合金。

蠕墨铸铁的组织和牌号

蠕墨铸铁的金属基体上分布着蠕虫状石墨，蠕虫状石墨的长宽比一般为 2 ～ 10。石墨结构介于片状石墨与球状之间，呈弯曲的厚片状，两端部圆钝，且具有球状石墨类似的结构，图 7-26 所示为蠕墨铸铁的显微组织。

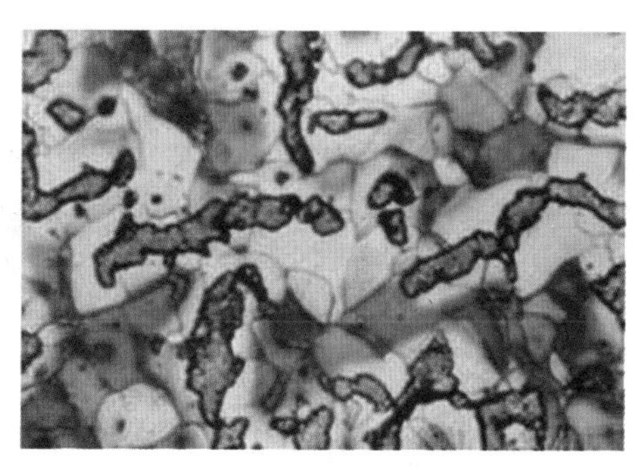

图 7-26　蠕墨铸铁的显微组织

根据蠕化剂的加入量和石墨化程度，蠕墨铸铁可得到铁素体、铁素体 + 珠光体、珠光体三种金属基体组织。不同金属基体组织对力学性能有不同的影响。

我国蠕墨铸铁的牌号由“蠕铁”两字汉语拼音的字首“RuT”

及一组数字组成，数字表示最低抗拉强度值。如 RuT420 表示 σ_b 为 420MPa 的蠕墨铸铁。

表 7-12 是常用蠕墨铸铁的牌号和力学性能。

表 7-12　常用蠕墨铸铁的牌号和力学性能

牌　号	σ_b/MPa	σ_s/MPa	δ/%	HBS	金属基体组织
RuT260	260	195	0.75	200～280	铁素体
RuT300	300	240	0.75	193～274	铁素体+珠光体
RuT340	340	270	1.0	170～249	铁素体+珠光体
RuT380	380	300	1.5	140～217	珠光体
RuT420	420	335	3.0	121～197	珠光体

蠕墨铸铁的性能和用途

蠕墨铸铁的力学性能优于基体相同的灰铸铁，而低于球墨铸铁（见表 7-13）。当化学成分一定时，这类铸铁的强度比灰铸铁高，并具有一定的韧性。又由于石墨是相互连接的，强度和韧性都不如球墨铸铁。蠕墨铸铁对断面的敏感性要比灰铸铁小。实验研究表明：灰铸铁的截面厚度增加到 100mm 时，强度要下降 50%，但是当蠕墨铸铁截面厚度增加到 200mm 时，强度仅下降 20% ～ 30%，强度值仍有 300MPa 左右。

表 7-13　灰铸铁、蠕墨铸铁和球墨铸铁的力学性能比较

铸铁类型	σ_b/MPa	σ_s/MPa	σ_{-1}/MPa	δ/%	A_k/J	HBS
灰铸铁	100～300	—	100～150	—	2.4～8.8	143～269
蠕墨铸铁（混合型）	350～450	250～400	190～200	0.5～1.5	8.8～16.0	180～270
球墨铸铁（珠光体基体）	600～800	400～900	220～300	2.4～4.0	12.0～32.1	229～300

蠕墨铸铁的导热性接近灰铸铁，但比球墨铸铁要高得多。蠕墨铸铁具有非常突出的耐磨性，其耐磨性是 HT300 灰铸铁的 2.2 倍。蠕墨铸铁的减振性较灰铸铁低，但比球墨铸铁高。蠕墨铸铁的切削加工性能与球墨铸铁相似，对刀具的磨损比灰铸铁大。蠕墨铸铁的铸造性优于球墨铸铁而接近于灰铸铁。

由于蠕墨铸铁的性能优良，且熔炼、铸造工艺也较简单，成品率高，故特别适宜于制造受热循环、抗热冲击，要求组织致密、强度较高、形状复杂的大型铸件和大型机床零件，如机床立柱、缸套（见图 7-27）、气缸盖（见图 7-28）、制动盘、制动毂、排气管、阀体（见图 7-29）等。

图 7-27　蠕墨铸铁缸套

图 7-28　蠕墨铸铁的发动机气缸盖

图 7-29　蠕墨铸铁 DF32 多路换向阀

练习与实践

一、填空题

1. 蠕墨铸铁是用一定成分的铁水经 ____________和____________后获得的石墨呈____________的铸铁。

2. 牌号 RuT300 表示____。

3. 将下列常用铸铁牌号填入表 7-14 中。

表 7-14　记录表

类　别	灰铸铁	可锻铸铁	蠕墨铸铁	球墨铸铁
牌　号				

牌号：QT400—15　KTH300—06　HT300　RuT300

4. 欲制造下列零件，请选用合适的材料填入表 7-15 中。

表 7-15　记录表

零　件	普通机床床身	汽车后桥外壳	柴油机曲轴	排气管
材料牌号				

材料牌号：RuT300　QT700—2　KTH350—10　HT200

二、判断题

1. 铸铁中的石墨数量越多，尺寸越大，铸件的强度就越高，塑性、韧性就越好。（　　）
2. 采用整体淬火的热处理方法，可以显著提高灰铸铁的力学性能。（　　）
3. 灰铸铁的减振性能比钢好。（　　）
4. 在灰铸铁、可锻铸铁、蠕墨铸铁和球墨铸铁中，球墨铸铁的力学性能最好。（　　）
5. 可锻铸铁因具有较好的塑性和韧性，故高温时可进行锻造。（　　）

学习效果检测

节　次	学习内容	分值	自我测评	小组互评	教师测评
第一节　铸铁的石墨化	铸铁	2			
	化学成分的影响	2			
	冷却速度的影响	2			
第二节　铸铁的分类和性能	铸铁的分类和组织	4			
	铸铁的优良性能	6			

续表

节　　次	学习内容	分值	自我测评	小组互评	教师测评
第三节　灰铸铁	灰铸铁的化学成分和生产	2			
	灰铸铁的组织	2			
	灰铸铁的性能	4			
	灰铸铁的牌号	6			
	灰铸铁的用途	5			
	灰铸铁的热处理	2			
第四节　可锻铸铁	可锻铸铁的生产方法	2			
	可锻铸铁的组织	2			
	可锻铸铁的性能	4			
	可锻铸铁的牌号	6			
	可锻铸铁的用途	5			
第五节　球墨铸铁	球墨铸铁的化学成分和生产	4			
	球墨铸铁的性能	4			
	球墨铸铁的牌号	6			
	球墨铸铁的热处理	2			
	球墨铸铁的用途	5			
第六节　蠕墨铸铁	蠕墨铸铁的化学成分和生产	4			
	蠕墨铸铁的组织	2			
	蠕墨铸铁的牌号	8			
	蠕墨铸铁的性能	4			
	蠕墨铸铁的用途	5			
合　　计		100			

第八章　有色金属及硬质合金

坐落在北京人民大会堂西侧的国家大剧院由法国著名设计师保罗·安德鲁设计。其东西方向长轴长度为212m，南北方向短轴长度为143m，建筑物高度为46m，主体建筑为独特的壳体钢结构建筑，没有一根柱子，穹顶表面采用2万多块银光闪闪的耐腐蚀性好的钛板和1200块使用纳米技术制造的自动清洁玻璃建造而成。

学习要求

熟悉有色金属。

了解铝及铝合金、铜及铜合金、钛及钛合金、轴承合金和硬质合金的牌号、性能及用途。

了解黄金的性能、作用和采集。

学习重点

铝及铝合金、铜及铜合金、钛及钛合金、轴承合金和硬质合金的牌号、性能及用途。

铝、铜、镁、钛、金、银等金属及其合金是我们非常熟悉的有色金属。有色金属的种类很多，其产量和使用量虽不及黑色金属，但是由于它们具有许多特殊的性能，如高的导电性和导热性，较低的密度和熔化温度，良好的力学性能和工艺性能，因此，有色金属也是现代工业生产中不可缺少的结构材料，在国民经济中占有十分重要的地位。

本章主要介绍机械制造中广泛应用的铝、铜、钛、黄金和轴承合金，同时简要介绍粉末冶金产品——硬质合金。

第一节　铝及铝合金

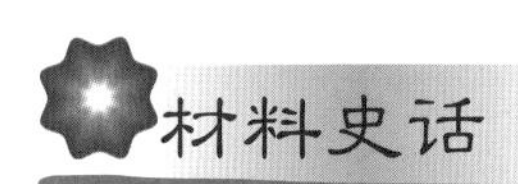

材料史话

攻克铝冶炼难关的人——霍尔

铝是大自然赐予人类的金属材料。优良的性能、丰富的产品、广泛的用途，人类正享受着铝带给我们的福祉，但人们对铝的认识经历了较漫长的过程。铝是地壳中储量最丰富的金属（7.7%），因铝的化学性质活泼,在自然界铝以稳定的化合态存在,如氧化铝（Al_2O_3）。由于氧化铝的熔点达到2054°C，因而早期制备铝比较困难。铝是1827年发现的，发现后的60年间铝是珍贵无比的稀世之宝，只能作为达官贵人炫耀财富和权力的象征。像拿破仑三世为显示自己的豪华和尊贵，命令能工巧匠用铝打造了一顶王冠，戴在头上接受百官朝拜。

铝的冶炼难关是由美国一位年轻的大学生霍尔于1886年攻克的。当时，22岁的霍尔在美国奥柏林学院化学系学习。一天，学院的一位教授在上课时讲道：铝的性能非常优异，是一种大有前途的金属，但目前还未找到成本低廉的冶炼方法。“言者无意，听者有心”，年轻聪明的霍尔决心攻破这一难关。他收集了炼铝的原料及实验用品，在家中的柴房做起了实验。他借鉴了前人冶炼活泼金属的方法——电解法，经过一次次的实验，将氧化铝和冰晶石混合，把氧化铝的熔点降到了1000°C左右，在熔融的氧化铝中通入直流电，终于成功冶炼得到金属铝。为了纪念霍尔的功绩，至今这几块铝还珍藏在美国制铝公司中。

工业纯铝

铝的利用要比铜和铁晚得多，至今仅一百多年的历史。但由于铝具有许多优良的性能，是一种应用极其广泛的金属，目前铝的年产量已超过了铜，位于铁之后，居第二位。

1. 纯铝的性能

纯铝是银白色的金属，熔点为660°C，具有面心立方晶格。铝具有以下优良性能。

（1）密度小。铝的密度为2.7 × 103kg/m^3，仅为铁的1/3，是一种轻型金属。

（2）导电、导热性好。铝的导电、导热性仅次于银和铜。铝的导电率约为铜的62%（若以相同质量的导线比较，铝的导电能力约为铜的两倍），故铝广泛用于电子、电器及电机工业来代替铜制作导体。

（3）耐腐蚀。铝在大气中的抗腐蚀能力强，这是由于铝能在表面形成一层致密的氧化膜（Al_2O_3），将大气隔离而防止表面进一步氧化，但铝对酸、碱和盐无耐蚀能力。

（4）塑性好。铝的 δ 为 50%，ψ 为 80%，能通过冷、热压力加工制成丝、线、片、棒、管、箔（0.20mm 以下的铝板称为铝箔）等型材。可加工得到厚度为 0.006mm 的铝箔，铝箔广泛用于包装糖果、香烟、食品、药品等。

2. 纯铝的牌号及用途

按《变形铝及铝合金牌号表示方法》（GB/T 16474—2011）规定，纯铝牌号用 1××× 四位数字、字符组合系列表示。牌号的第二位表示原始纯铝（如 0 或 A）或改型纯铝（如 1 ~ 9 或 B ~ Y）；牌号的最后两位数字表示最低铝百分含量。当纯度为 99% 的纯铝精确到 0.01% 时，牌号的最后两位数字表示最低铝百分含量中小数点后面的两位。如 1A99 表示 99.99% 的纯铝，1A97 表示 99.97% 的纯铝，1A93 表示 99.93% 的纯铝。常用的纯铝有 1A99、1A97、1A95、1A93、1A90、1A85、1A80、1070、1060、1050、1030 等。

工业纯铝的强度较低，σ_b 为 80 ~ 100MPa，经冷变形后也只能提高至 150 ~ 250MPa，故工业纯铝难以满足结构零件的性能要求。纯铝主要用作食品、药品和烟草的包装（见图 8-1），制作电线（见图 8-2）、电缆、电器和散热器，配制铝合金及生活用品（见图 8-3）。

图 8-1　彩色铝箔

图 8-2　彩色铝导线

图 8-3　彩色纯铝水壶

交流与讨论

1989年，世界卫生组织确认，长期或大量摄入铝元素会对人体的脑组织和神经系统造成损害，建议限制能导致人体摄入铝元素的各种应用。根据你的生活经验，这些受限制的应用可能包括：

（1）____________________；

（2）____________________；

（3）____________________。

铝合金

在工业纯铝中加入合金元素可以配成各种铝合金，按其化学成分和加工工艺特点分为变形铝合金和铸造铝合金两类。

1. 变形铝合金

这种铝合金在加热到较高温度时，可以得到均匀的单相固溶体，其塑性较好，适用于锻造、压延和拉伸，故称为变形铝合金。冶炼厂一般将变形铝合金加工成各种规格型材（板、带、管、线等）产品。

按《变形铝及铝合金牌号表示方法》（GB/T 16474—2011）规定，变形铝合金牌号用四位数字、字符组合系列表示，牌号的第一、三、四位为数字。牌号中的第一位数字是用主要合金元素Cu、Mn、Si、Mg、Mg2Si、Zn的顺序来表示变形铝合金的组别，依其主要合金元素的排列顺序分别标示为2、3、4、5、6、7；牌号中的第二位表示原始铝合金（如0或A）或改型铝合金（如1～9或B～Y）；后两位数字用于标识同一级别中的不同铝合金。

例如，2A11表示11号铝铜合金，5A50表示50号铝镁合金。

常用的变形铝合金有以下四种。

（1）防锈铝。防锈铝主要是Al-Mn系和Al-Mg系合金。它不能通过热处理强化，只能通过冷变形来提高强度。它强度适中，塑性优良，并具有很好的耐腐蚀性，抛光性好，能长时间保持表面光亮。防锈铝主要用于通过压力加工制造各种高耐蚀性、抛光性好的薄板零件（如电子、仪器的外壳、油箱）、防锈蒙皮，以及受力小、质轻、耐蚀的结构件。在飞机、车辆（见图8-4）、制冷装置和日用器具如冰箱（见图8-5）、易拉罐、自行车挡泥板、炊具、压力锅中应用广泛。

常用的防锈铝有3A21、3003、3004和5A50等。

图8-4　用防锈铝制造的车辆

图8-5　防锈铝冰箱

（2）硬铝。硬铝是Al-Cu-Mg系合金。这类合金可以通过热处理显著提高强度，抗拉强度可达420MPa。由于密度小，其比强度（强度与密度之比）与高强度钢（一般指σ_b为1000～1200MPa的钢）相近，故名硬铝。常用的硬铝有2A06、2A11、2A12等。

硬铝的耐蚀性远比防锈铝差，更不耐海水腐蚀。所以硬铝板材的表面常包有一层纯铝，以增加其耐蚀性。

硬铝主要用于航空业制造负荷较大的结构件、冲压连接部件，如飞机隔框（见图8-6）、固定套、枪械（见图8-7）、支架（见图8-8）、叶片、螺旋桨、承受高负荷的铆钉等。

图8-6　硬铝飞机隔框

图8-7　硬铝制造的狙击步枪

图8-8　硬铝三角架

（3）超硬铝。超硬铝是在硬铝的基础上加入锌形成的 Al-Cu-Mg-Zn 系合金。与硬铝一样，超硬铝也可以通过热处理显著地提高强度，抗拉强度可达 680MPa。其比强度相当于超高强度钢（一般指 $\sigma_b>1400$MPa 的钢），故名超硬铝。常用的超硬铝有 7075、7A04 等。超硬铝耐蚀性较差，一般表面要包一层纯铝，以增加抗蚀性能。超硬铝主要用于航空业制造受力大的结构件，如飞机的大梁、起落架（见图 8-9）、汽车结构件（见图 8-10）、摩托车轮圈、自行车（见图 8-11）等。

图 8-9　超硬铝制造的飞机起落架

图 8-10　引擎盖用超硬铝制造的汽车

图 8-11　超硬铝制造的自行车

（4）锻铝。锻铝大多是 Al-Cu-Mg-Si 系合金、Al-Cu-Si 系合金。这类铝合金热处理后的性能与硬铝相近，有良好的热塑性和耐蚀性，更适合锻造，故名锻铝。常用的锻铝有 6A02、4A01 等。

由于锻铝的热塑性好，适合航空及仪表工业制造各种形状复杂、要求比强度较高的锻件机械零件及建筑用材料，如轿车轮圈（见图 8-12）、汽车控制臂（见图 8-13）、内燃机的活塞和生活用品（见图 8-14）等。

图 8-12　锻铝轿车轮圈

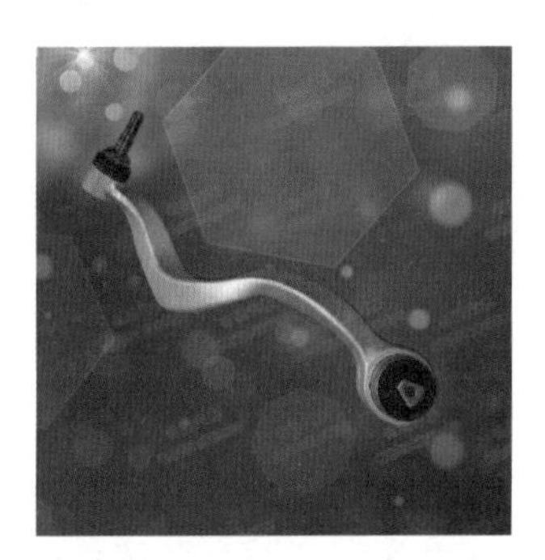

图 8-13　锻铝制造的汽车控制臂

图 8-14　铝合金伸缩梯

常用变形铝合金的化学成分和力学性能见表 8-1。

表 8-1　常用变形铝合金的化学成分和力学性能

类别	牌号	原牌号	化学成分/%							力学性能	
			w(Cu)	w(Mg)	w(Mn)	w(Zn)	w(Fe)	w(Si)	其他	σ_b/MPa	δ/%
防锈铝	5A50	LF5	0.1	4.8～5.5	0.3～0.6	0.20	0.50	0.5		270	23
	5A11	LF11	0.1	4.8～5.5	0.3～0.6	0.20	0.50	0.6	w(Ti)0.02～0.15	270	23
	3A21	LF21	0.2	0.05	1.0～1.6	0.10	0.70	0.6	w(Ti)0.15	165	20
硬铝	2A01	LY1	2.2～3.0	0.2～0.5	0.2	0.10	0.50	0.5	w(Ti)0.15	300	24
	2A11	LY11	3.8～4.8	0.4～0.8	0.4～0.8	0.30	0.70	0.7	w(Ti)0.15	400	18
	2A12	LY12	3.8～4.9	1.2～1.8	0.3～0.9	0.30	0.50	0.5	w(Ti)0.15	460	18

续表

类别	牌号	原牌号	化学成分/%							力学性能	
			w(Cu)	w(Mg)	w(Mn)	w(Zn)	w(Fe)	w(Si)	其他	σ_b/MPa	δ/%
超硬铝	7A04	LC4	1.4～2.0	1.8～2.8	0.2～0.6	5.0～7.0	0.50	0.5	w(Cr)0.1～0.25	600	18
锻铝	6A02	LD2	0.2～0.6	0.45～0.90	—	0.20	0.50	0.5～1.2	w(Cr)0.45～0.90 w(Ti)0.15	330	24

拓展视野

铝合金的热处理特点——时效硬化

从钢的热处理中我们已经知道，含碳量较高的钢，在淬火后能立即得到高强度、高硬度，但铝合金则不同。可以热处理的铝合金，在刚淬火后强度、硬度并不立即升高，但塑性较好。随后在室温（或加热至一定温度）放置一段时间，强度和硬度便显著增高而塑性降低。淬火铝合金的力学性能随时间而发生显著变化的现象，称为时效硬化。在室温下进行的时效称为自然时效；在加热至某一温度（如100～200°C）条件下进行的时效，称为人工时效。图8-15所示为含Cu 4%的硬铝自然时效硬化曲线图。

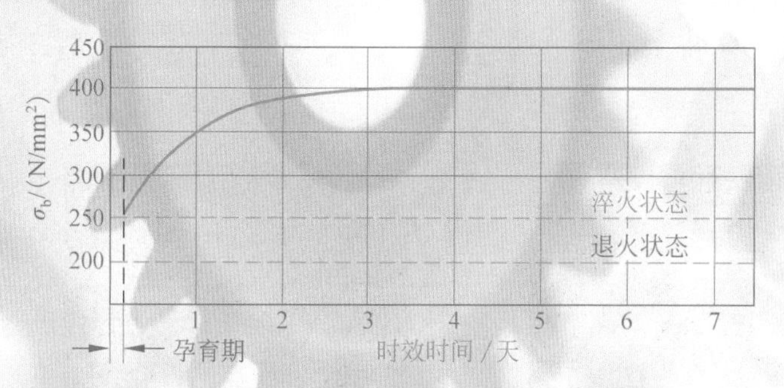

图8-15 含Cu 4%的硬铝自然时效硬化曲线

由图8-15可知，自然时效不是一开始就发生的，在最初几小时（<2h）内，铝合金强度和硬度变化不大，这段时间称为孕育期。在孕育期间，铝合金塑性较好，可进行各种冷加工（如铆接、弯曲、卷边等），随着时间的延长，铝合金才逐渐显著强化。

铝合金的时效硬化还与淬火后的温度有关。据实验测定，在−50°C时，铝合金的时效硬化不会发生。因此，生产中某些需要进一步加工变形的零件，如铝合金铆钉等，可在淬火后放在低温状态下保存，使其在需要加工变形时仍具有良好的塑性。

2. 铸造铝合金

铸造铝合金的塑性较差，一般不进行压力加工，只用于成型铸造。按照主要合金元素的不同，铸造铝合金可分为Al-Si系、Al-Cu系、Al-Mg系、Al-Zn系四类，其中以Al-Si系应用最为广泛。

铸造铝合金的牌号表示方法如下：例如ZAlSi7Mg，Z为汉语拼音“铸”字的第一个大写字母，Al为铝的元素符号，Si为硅的元素符号，7为硅的质量分数，Mg为镁的元素符号。

（1）Al-Si 系。铝硅合金俗称硅明铝，一般用来制造质轻、耐蚀、形状复杂但强度要求不高的铸件，如发动机气缸（见图 8-16）、手提电动工具、带轮（见图 8-17）、仪表的外壳。加入铜、镁等元素的铝硅合金还有较好的耐热性与耐磨性，常用于制造内燃机活塞等。

（2）Al-Cu 系。铝铜合金强度较高，加入镍、锰更可提高耐热性。铝铜合金用于制造高强度或高温条件下工作的零件。

（3）Al-Mg 系。铝镁合金具有良好的耐蚀性，可用于制造腐蚀介质条件下工作的铸件，如氨用泵体、泵盖及海轮配件。

（4）Al-Zn 系。铝锌合金有较高的强度，价格便宜，用于制造医疗器械零件、仪表零件和日用品（见图 8-18）等。

图 8-16　铝合金汽车发动机气缸

图 8-17　铝合金带轮

图 8-18　铸造铝合金门锁

常用的铸造铝合金的力学性能和特点见表 8-2。

表 8-2　常用的铸造铝合金的力学性能和特点

类别	合金牌号	合金代号	力学性能					特　点
			铸造方法	热处理	σ_b /MPa	δ /%	HBS	
铝硅合金	ZAlSi2	ZL102	J	①	143	3	50	铸造性好，力学性能一般
	ZAlSi7Mg	ZL101	J	②	202	2	60	
	ZAlSi7Cu4	ZL107	J	③	273	3	100	
	ZAlSi5Cu1Mg	ZL105	J	②	231	0.5	70	
	ZAlSi2Cu1Mg1Ni1	ZL109	J	③	241	—	100	
铝铜合金	ZAlCu5Mn	ZL201	S	④	290	8	70	耐热性好，耐蚀性差
铝镁合金	ZAlMg10	ZL301	S	④	280	9	60	力学性能较高，耐蚀性好
铝锌合金	ZAlZn1Si7	ZL401	J	—	241	1.5	90	力学性能较高，宜压铸

注：1. 铸造方法符号J为金属型铸造；S为砂型铸造。

2. 热处理为① 退火；② 淬火加不完全时效；③ 淬火加完全时效；④ 淬火加自然时效。

练习与实践

一、填空题

1. 铝在大气中抗腐蚀能力较强，这是因为铝能在表面形成________________，将大气隔离而阻止表面进一步氧化。

2. 1A95 表示含铝为________%的纯铝。

3. 根据铝合金化学成分和工艺性能特点的不同，可分为____________和____________。

4. 变形铝合金分为__________、__________、__________、__________四种。

5. 铝合金淬火后的强度、硬度比时效后________（低、高），而塑性比时效后________。

二、选择题

1. 下列牌号中属于铝铜合金的是（　　）。

A. 2A12　　B. 3A21　　C. 5A11　　D. 6A02

2. 热处理能强化的铝合金，如进行铆接、弯曲等加工，通常选择在（　　）。

A. 淬火前　　B. 淬火结束后 2h 以内　　C. 淬火结束 2d 以后

3. 防锈铝可采用（　　）方法进行强化。

A. 变形强化　　B. 淬火 + 时效硬化　　C. 变质处理

4. 下列变形铝合金系中，属于超硬铝的是（　　）。

A. Al-Mn 和 Al-Mg　　B. Al-Cu-Mg　　C. Al-Cu-Mg-Zn　　D. Al-Cu-Mg-Si

三、简述与实践题

请解释铝及铝合金为什么能成为当今应用极为广泛的金属材料，并举出铝及铝合金在日常生活中的 5 种应用。

第二节　铜及铜合金

铜是人类应用最早的金属，人类的历史就经历了以它命名的青铜器时代。随着科学的发展，虽然不断有各种新型金属材料问世，铜仍然是重要的基础金属材料。它在日常生活中应用十分广泛，在国民经济的发展中起着重要作用。

纯铜

纯铜呈玫瑰红色，表面形成氧化铜膜后，外观为紫红色，故俗称紫铜。由于纯铜用电解方法冶炼得到，又称电解铜。纯铜的密度为 8.96×10^3kg/m^3，熔点为 1083°C，具有面心立方晶格，无同素异构转变，抗磁性。纯铜突出的优良性能如下。

（1）导电、导热性好。纯铜的导电、导热性仅次于银。

（2）耐腐蚀。由于铜的化学活泼性差，一般难与其他物质发生化学作用，因而在大气、淡水中具有优良的抗蚀性。

（3）塑性好。纯铜的 δ 为 50%，ψ 为 70%，易于进行冷、热压力加工。

根据杂质含量的不同，工业纯铜可分为 T1、T2、T3，纯度分别为 99.95%、99.90%、99.70%。牌号越大，纯度越低。表 8-3 为纯铜的牌号、化学成分和用途。

表 8-3　纯铜的牌号、化学成分和用途

序　号	牌号	化 学 成 分/%				用　　途
		w(Cu)	w(Bi)	w(Pb)	杂质总量	
一号铜	T1	99.95	0.001	0.003	0.05	导电、导热、耐蚀材料，如电线、电缆、雷管、散热器、化工蒸发器、储藏器
二号铜	T2	99.90	0.001	0.005	0.10	
三号铜	T3	99.70	0.002	0.010	0.30	一般用铜材，如电气开关、垫片、铆钉、管道

纯铜强度、硬度不高（σ_b 为 200 ～ 240Mpa，HBS 为 100 ～ 120），不宜用做结构材料，主要用做导电材料，如电线和电缆（见图 8-19）、艺术品（见图 8-20）、散热器（见图 8-21）等，还可用来配制各种合金。纯铜及其合金对于制造不能受磁性干扰的磁学仪器，如软盘、航空仪表和炮兵瞄准环等具有重要价值。

图 8-19　电线、电缆

图 8-20　2008 年奥运会铜牌

图 8-21　紫铜散热器

交流与讨论

9美元的铜何以升值到50万美元

美国有位艺术家欲将他花9美元购买的铜出售，喊价28万美元。这一消息让好奇的电视台记者获悉后，立刻请艺术家到电视台讲述开出天价铜的缘由。艺术家讲道：一块铜价值9美元，如果把它制成门柄，价值就增值为21美元；如果把它制成工艺品，价值就变成500美元；把它制成纪念品，价值就是28万美元。

他的创意打动了华尔街的一位金融家，结果那块铜最终制成了一尊优美的艺术品——一位成功人士的纪念碑，最终价格为50万美元。请你谈一谈对这一富有创意的商业开发的想法。

铜合金

工业上广泛使用的是铜合金。按照合金的成分，铜合金可分为黄铜、白铜和青铜三类。

1. 黄铜

黄铜是以锌为主加元素的铜合金，因色黄而得名。黄铜敲起来音响很好，又叫响铜，因此锣、号、铃等都是用黄铜制造的。按照化学成分的不同，黄铜又分为普通黄铜和特殊黄铜。

1）普通黄铜

普通黄铜是铜锌合金，具有良好的耐蚀性、铸造性，加工性能好。普通黄铜力学性能与成分之间的关系如图 8-22 所示。当含锌量增加至 30% ~ 32% 时，塑性最大；当含锌量在 39% ~ 45% 时，塑性下降而强度增高；但含锌量超过 45% 以后，其强度和塑性开始急剧下降，在生产中已无实用价值。

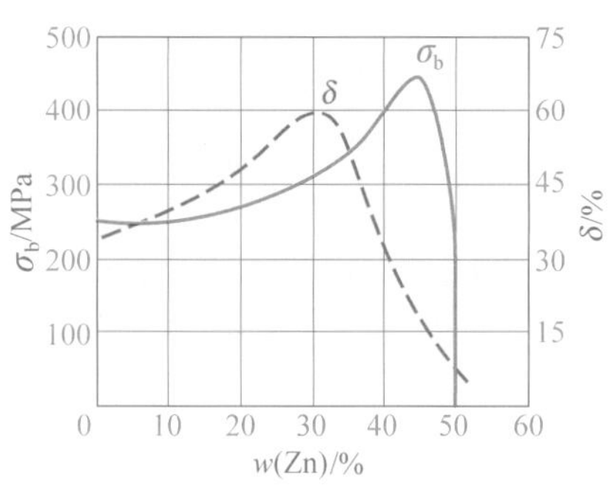

图 8-22 锌含量对黄铜力学性能的影响

普通黄铜的牌号用“H + 数字”表示，H 是“黄”字汉语拼音字首，数字表示平均含铜量的百分数，如 H90 表示平均含铜 90%、含锌 10% 的普通黄铜。若是铸造黄铜，其牌号用“ZCuZn+ 数字”表示，ZCuZn 表示铸造铜锌合金，数字表示平均含锌量的百分数，如 ZCuZn38 表示平均含锌 38% 的铸造铜锌合金。

常用的普通黄铜如下。

（1）H90、H80。具有优良的耐蚀性、导热性和冷变形能力，并呈现美丽的金黄色，有金色黄铜之称。常用于镀层、艺术装饰品、奖章、钱币及散热器等。

（2）H70、H68。按成分称为七三黄铜，具有优良的冷、热塑性变形能力，适用于冷冲压（深拉、弯曲）制造形状复杂而要求耐蚀的管、套类零件，如弹壳（见图 8-23）、乐器（见图 8-24）、波纹管等，故又有弹壳黄铜之称。

（3）H62、H59。按成分称为六四黄铜。它的强度较高，并有一定的耐蚀性，因含铜量少，价格便宜，故广泛用来制造电器上要求导电、耐蚀及适当强度的结构件，如螺栓、螺母（见图 8-25）、弹簧及机器中的轴套等，是应用广泛的合金，有商业黄铜之称。

图 8-23 弹壳

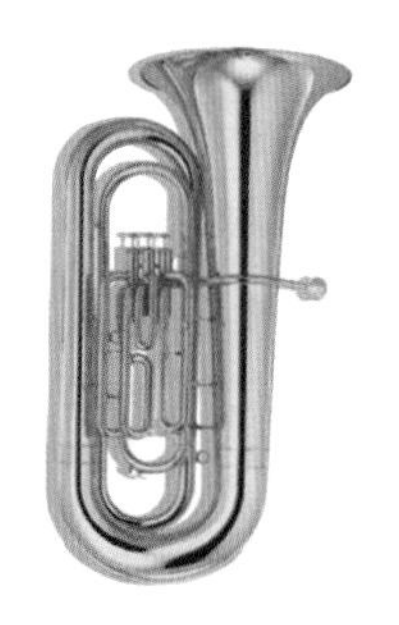

图 8-24 黄铜乐器

图 8-25 黄铜螺纹紧固件

表 8-4 为常用普通黄铜的化学成分、主要特性和用途。

表 8-4 常用普通黄铜的化学成分、主要特性和用途

牌号	化学成分/%		主要特性	用途
	w(Cu)	w(Zn)		
H90	88.8～91.0	余量	强度较高，塑性较好，在大气、淡水及海水中有较高的耐蚀性	艺术品、证章、供水和排水管、导电零件等
H80	79.0～81.0	余量		
H70	68.5～71.5	余量	塑性极好，强度和耐蚀性较高，能承受冷、热加工，易焊接	弹壳、冷凝器管、雷管、散热器外壳等冷冲压件
H68	67.0～70.0	余量		
H62	60.5～63.5	余量	良好的力学性能，热状态下塑性良好，切削加工性好，耐蚀	螺栓、螺母、弹簧、气压表零件
H59	57.0～60.0	余量		

2）特殊黄铜

在普通黄铜中加入其他合金元素所组成的合金称为特殊黄铜。常加入的合金元素有锡、硅、锰、铅和铝等，分别称为锡黄铜、硅黄铜、锰黄铜、铅黄铜和铝黄铜等。

锡增加了黄铜的强度和在海水中的抗蚀性，因此锡黄铜也称海军黄铜，图 8-26 所示为锡黄铜螺旋桨。加入铅虽然使黄铜的力学性能恶化，但能改善切削加工性能，图 8-27 所示为铅黄铜结构件。硅能增加黄铜的强度和硬度，与铅一起能增加黄铜的耐磨性。图 8-28 所示为高强度耐磨铝黄铜。

图 8-26　锡黄铜螺旋桨

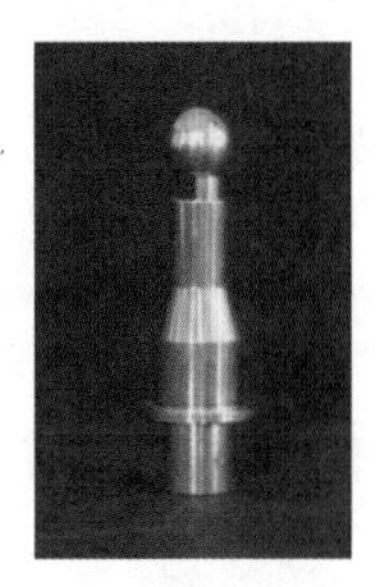

图 8-27　铅黄铜结构件

图 8-28　高强度耐磨铝黄铜

特殊黄铜的牌号用“H+ 主加元素符号 + 铜的平均质量分数 – 主加合金元素平均质量分数”表示。如 HPb59—1 表示含铜 59%、含铅 1% 的铅黄铜。

铸造特殊黄铜的牌号与铸造黄铜相同，在牌号后面依次加上加入元素的化学符号及平均含量的百分数。如 ZCuZn40Pb2 表示含铜 58%、含锌 40%、含铅 2% 的铸造铅黄铜。

常用特殊黄铜的化学成分、主要特性和用途见表 8-5。

表 8-5　常用特殊黄铜的化学成分、主要特性和用途

名称	牌号	化学成分/%		力学性能		主要用途
		w(Cu)	其他	σ_b/MPa	δ/%	
锡黄铜	HSn62—1	61.0～63.0	w(Sn)0.7～1.1 余量Zn	245/392	35/5	与海水和汽油接触的船舶零件
硅黄铜	HSi80—3	79.0～81.0	w(Si)2.5～4.5 余量Zn	300/350	15/20	船舶零件，在海水和蒸气条件下工作的零件
锰黄铜	HMn58—2	57.0～60.0	w(Mn)1.0～2.0 余量Zn	382/588	30/3	腐蚀条件下工作的重要零件和弱电流工业用零件
铅黄铜	HPb59—1	57.0～60.0	w(Pb)0.8～1.9 余量Zn	343/441	25/5	热冲压及切削加工零件，如螺钉、螺母、轴套
铸造特殊黄铜	ZCuZn40—Mn3Fe1	53.0～58.0	w(Mn)3.0～4.0 w(Fe)0.5～1.5 余量Zn	440/490	18/15	轮廓不复杂的重要零件，如海轮螺旋桨等大型铸件

注：力学性能中分母的数值，对变形黄铜是指加工硬化状态的数值，对铸造黄铜是指金属型铸造时的数值；力学性能中分子的数值，对变形黄铜是指退火状态（600°C）时的数值，对铸造黄铜是指砂型铸造时的数值。

2. 白铜

白铜是以镍为主加元素的铜合金，因色白而得名。按照化学成分的不同，白铜又分为普通白铜和特殊白铜。

1）普通白铜

通常含镍量小于 50% 的铜合金称为普通白铜。由于铜和镍的晶格类型相同，在固态时能无限互溶，

因而它具有优良的塑性，还具有很好的耐蚀性、耐热性和特殊的电性能。因此，普通白铜是制造钱币、精密机械零件（见图 8-29）和电器元件不可缺少的材料，图 8-30 所示为白铜线材。

普通白铜的牌号用“B + 数字”表示。B 是“白”字汉语拼音字首，数字表示平均含镍量的百分数。如 B19 表示平均含镍为 19%、含铜为 81% 的普通白铜。

2）特殊白铜

特殊白铜是在普通白铜中加入锌、铝、铁、锰等元素而组成的合金。加入合金元素能改善白铜的力学性能、工艺性能和电热性能，以及某些特殊性能。

特殊白铜的牌号用“B+ 主加元素符号 + 数字”表示。数字依次表示镍和加入元素平均含量的百分数，如 BMn3—12 表示含镍 3%、含锰 12%、含铜 85% 的锰白铜。

常用普通白铜的化学成分和用途见表 8-6。图 8-31 所示为锌白铜手表表盘。

图 8-29　白铜精密零件

图 8-30　白铜线材

图 8-31　锌白铜手表表盘

表 8-6　常用普通白铜的化学成分和用途

组别	合金牌号	化学成分/%				力学性能		用途
		w(Ni)	w(Mn)	其他	w(Cu)	σ_b/MPa	δ/%	
普通白铜	B19	18.0～20.0			余量	400	3	在蒸气、海水中工作的精密仪器、仪表和耐蚀零件
	B30	29.0～33.0			余量	550	3	
特殊白铜	BZn15—20 锌白铜	13.5～16.5		w(Zn)18.0～22.0	余量	550	1.5	仪表零件、医疗器械、电信零件、弹簧等（见图8-27）
	Bal6—1.5 铝白铜	5.5～6.5		w(Al)1.2～1.8	余量	550	3	制作耐蚀、耐寒的高强度零件及弹簧
	BMn3—12 锰白铜	2.0～3.5	11.5～13.0		余量	350	25	制作精密电阻仪器、精密电工测量仪
	BMn43—0.5锰白铜	42.5～44.0	0.1～1.0		余量	650	4	制作精密电阻、热电偶及补偿导线

3. 青铜

青铜是除黄铜、白铜以外所有的铜合金。按主添加元素种类分为锡青铜、铝青铜、硅青铜和铍青铜等。

青铜牌号的表示方法是“Q + 第一个主加元素符号和质量分数 + 数字（其他合金元素的质量分数）”，“数字”前用“—”隔开。

例如，QSn4—3 表示含锡 4%、含锌 3%、含铜 93% 的锡青铜，QAl7 表示含铝 7%、含铜 93% 的铝青铜。

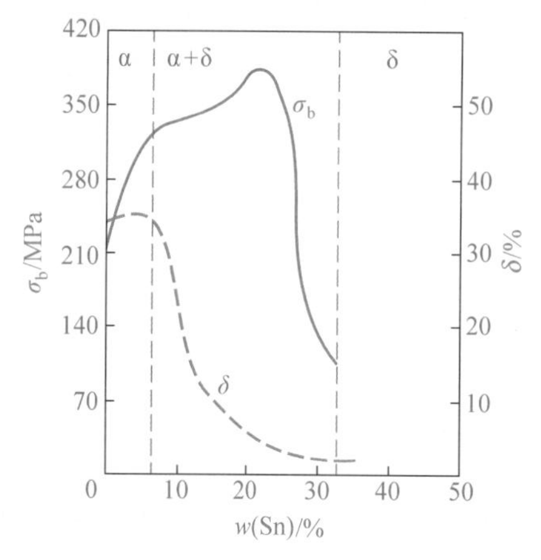

图 8-32　锡含量对锡青铜力学性能的影响

铸造青铜牌号的表示方法和铸造黄铜牌号的表示方法相同。

1）锡青铜

锡青铜是以锡为主加元素的铜合金，它是人类历史上应用最早的合金，因铜与锡的合金呈青灰色而得名。我国古代遗留下的钟鼎、古镜等都由这些合金制成。

含锡量对锡青铜的室温组织和力学性能可产生很大的影响。如图 8-32 所示，锡含量小于 5% ~ 6% 时，锡青铜的组织是单相 α 固溶体。α 是锡溶于铜中所形成的固溶体，具有面心立方晶格，塑性好，适于进行冷压力加工。锡含量大于 5% ~ 6% 时，锡青铜的组织是（α+δ）共析体，由于 δ 是以 Cu31Sn8 为基体的硬脆相固溶体，因此导致锡青铜的塑性急剧下降。当含锡量大于 10% 时，锡青铜的塑性已显著降低，只适宜于铸造。当含锡量大于 20% 后，大量的 δ 相使强度、塑性都很低，已无实用价值。因此，工业上使用的锡青铜含锡量大多为 3% ~ 14%。

锡青铜的耐腐蚀性比纯铜和黄铜都高，耐磨性、铸造性也很好，广泛用于制造耐磨零件，与酸、碱、蒸气等接触的零件及艺术品，如蜗轮（见图 8-33）、轴瓦（见图 8-34）、轴套、青铜透光镜（见图 8-35）。

图 8-33　蜗轮

图 8-34　青铜轴瓦

图 8-35　青铜透光镜

2）铝青铜

以铝为主加元素的铜合金称为铝青铜。铝青铜色泽美观、价格便宜。与黄铜、锡青铜相比，铝青铜具有更高的强度、硬度和耐蚀性，同时具有高的耐磨性、耐寒性和受冲击时不发生火花等特性。所以铝青铜作为价格昂贵的锡青铜代用品，广泛用于制造耐磨、耐蚀和弹性零件，如齿轮、蜗轮、轴套和弹簧等。

3）铍青铜

以铍为主加元素的铜合金称为铍青铜。铍含量一般为 1.7% ~ 2.5%。铍青铜一般以条、带和线等加工产品形式供应。

铍青铜经淬火和人工时效后，具有高的强度、硬度（σ_b 达 1250 ~ 1500MPa、350 ~ 400HBS），有高的耐磨性、弹性和疲劳强度，此外还有好的耐蚀性、导电性、导热性、耐寒性、无磁性和受冲击时不发生火花等特性。因此铍青铜广泛用于电子、仪器、航空等工业部门制作各种重要的弹性元件、耐磨件、防爆零件及其他重要零件，如钟表齿轮、弹簧、电接触器、电焊机电极、航海罗盘，以及在高温下工作的轴承和轴套等。

铍是稀少而贵重的战略物资，价格昂贵。铍青铜的生产工艺较复杂，成本很高，而且有毒，因而在应用上受到了限制。在铍青铜中加入钛元素，可减少铍的含量，降低成本，改善工艺性能。无铍的钛青铜是物理、化学、力学性能都接近于铍青铜的新型高强度合金，而且无毒，价格便宜。

常用青铜的牌号、力学性能和用途如表8-7所示。

表8-7 常用青铜的牌号、力学性能和用途

牌 号	状态	σ_b/MPa	δ/%	硬度 /HBW	用 途
QSn4-3	变形硬化状态	350	40	60	弹性元件、管道配件，化工机械中的耐磨件及抗磁零件
QSn4-4-4		220	3	80	重要的减磨零件，如轴承、轴套、蜗轮、丝杆、螺母
QAl7		470	3	70	重要用途的弹簧及其他弹性元件
QAl9-4		550	4	110	耐磨零件，如轴承、齿圈；在蒸汽及海水中工作的高强度、耐蚀零件
QBe2		500	3	84	重要的弹性元件、耐磨件及在高速、高压、高温下工作的零件。
ZCuSn5PbZn5	砂型铸造	200	13	60	较高负荷、中速下耐磨、耐蚀零件，如轴瓦、缸套、蜗轮
ZCuSn10Pb1		220	3	80	高负荷、高速下的耐磨零件，如齿轮、轴瓦、衬套
ZCuAl9Mn2		390	20	85	耐磨、耐蚀零件，如蜗轮、衬套

拓展视野

透光的铜镜

我国上海博物馆保存着两枚被外国人称为魔镜的西汉时期青铜镜，这种镜子的外表和普通古铜镜无异，也可以照面正容，镜背也有纹饰图案（一面铭文为“见日之光，天下大明”，另一面铭文为“内清质以昭明”），但把它对准太阳光或其他光源时，奇迹便会出现：铜镜背面的图纹会被映射到墙壁上，这就是青铜的稀世珍宝——透光镜。

我们知道青铜镜体是不透明的，那么青铜镜背面的图纹是怎样穿过镜体，又通过镜面反射出来的呢？这种神奇的“透光”现象吸引了古今中外的众多学者，从我国宋代的沈括到清朝的郑复光，从中国到大洋彼岸，无数学者试图揭开这困扰了世界千年的古镜之谜，直到1975年，上海交通大学盛宗毅副教授等人用现代科学方法揭开了透光镜的奥秘。盛宗毅副教授认为，青铜镜在有铭文和图案处非常厚，无铭文处比较薄。因为厚薄不均匀，造成铜镜产生铸造应力，并且在磨镜时发生弹性变形，造成厚处曲率小，薄处曲率大。因差异十分小，仅几微米，肉眼根本没有办法察觉。曲率的差异与纹饰相对应，当光线照射到镜面时，曲率较大的地方反射光比较分散，投影就较暗；曲率较小的地方反射光比较集中，投影就比较亮。所以，我们能从反射图像中看到有较亮的字迹花纹显现出来。这些是镜背面的图像，表面看来铜镜好像真的能“透光”似的。这就是铜镜“透光”的深奥秘密。掌握了这个奥秘，现今上海交通大学青铜公司、浙江江山神光艺雕厂就能仿制出上乘的“透光镜”了。

练习与实践

一、填空题

1. 纯铜在大气中具有很好的耐腐蚀性，这是因为铜的________________________。

2. 铜合金根据化学成分的不同，可分为__________、__________和__________三类。

3. 黄铜是以______为主加元素的铜合金。根据生产方法的不同，黄铜又可分为__________黄铜和__________黄铜。

4. H70 表示含铜______%、含锌______%的______黄铜。

5. 普通黄铜是一种应用广泛的铜合金。欲制造下列产品，请选用合适的普通黄铜并填入表 8-8 中。

表 8-8　记录表

黄铜产品	艺术品、体育奖杯	子弹弹壳	螺钉、螺母、弹簧
选用的普通黄铜			

普通黄铜牌号：H62　H7O　H90

6. 将下列铜合金牌号填入表 8-9 中。

表 8-9　记录表

类　别	普通黄铜	特殊黄铜	青铜	白铜
牌　号				

牌号：QSn4—3　B30　H80　HMn58—2

二、选择题

1. 人类最早使用的合金是（　　）。

A. 铸铁　B. 铝合金　C. 黄铜　D. 青铜

2. 纯铜又称为（　　）。

A. 铜绿　B. 紫铜　C. 青铜　D. 黄铜

3. 普通黄铜是（　　）。

A. 铜—锌合金　B. 铜—锡合金　C. 铜—镍合金

4. 在普通黄铜中加入（　　）元素，能增加黄铜的强度和硬度。

A. 锡　B. 锰　C. 硅　D. 铅

第三节　钛及钛合金

钛及钛合金是一种新型的结构材料，在 20 世纪 50 年代才开始投入工业生产和使用，但发展非常迅速。目前，钛及钛合金的冶炼和使用已居金属材料的第三位，在现代工业中占有极其重要的地位。

纯钛

钛在地壳中蕴藏丰富，仅次于铝、铁、镁而居第四位。我国钛资源丰富，矿产比较集中，换算成TiO_2总储量达90多亿吨，为世界第一。钛矿主要分布在四川、云南、广东、广西和海南等地，其中攀枝花地区的蕴藏量占世界总储量的35%。然而，同世界主要钛矿产地相比，我国的天然金红石（TiO_2）的资源少，易开采利用的砂矿少。钛矿多为钛钒铁共生岩矿，选矿难度大。另外，钛及钛合金在高温时化学性质异常活泼，因此，钛及钛合金的熔炼、浇注、焊接和热处理等都要在真空或惰性气体中进行，加工条件严格、复杂，成本较高。

纯钛呈银白色，熔点为1670°C，具有同素异构转变现象，在882°C以下为密排六方晶格的α-Ti，882°C以上为体心立方晶格的β-Ti。钛具有以下优越性能。

（1）密度小。钛的密度为4.5×10^3kg/m^3，比铝重1.7倍，是一种较轻的金属。

（2）塑性好。纯钛塑性好，强度低（退火状态时δ为36%，ψ为64%，σ_b为380MPa，HBS为115），易于冷变形加工，可制成细丝和薄片。

（3）耐腐蚀好。钛的化学性质极为活泼，但钛表面能生成一层致密的氧化膜，因而具有很好的耐腐蚀性。钛在海水、蒸气中抗腐蚀能力很强，超过铝合金、不锈钢，在工业、农业和海洋环境的大气中，历经数年，其表面也不会变色。

工业纯钛的牌号以“TA”加顺序号表示，“T”为钛的汉语拼音首字母。顺序号越大，其杂质越多，强度升高，塑性下降。其牌号有TA1、TA2、TA3三种。

工业纯钛主要用于制造强度要求不高的各种耐蚀、耐热零件，如飞机蒙皮，火箭、发动机上形状复杂的零件；也用于船舶、化工、海水淡化、日常生活及医疗器械方面。

新闻链接

2008年8月2日，俄罗斯科考队员乘深海潜水器从北极点下潜至4000多米深的北冰洋海底，并在海底插上了一面钛合金制造的俄罗斯国旗，国旗上刻有参与此次行动的科考队员及科研机构的名字。

钛合金

钛合金是指以钛为基体，加入铝、锡、铬、锰、钒、钼等元素组成的合金。钛合金具有比强度高、耐蚀性好、耐热性高等特点，世界上许多国家都认识到钛合金材料的优良特性及重要性，相继对其进行研究开发。目前，钛合金在航空（见图8-36）、航天、造船、医疗（见图8-37）及民用产品（见图8-38）中得到了广泛的应用。

按合金的组织状态，钛合金可分为α型、β型和α+β型三类。

图 8-36 钛合金涡轮叶片、发动机涡轮盘、飞机起落架等

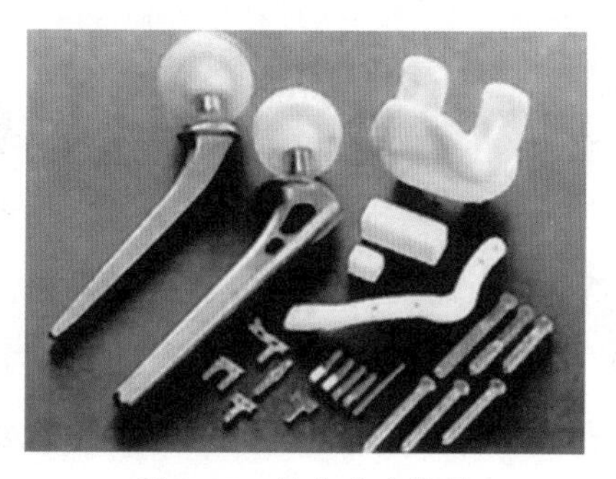
图 8-37 钛合金人造骨

图 8-38 钛合金门

钛合金的牌号用“T+ 合金类别代号 + 顺序号”表示。T 是“钛”字的汉语拼音首字母，合金类别代号用 A、B、C 分别表示 α 型、β 型、α+β 型钛合金。如 TA6 表示 6 号 α 型钛合金，TC4 表示 4 号 α+β 型钛合金。

1）α 型钛合金

α 型钛合金的主要合金元素为铝和锡。这类合金在退火状态下为 α 固溶体组织，不能用热处理强化。α 型钛合金在室温下的强度比其他钛合金低，但在 500 ~ 600°C 高温条件下，具有高的强度、良好的塑性及焊接性，且组织稳定。

2）β 型钛合金

β 型钛合金中主要加入铬、钼、钒等合金元素。这类合金在淬火后得到 β 固溶体组织，具有较高的抗拉强度、良好的塑性及焊接性，但其生产工艺复杂，故应用较少。

3）α+β 型钛合金

α+β 型钛合金中含有铝、锡、铬、钼、钒等合金元素。这类合金可以通过热处理得到强化。其可适应各种不同的用途，应用广泛。其中，Ti—6Al—4V 合金（TC4）在 400°C 以下使用时，具有较高的强度、良好的塑性及焊接性，且组织稳定，该合金使用量已占全部钛合金的 75% ~ 85%。常用钛合金的牌号、力学性能和用途见表 8-10。

表 8-10 常用钛合金的牌号、力学性能和用途

组 别	合金牌号	供应状态	σ_b/MPa	δ/%	用 途
α 型钛合金	TA5	退火	686	12～20	400°C以下工作的零件，如飞机蒙皮、骨架零件、压气机壳体、叶片等
	TA6	退火	686	12～20	
	TA7	退火	739～931	12～20	500°C以下工作的结构件和各种模锻件
β 型钛合金	TB2	淬火+时效	1324	8	350°C以下工作的焊接件，如压气机叶片、轴、轮盘等重载旋转件
α＋β 型钛合金	TC1	退火	588～735	20～25	400°C以下工作的板材，冲压和焊接零件
	TC2	退火	686	12～15	500°C以下工作的焊接件、模锻件和经弯曲加工的零件
	TC4	退火	902	10～12	400°C以下长期工作的零件，各种锻件、各种容器、泵、低温部件、坦克履带壳体
	TC10	退火	1059	8～10	400°C以下长期工作的零件，如飞机结构零件、导弹发动机外壳、武器结构件

拓展视野

钛合金人造骨

经科学检测证明，在目前所有的金属材料中，钛金属是唯一无毒且与人体组织及血液有良好相容性的金属。钛金属的这一优良天然性能目前正在被医疗界广泛采用。以前使用的人造骨节大多采用的是医用不锈钢，现在包括人造骨、手术刀和几乎所有的与人体亲密接触的医疗器械，都在开始推广使用钛金属制造。第一个在医疗领域中广泛使用的钛合金是1954年美国研制成功的Ti-6Al-4V合金，由于它的耐热性、强度、塑性、韧性、成形性、可焊性、耐蚀性和生物相容性均较好，成为钛合金中的王牌合金。20世纪80年代中期开始研制出无铝、无钒、具有生物相容性的钛合金，并将其用于矫形术。日本、英国等国家也在这方面做了大量的研究工作，并取得了一些新的进展。例如，日本已开发出一系列具有优良生物相容性的α+β型钛合金。

练习与实践

一、填空题

1. 钛耐腐蚀性很好，在海水、蒸气中的抗腐蚀能力很强，超过不锈钢；在工业、农业和海洋环境的大气中，历经数年，其表面也不会变色。这是由于钛________________的缘故。

2. 钛具有同素异构现象，882°C 以下为________晶格，称为________；882°C 以上为________晶格，称为________。

二、选择题

1. 下列材料的牌号中属于纯钛的是（　　）。

A. TA3　　B. TA4　　C. TA5　　D. TA6

2. 应用广泛的钛合金是（　　）。

A. α 型钛合金　　B. β 型钛合金　　C. α+β 型钛合金

3. 人类历史上大量生产和使用铝、铁、钛、铜四种金属单质的时间顺序是（　　）。

A. 铜→铁→铝→钛　　B. 铁→铜→铝→钛

C. 铁→铜→钛→铝　　D. 铜→铁→钛→铝

三、简述与实践题

钛合金的性能有何特点？

第四节 黄金

考古发掘成果表明，人类发现和使用黄金迄今已有 7000 年的历史。黄金在英文中的含义是“黎明前的照耀，其金光闪闪”。作为“金属之王”，黄金兼有金融和商品属性，具有得天独厚的优势和无法比拟的影响力，它是人们最熟悉、最喜爱的贵金属。它不仅是制作首饰和钱币的重要材料，更是国家重要的战略储备物资。它被视为美好和财富的象征，而且还以其特有的作用，造福于人类。

黄金的性能

（1）赤黄色。纯金为赤黄色，在首饰行业称为赤金。但金无足赤，国际市场出售的黄金，成色达 99.6% 就称为赤金。金银合金为黄色或灰白色，九成金（90%Au-10%Ag）光泽眩目，是最美丽悦目的黄金。自然金有时会覆盖一层铁的氧化物薄膜，其颜色会呈褐色、深褐色，甚至是黑色。图 8-39 所示为大力神杯。

图 8-39 大力神杯

拓展视野

K 金

国际货币交割时，通常以盎司为单位计量黄金，我国通常以克为单位计量黄金。但在首饰行业，国内外都流行用K金（Karat Gold，黄金的缩写）计量黄金的纯度，计量方法如表8-11所示。

表 8-11 黄金纯度的计量方法

K金	24K	18K	14K	12K	9K	1K
含金量/%	100	75	58.3	50	37.5	4.16

1982年，国际黄金组织规定：1K=4.1666%。

例如，24K含金量为24×4.1666%=99.99%；18K含金量为18×4.1666%=74.998%。

用K来计量黄金含量的方法出于地中海沿岸的一种角豆树。角豆树开淡红色的花，结的豆荚长约15cm，豆仁呈褐色，可制胶。这种树无论长在何处，所结的豆仁大小都完全一样，所以，古时候人们把它作为测定重量的标准。久而久之，它便成了一种重量单位，以用来计量珍贵、细微的物品。那时钻石和黄金的计量也使用这一单位，也就是Karat。

（2）密度大。黄金的密度很大，为 19.3×10^3kg/m^3。一个直径为 4.6cm 的黄金球重达 1000g。平时我们可以根据密度大小粗略判断是否为黄金。

（3）塑性很好。黄金为超塑性材料，1g 纯金可拉成 4000m 的金丝，1000g 黄金可以延展成 530m^2 的金箔。

黄金的塑性好，用指甲即可划出痕迹，且极易蹭伤，这对装饰加工者来说是缺点，故常加入 Ag、Cu 来提高黄金的强度。

（4）化学性能稳定，有很好的耐腐蚀性。黄金是极不活泼金属，化学性质非常稳定，在低温或高温时都不会被氧直接氧化。常温下，黄金与单独的无机酸（如盐酸、硝酸、硫酸）均不起作用，但溶于王水（3 份盐酸和 1 份硝酸）及氰化物溶液。黄金对红外线的反射能力接近 100%。

（5）有良好的导电性、导热性。黄金的导电性较好，导热率为银的 74%，虽不如银和铜，但由于化学性能稳定，所以黄金在集成电路、通信仪器中成为不可缺少的导电材料。

黄金的作用

（1）黄金是一种货币，具有保值功能　黄金是一种国际货币，国际间的货币交割可以用黄金进行，国家的金融储备可以是储备黄金，政府和民间都可以进行黄金的交易，黄金是一种诚实的资产，且便于保存，因此，购买实物黄金就具有保值功能。据调查显示：我国个人购买黄金有 70% 是为了保值，10% 是作为装饰之用，20% 兼而有之。图 8-40 所示为金砖。

（2）黄金是理想的装饰材料　永不变色，充满无穷魅力的金黄色，让黄金倍受世人的青睐，加之其优异的加工性能，极易加工成超薄金箔、微米金丝和金粉，自古至今黄金都是理想的装饰材料，图 8-41 所示为黄金精品首饰。在首饰品中，人们已从过去追求黄金的成色发展到注重金饰款式与艺术造型。美国、德国、荷兰等流行 18K 金，英国流行 9K 金。图 8-42 所示为 2008 年奥运会金牌。

图 8-40　金砖

图 8-41　黄金精品首饰

图 8-42　2008 年奥运会金牌

（3）黄金在高科技领域发挥着独特的作用　黄金作为一种稀缺的资源，以其独特的性能，在高科技领域发挥着独特的作用,广泛应用于现代高新技术产业中。如工业上可制作反射红外线的特殊滤光器、陶瓷和玻璃着色剂；在电子工业中制作表面涂层、焊料、镀层和重要零件，目前使用的计算机、手机都应用着黄金；在宇宙航天工业中制作热控仪表、滑动元件和滚动元件。此外，金的同位素常在医疗中用做示踪原子，金还是上等的牙科材料。

交流与讨论

铝作为地壳中含量最高的金属元素，直到近代才被人们大量运用，而金、银、铜在地壳中的含量很少，但人们却更早地使用了这些材料，这说明了什么问题呢？

黄金的采集和冶炼

金在地壳中的含量极少，很稀有，每千吨矿石含有 3.5g 金就有开采价值。它不仅在地壳中稀有，而且分布散而深。世界上有 80 多个国家生产金，主要的黄金资源国是南非、美国、中国、俄罗斯、乌兹别克斯坦、澳大利亚、加拿大、巴西等。据 2003 年统计，世界年产黄金总计为 2593t。其中，过百吨的国家共有 8 个，依次为：南非 376t，美国 285t，澳大利亚 284t，中国 213t，俄罗斯 182t，秘鲁 172t，印度尼西亚 163t，加拿大 141t。

我国的山东、陕西、河南、贵州、黑龙江、新疆、云南、湖南、江西、北京等省市及自治区的黄金矿藏较为丰富。图 8-43 所示为黄金矿石。

图 8-43　黄金矿石

金在矿石中的含量极低，为了提取金，需要将矿石破碎和磨细，并采用选矿方法除去金矿中的大量脉石及有害元素，使金富集或从矿石中分离出来，最后进行金的精炼。

金矿类型的多样化，决定了选矿方式也不尽相同。选矿方法有重选法、浮选法、氰化法、炭浆法、混汞提金法等。下面简要介绍重选法和浮选法。

（1）重选法。重选法是一种古老而重要的选金方法。重选法是利用金矿与脉石的密度差，在流体介质（如水）中进行分选。该方法不仅是砂金矿石的传统分选方法，也是目前品位低的矿料、游离金进行粗选的方法之一。重选法设备简单，能耗低，易于操作和管理，对环境无污染；但对微细粒矿石的处理能力低，分选性差，只能作为辅助手段。

（2）浮选法。浮选法是在矿浆中添加化学试剂，并通入空气，经强力搅拌产生气泡，使金附着在气泡上而与脉石分离。

你知道吗？

真假黄金的鉴别方法

黄铜（铜、锌合金）单纯从颜色、外形上看，与黄金极为相似，很难区分，可以采用以下简易的方法进行鉴别。

- 把黄金样品放进浓硝酸中，如果有红棕色气体产生，则该样品为假黄金；若没有气泡产生，则该样品为黄金。
- 把黄金样品浸入 $AgNO_3$ 溶液中，若表面有银白色物质出现，则该样品是假黄金。这是因为铜、锌的活动性比银强，而金的活动性比银弱。
- 取黄金样品，用天平称量，用量筒测其体积，计算出样品的密度，与黄金密度值对照，若密度差值较大，则为黄铜。
- 其他方法：试硬度（黄铜较硬，黄金较软）。真金不怕火炼，加热后黄铜变黑，黄金不变色。

练习与实践

一、填空题

1. 纯金为________色。颜色最好看的黄金是______________。

2. 黄金耐腐蚀性极好，永不变色，这是因为______________________________________。

二、选择题

1. 18K 黄金的含金量为（　　）。

A. 100%　　B. 75%　　C. 50%　　D. 37.5%

2. 黄金资源储量最多的国家是（　　）。

A. 中国　　B. 美国　　C. 俄罗斯　　D. 南非

三、简述与实践题

1. 黄金自古至今倍受世人的青睐，请问这是什么原因？

2. 1998 年爆发金融危机的时候，韩国普通民众排队向国家捐献黄金，以帮助国家度过经济难关。请你发表对这一事件的看法？

3. 5 角硬币的外观呈金黄色，它是铜和锌的合金，市面上有人用它制成假金元宝行骗，你如何用一种试剂揭穿他。

第五节　轴承合金

滑动轴承是机床、汽车、拖拉机等机械上的重要零件，轴承支撑着轴旋转，轴与轴承间发生滑动摩擦，如图 8-44 所示。与滚动轴承相比，滑动轴承与轴颈接触面积大，承受载荷均匀，工作平稳，无噪声，制造、维修和更换方便，因此广泛用于高速、重载、受冲击、振动大和高精度的场合。在滑动轴承中，用来制造轴瓦及其内衬的合金称为轴承合金。图 8-45 所示为轴瓦的构造，图 8-46 所示为厚壁轴瓦。

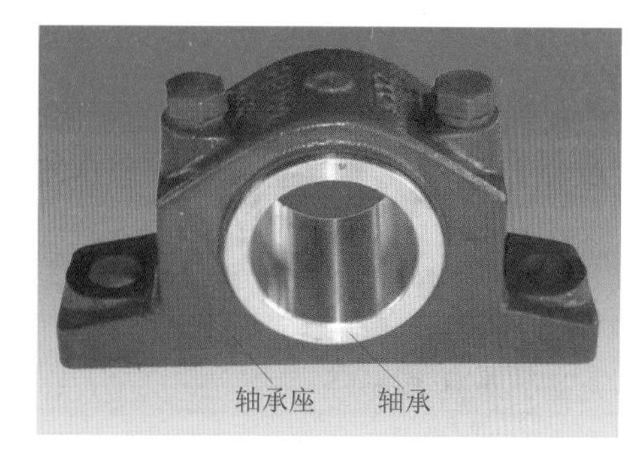

图 8-44　滑动轴承和轴承座

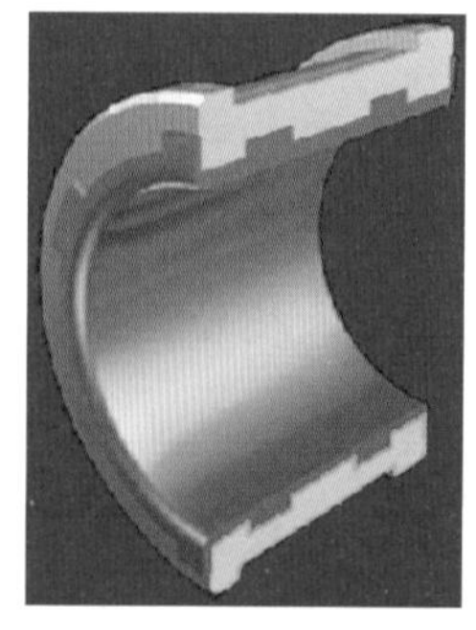

图 8-45　轴瓦的构造

图 8-46　厚壁轴瓦

轴承合金的性能要求

轴是机械的重要核心零件，其制造工艺复杂，成本较高，故在磨损不可避免的情况下，应确保轴受到最小的磨损，必要时可更换轴瓦（轴承衬）而继续使用轴。根据滑动轴承的工作特点，轴承合金应具有下列性能。

（1）足够的强度和硬度，以承受轴颈较大的压力。

（2）高的耐磨性，低的摩擦系数，以减少轴颈的磨损。

（3）足够的塑性、韧性，以抵抗轴的冲击和振动。

（4）良好的磨合性，能与轴颈较快地紧密配合。

（5）良好的导热性和耐腐蚀性。

轴承合金的组织

为了满足轴承合金的性能要求，轴承合金的理想组织应软硬兼备。目前常用的轴承合金组织是：软基体上均匀分布着硬质点（见图 8-47），或硬基体上均匀分布着软质点。当轴承工作时，软基体的塑性、韧性好，能与轴颈磨合，并承受轴的冲击，被磨损的凹陷面能很好地储存润滑油，保证良好的润滑效果，减少轴颈的磨损。硬质点则相对凸起并支承着轴颈。

工程上通常将轴承合金浇铸或压合到 08 钢板上，使两种不同的金属组合在一起，性能上取长补短。图 8-48 所示为薄壁轴瓦。

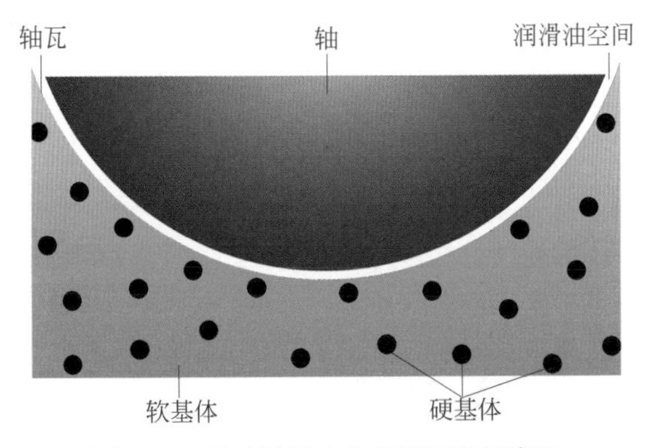

图 8-47　滑动轴承合金理想组织示意图

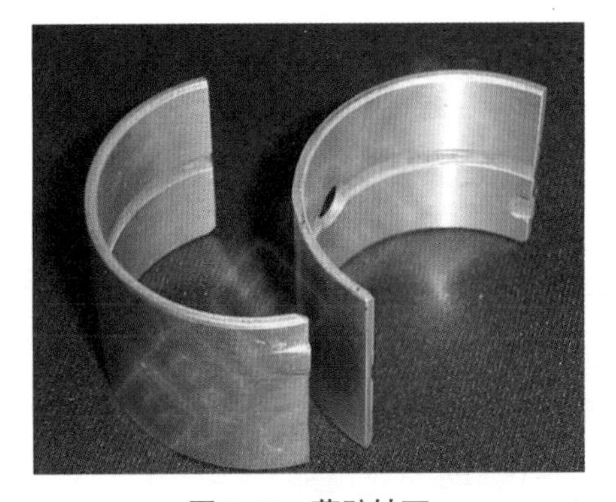

图 8-48　薄壁轴瓦

常用轴承合金

常用的轴承合金有锡基轴承合金、铅基轴承合金和铝基轴承合金三类。

1. 锡基轴承合金（锡基巴氏合金）

锡基轴承合金是以锡（Sn）为基体，由主加元素锑（Sb）、辅加元素铜（Cu）等组成的合金。该合金是软基体分布硬质点的轴承合金，图 8-49 所示为锡基轴承合金的显微组织图，淡蓝色基体为锑溶于锡形成的 α 固溶体，它作为软基体（30HBS）；红色方块组织是锑与锡生成的化合物 SnSb，红色星状组织是铜与锡生成的化合物 Cu_6Sn_5，它们作为硬质点（110HBS）。

锡基轴承合金具有适中的硬度，较好的塑性和韧性，良好的导热性及耐蚀性，小的摩擦系数。常用的牌号有 $ZSnSb_8Cu_4$、$ZSnSb_{16}Cu_6$，一般用于制造重要的滑动轴承，如发动机、汽轮机等的高速轴承。

2. 铅基轴承合金（铅基巴氏合金）

铅基轴承合金是以铅锑为基体，加入锡、铜等组成的轴承合金。该合金也是软基体分布硬质点的轴承合金。图 8-50 所示为铅基轴承合金的显微组织图，软基体是暗红色的 α+β 共晶体，硬质点是橘黄色方块组织 β 相和橘黄色星状组织 Cu_2Sb。常用的牌号有 $ZPbSb_{15}Sn_5$、$ZPbSb_{16}Sn_{16}Cu_2$。

图 8-49　锡基轴承合金显微组织

图 8-50　铅基轴承合金显微组织

铅基轴承合金的强度、硬度、韧性均低于锡基轴承合金，且摩擦系数大，故只适用于制造承受中等载荷的轴承。由于铅基轴承合金价格低廉，在可能的情况下，应尽量采用其代替锡基轴承合金。

常用锡基轴承合金和铅基轴承合金的牌号、铸造方法、硬度与用途见表 8-12。

表 8-12　常用锡基轴承合金和铅基轴承合金的牌号、铸造方法、硬度与用途

类　别	牌　号	铸造方法	硬度/HBS	用　　途
锡基轴承合金	$ZSnSb_8Cu_4$	金属型铸造	24	用于制造大型机器轴承、汽车发动机轴承等
	$ZSnSb_{16}Cu_6$		27	用于制造蒸汽机、涡轮机、涡轮泵及内燃机中的高速轴承等
铅基轴承合金	$ZPbSb_{15}Sn_5$		20	用于制造低速、低压力下机械的轴承，如电动机、空压机、减速器的轴承
	$ZPbSb_{16}Sn_{16}Cu_2$		30	工作温度低于120°C、无明显冲击载荷的高速轴承，如起重机轴承、重载荷推力轴承等

3. 铝基轴承合金

铝基轴承合金是 20 世纪 60 年代发展起来的新型减磨材料。由于铝基轴承合金资源丰富，价格低廉，疲劳强度高，导热性好，抗腐蚀性能不亚于锡基轴承合金，已基本取代了锡基轴承合金、铅基轴承合金和其他轴承合金，得到了广泛的应用。常用的铝基轴承合金有铝锑镁轴承合金和高锡铝基轴承合金。这类轴承合金并不直接浇铸成形，而是采用铝基轴承合金与低碳钢带（08 钢）复合轧成双金属带料，然后制成轴承。

铝锑镁轴承合金是以铝为基体，加入锑 3.5% ～ 4.5% 和镁 0.3% ～ 0.7% 组成的合金。它同样为软基体分布硬质点的轴承合金，软基体为共晶组织（Al+SbAl），硬质点为金属化合物 SbAl。由于镁的加入能使针状的 SbAl 改变为片状，从而改善了合金的塑性和韧性，提高了屈服强度，目前已大量应用在低速柴油机的轴承上。

高锡铝基轴承合金是以铝为基体，加入约 20% 的锡和 1% 的铜元素组成的合金。它的组织是硬基体上分布着软质点（球状的锡）。在合金中加入铜，以使其溶入铝中进一步强化基体，使轴承合金具有高的疲劳强度，良好的耐热、耐磨和抗蚀性。这种合金目前已在汽车、拖拉机、内燃机上广泛使用。

一、填空题

1. 滑动轴承合金理想的组织是________________________________，或____。

2. 滑动轴承合金的组织一般由塑性好的软基体和硬质点构成，软基体的作用是：①____________，②____________________，③____________________；硬质点的作用是____________________。

二、选择题

1. 下列滑动轴承合金中，组织为硬基体软质点的是（　　）。
   A. 锡基轴承合金　B. 铅基轴承合金　C. 铝锑镁轴承合金　D. 高锡铝基轴承合金
2. 目前在汽车、拖拉机上广泛使用的轴承合金是（　　）。
   A. 锡基轴承合金　B. 铅基轴承合金　C. 铝锑镁轴承合金　D. 高锡铝基轴承合金

三、简述与实践题

滑动轴承合金应具备哪些性能?

第六节　硬质合金

拓展视野

粉末冶金

粉末冶金是一种独特的冶金工艺方法，它以金属粉末（或金属粉末与非金属粉末混合物）作为原料，采用图8-51所示生产工艺制造的具有某些特殊性能的材料。

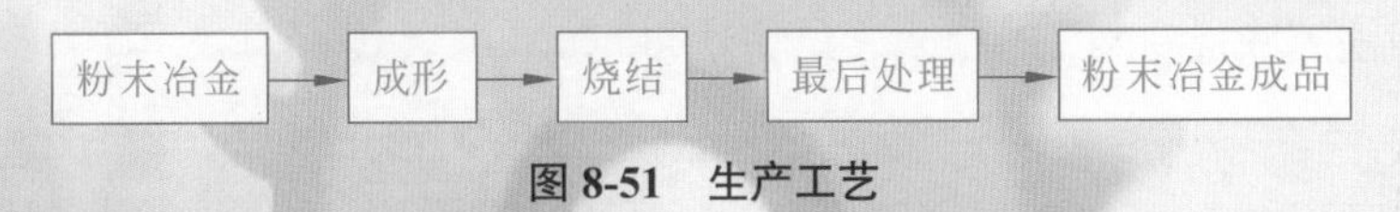

图 8-51　生产工艺

粉末冶金是一种无切削或少切削的加工方法，具有生产率高和材料利用率高、节省机床等优点。但粉末冶金成本高、模具费用高，制品大小和形状受到一定的限制，产品的韧性较差。

常用粉末冶金制作硬质合金、减磨材料、难熔金属材料（如钨丝、高温材料）等。

世界上第一批硬质合金是1926年由德国克虏伯公司施勒特研制发明的。硬质合金的研制成功是机械加工上的一次革命，它使机械加工切削速度达到了32m/min，红硬性达到900～1000°C，为制造红硬性高、耐磨性更好的高速切削刀具开辟了广阔的前景。

硬质合金的性能特点

硬质合金是以一种或多种高硬度的难熔碳化物的粉末为主要成分，加入金属钴作为黏结剂，用粉末冶金方法制得的金属材料。它的性能特点如下。

（1）硬度高（86 ~ 93HRA，相当于69 ~ 81HRC），红硬性高（900 ~ 1000°C），耐磨性好，抗压强度高（可达6000MPa）。

（2）抗弯强度低（只有高速钢的1/3 ~ 1/2），韧性差（只有淬火钢的30% ~ 50%），导热性差。

（3）耐腐蚀性好，抗氧化性良好。

（4）线膨胀系数小。

硬质合金的切削速度比高速钢高2 ~ 3倍，刀具寿命高5 ~ 80倍，制造模具、量具寿命比合金工具钢高20 ~ 150倍，可切削50HRC左右的硬质材料。

由于硬质合金的硬度高、脆性大，不能进行机械加工，常制成一定规格的刀片，镶焊在刀体上使用。硬质合金材料不能用一般的切削方法加工，只能采用电加工（如电火花、线切割、电解磨削等）或用砂轮磨削。

常用硬质合金

按化学成分和性能特点不同，硬质合金可分为钨钴类硬质合金、钨钴钛类硬质合金、通用硬质合金三类。

1. 钨钴类硬质合金

钨钴类硬质合金的主要成分为碳化钨及钴。牌号为“YG+数字”，YG为“硬钴”汉语拼音字首，数字表示钴平均质量分数。如YG6，表示平均含钴为6%，余量为碳化钨的钨钴类硬质合金。同一类硬质合金中，含钴量较高者适宜制造粗加工刀具；反之，适宜制造精加工刀具。

该类硬质合金的抗弯强度高，能承受较大的冲击，磨削加工性较好，但红硬性较低（800 ~ 900°C），耐磨性较差，主要用于加工铸铁等脆性材料。

2. 钨钴钛类硬质合金

钨钴钛类硬质合金的主要成分为碳化钨、碳化钛及钴。牌号为“YT+数字”，YT为“硬钛”汉语拼音首字母，数字表示碳化钛平均质量分数。如YT15，表示含TiC为15%，其余为碳化钨和钴的硬质合金。

该类硬质合金的红硬性高（900 ~ 1100°C），耐磨性好，但抗弯强度较低，不能承受较大的冲击，磨削加工性较差，主要用于加工钢材等塑性材料。

3. 钨钛钽（铌）类硬质合金

钨钛钽（铌）类硬质合金又称为通用硬质合金或万能硬质合金。它由碳化钨、碳化钛、碳化钽或碳化铌和钴组成。牌号为“YW+顺序号”，YW为“硬万”汉语拼音首字母，如YW1，表示1号万能硬质合金；YW2 的耐磨性稍次于 YW1，强度较 YW1 高，能承受较大的冲击载荷。

这类硬质合金由于加入了碳化钽（或碳化铌），因此显著提高了硬度、耐磨性、耐热性及抗氧化性，红硬性高（<1000°C）。它具有前两类合金的优点，其刀具既能加工脆性材料，又能加工韧性材料，特别适于加工不锈钢、耐热钢、高锰钢等难加工的钢材。

常用硬质合金的牌号、性能特点和用途见表 8-13。图 8-52 所示为硬质合金车刀，图 8-53 所示为硬质合金复合钻，图 8-54 所示为硬质合金模具材料。

表 8-13　常用硬质合金的牌号、性能特点和用途

类别	牌号	性能特点	主要用途
钨钴类硬质合金	YG3X	是目前生产的钨钴类合金中耐磨性最好的一种，但冲击韧性较差	用于铸铁、有色金属及其合金的精加工等，也适用于合金钢、淬火钢的精加工
	YG6	耐磨性较好，但低于YG3、YG3X合金；冲击韧性高于YG3、YG3X；可使用的切削速度较YG8C合金高	用于铸铁、有色金属及其合金连续切削时的粗加工，间断切削时的半精加工、精加工，也可用于制作地质勘探用的钻头
	YG6X	属细颗粒碳化钨合金，耐磨性较YG6高，使用强度与YG6相近	用于冷硬铸铁、合金铸铁、耐热钢及合金钢的加工
	YG8	使用强度较高，抗冲击、抗振性能较YG6合金好，耐磨性较差	用于铸铁、有色金属及其合金和非金属材料连续切削时的粗加工，也用于制作电钻、油井的钻头
钨钴钛类硬质合金	YT5	在钨钴钛类硬质合金中，强度最高，抗冲击和抗振性能最好，不易崩刃，但耐磨性较差	用于碳钢和合金钢的铸锻件与冲压件的表层切削加工，或不平整断面与间断切削时的粗加工
	YT15	耐磨性优于YT5，但抗冲击韧性较YT5差，切削速度较低	用于碳钢和合金钢连续切削时的粗加工，间断切削时的半精加工和精加工
	YT30	耐磨性和切削速度较YT15高，但使用强度、抗冲击及抗振性较差	用于碳钢和合金钢高速切削的精加工，小断面的精车、精镗
通用硬质合金	YW1	能承受一定的冲击载荷，通用性较好，刀具寿命长	用于不锈钢、耐热钢、高锰钢的切削加工
	YW2	耐磨性稍次于YW1，但其使用强度高，能承受较大的冲击载荷	用于耐热钢、高锰钢和高合金钢等难加工钢材的粗加工和半精加工

注：X——细颗粒合金。

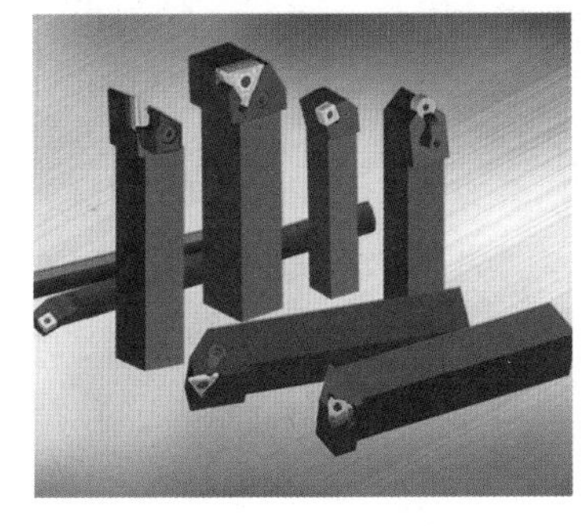

图 8-52　硬质合金车刀

图 8-53　硬质合金复合钻

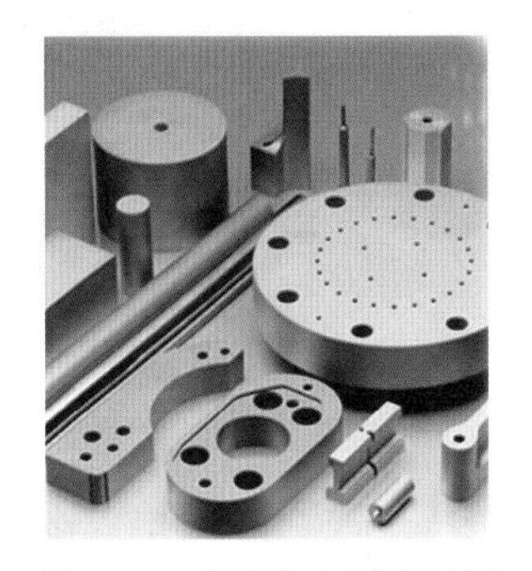

图 8-54　硬质合金模具材料

近年来，用粉末冶金法又生产出一种新型硬质合金——钢结硬质合金。它是以一种或几种碳化物（TiC、WC）为硬化相，以碳钢或合金钢（高速钢、铬钼钢）粉末为黏结剂，经配料、混料、压制和烧结而成的粉末冶金材料，其性能需求介于高速钢和粉末冶金之间。

钢结硬质合金经退火后可进一步进行一般的切削加工，经淬火回火后有相当于硬质合金的高硬度和良好的耐磨性，也可进行焊接和锻造，并具有耐热、耐蚀、抗氧化等优点，适于制造各种形状复杂的刀具（如麻花钻、铣刀等），也可制造在较高温度条件下工作的模具和耐磨零件。

拓展视野

涂层刀具

20世纪70年代初硬质涂层刀具的问世，机械加工刀具的切削性能又有了重大突破。涂层刀具是在强度和韧性较好的硬质合金（或高速钢）基体表面涂覆高耐磨性和低摩擦系数的硬质涂层（TiC、TiN、Al_2O_3等，硬度＞2000HV）。涂层刀具具有表面硬度高、耐磨性好、化学性能稳定、耐热耐氧化、摩擦因数小和热导率低等特性，刀具寿命提高3~5倍以上，切削速度提高20%~70%，加工精度提高0.5~1级，刀具消耗费用降低20%~50%。

如今涂层刀具已成为现代切削刀具的标志，在刀具中的使用比例已超过50%。目前，切削加工中使用的各种刀具，包括车刀、镗刀、钻头、铰刀、拉刀、丝锥、螺纹铣刀、滚压头、铣刀、成形刀具、齿轮滚刀和插齿刀等都可采用涂层工艺来提高它们的使用性能。

通常涂层刀具有四种：涂层高速钢齿轮刀具（见图8-55）、涂层硬质合金刀具（见图8-56）、涂层陶瓷刀具和超硬材料（金刚石或立方氮化硼）涂层刀具，前两种涂层刀具使用最多。

图 8-55 涂层高速钢齿轮刀具

图 8-56 涂层硬质合金刀具

目前生产上常用的涂层方法有两种，一种是物理气相沉积法（PVD），沉积温度为500℃，涂层厚度为2~5μm。另一种是化学气相沉积法（CVD），沉积温度为900~1100℃，涂层厚度可达5~10μm，并且设备简单，涂层均匀。

近十几年来，随着涂覆技术的进步，硬质合金也可采用PVD法。国外还用PVD/CVD相结合的技术，开发了复合的涂层工艺，称为PACVD法（等离子体化学气相沉积法）。即利用等离子体来促进化学反应，可把涂覆温度降至400℃以下（目前涂覆温度可降至180~200℃），使硬质合金基体与涂层材料之间不会产生扩散、相变或交换反应，可保持刀片原有的韧性。

练习与实践

一、填空题

1. 世界上第一种硬质合金是______年由德国克虏伯公司施勒特研制发明的。它的研制成功是机械加工上的一次革命，从此机械加工切削速度提高到了______ m/min，红硬性达______℃。

2. 硬质合金是以一种或多种______的碳化物粉末为主要成分，加入______作为黏结剂，用粉末冶金方法制得的金属材料。

3. 硬质合金具有______高、______高、耐磨性好、抗压强度高、耐腐蚀性好、抗氧化性好、线膨胀系数小等优良性能，但抗弯强度低、______差。

4. 硬质合金按成分和性能特点分为______硬质合金、______硬质合金和______硬质合金，其牌号分别用______、______和______表示。

二、选择题

1. 硬质合金的红硬性可达（　　）。

A. 500 ~ 600°C　　B. 600 ~ 800°C　　C. 900 ~ 1000°C

2. 由 WC 和 Co 组成，具有较高的抗弯强度，能承受较大的冲击，磨削加工性较好，红硬性在 800 ~ 900℃的硬质合金称为（　　）硬质合金。

A. 钨钴类　　B. 钨钴钛类　　C. 钨钛钽（铌）类

3. 牌号为 YT30 的硬质合金，其中，30 表示（　　）物质的质量分数。

A. 钛　　B. 钴

C. 碳化钨　　D. 碳化钛

4. YT15 属于（　　）硬质合金。

A. 钨钴类　　B. 钨钴钛类　　C. 钨钛钽（铌）类

5. 对灰铸铁制造的柴油发动机箱体进行精加工，宜选用（　　）硬质合金。

A. YT5　　B. YT15

C. YG3　　D. YG8

6. 粗加工普通钢、铸钢、锰钢、灰铸铁等材料，宜选用（　　）硬质合金。

A. YT5　　B. YG3

C. YW1　　D. YW2

三、简述与实践题

简述硬质合金的性能特点。

学习效果检测

节　　次	学习内容	分值	自我测评	小组互评	教师测评
第一节　铝及铝合金	工业纯铝的性能	4			
	工业纯铝的牌号	5			
	工业纯铝的用途	4			
	变形铝合金	8			
	铸造铝合金	4			
第二节　铜及铜合金	纯铜的性能	4			
	纯铜的牌号	5			
	纯铜的用途	4			
	黄铜	10			
	白铜	2			
	青铜	10			
第三节　钛及钛合金	纯钛	2			
	钛合金	2			
第四节　黄金	黄金的性能	2			
	黄金的作用	2			
	黄金的采集和冶炼	2			
第五节　轴承合金	轴承合金的性能要求	2			
	轴承合金的组织	3			
	常用轴承合金	8			
第六节　硬质合金	硬质合金的性能特点	5			
	钨钴类硬质合金	4			
	钨钴钛类硬质合金	4			
	钨钛钽（铌）类硬质合金	4			
合　　计		100			

第九章 非金属材料

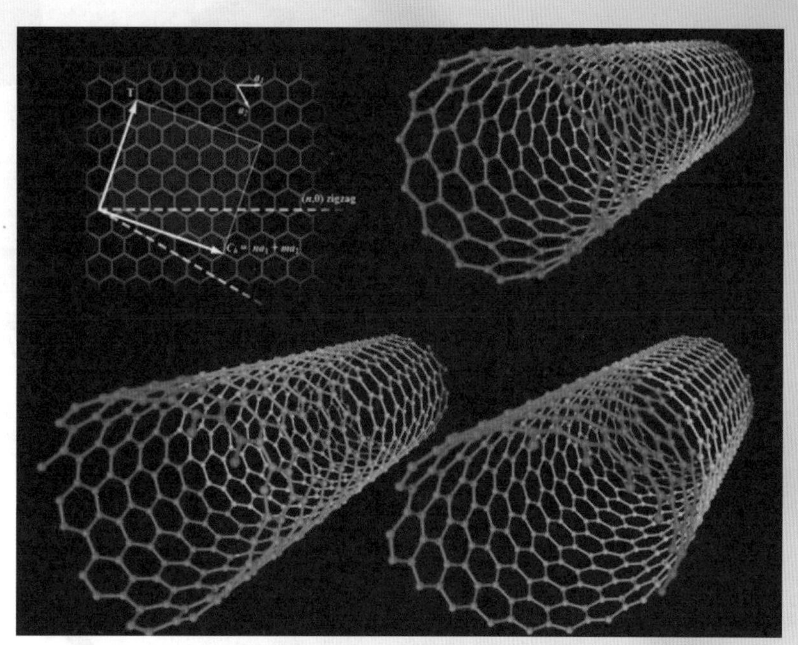

碳纳米管又名巴基管，是一种具有特殊结构的一维量子材料。它的重量轻，密度只有钢的 1/6；抗拉强度达到 50 ~ 200GPa，比强度是钢的 100 倍；弹性模量可达 1TPa，约为钢的 5 倍；硬度与金刚石相当；可拉伸，具有极高的韧性，十分柔软，被认为是未来的超级纤维；热导率是金刚石的 2 倍；电流传输能力是金属铜线的 1000 倍。同时有独特的金属或半导体导电性，在场发射、分子电子器件、复合材料增强体、催化剂载体等领域有广泛的应用前景。

学习要求

明确高分子材料的含义，熟悉塑料和橡胶的组织、性能特点，初步了解常见的塑料和橡胶制品。

熟悉陶瓷材料的类别、组织和性能特点。

熟悉玻璃钢、碳纤维复合材料的组织和性能特点。

学习重点

塑料和橡胶的组织、性能特点。

工业陶瓷的种类、性能特点。

玻璃钢和碳纤维复合材料的组织、性能特点。

长期以来，金属材料因具有良好的使用性能和工艺性能，在机械制造业中占主导地位。但近几十年来，一些密度小、电绝缘性好、外形美观、性能优良、成本低廉的非金属材料发展非常迅速，越来越多地应用于工业、农业、国防和科学技术等各个领域，正逐步取代一部分金属材料。有专家预言：在不久的将来，非金属材料在工程上的应用将超过金属材料。

本章学习高分子材料、陶瓷、复合材料三种非金属材料。

第一节　高分子材料

高分子材料是指以高分子化合物为主要组分的材料。高分子化合物（高聚物）是指分子量很大的化合物。通常将分子量大于5000的化合物称为高分子化合物，而将分子量小于1000的化合物称为低分子化合物。

高分子材料分为天然和人工合成两大类。天然高分子材料有羊毛、蚕丝、淀粉及天然橡胶等。人工合成高分子材料主要有塑料、合成纤维、合成橡胶等。

塑料

塑料就是具有可塑性的高分子材料。世界上第一种塑料产品是1868年化学家用樟脑和硝酸纤维反应制得的。它是以树脂为基础，加入添加剂（如增塑剂、稳定剂、填充剂、固化剂、染料等）制成的。

塑料与金属材料相比，具有密度小、耐磨、耐腐蚀、消声、绝缘性好等优良性能，但易老化。随着有机高分子合成方法的不断突破和发展，塑料已成为与人类关系很密切的材料，我们的生活因它而改变。目前，塑料广泛代替木材、某些有色金属和部分钢材应用于生产、生活的各个领域。塑料不仅是日常用品、电器外壳和电子零件的材料，更是机械、化工的新材料。用塑料制造的轴承、轴套和齿轮，具有突出的耐磨性和自润滑性；用塑料制造的化工管道、反应釜和耐酸泵，不仅解决了金属材料腐蚀快、寿命短的问题，而且大大延长了零件的使用寿命。

1. 塑料的分类

1）按塑料的热性能分类

（1）热塑性塑料。这种塑料加热时软化，可塑造成形，冷却时硬化成所需的形状，再加热又重新软化，如聚乙烯薄膜、聚酰胺（尼龙）等。这种变化是物理变化，化学结构式基本不变。此类塑料具有加工成形简单、力学性能好的优点，但耐热性和刚性差。

（2）热固性塑料。这种塑料受热时软化，可塑造成形。但固化后的塑料既不溶于溶剂也不再受热软化，只能塑制一次。此类塑料的耐热性能好，受压不变形，但力学性能较差，如酚醛塑料制造的开关外壳等。

2）按塑料的应用范围分类

（1）通用塑料。通用塑料的力学性能较好，耐热性、耐寒性、耐蚀性和电绝缘性良好，其产量大，用途广泛，价格低廉，一般在农业生产和日常生活中使用较多，如聚乙烯、聚氯乙烯、酚醛塑料等。

（2）工程塑料。工程塑料是指力学性能较高，并具有某些特殊性能的塑料，可以取代金属材料用来制造某些机械零件和工程结构件，如聚酰胺（尼龙）、聚碳酰酯、聚甲醛等。

（3）特种塑料。一般是指具有特种功能，可用于航空、航天等特殊应用领域的塑料。如氟塑料和有机硅具有突出的耐高温、自润滑等特殊功用，增强塑料和泡沫塑料具有高强度、高缓冲性等特殊性能，这些塑料都属于特种塑料的范畴。

2. 常用工程塑料

1）聚乙烯

聚乙烯（PE）由低分子乙烯聚合而成，是目前世界上塑料工业产量最大的品种，其特点是无毒、强度较高，耐腐蚀性、电绝缘性好。聚乙烯主要用于制造塑料薄膜（见图 9-1）、家庭用品（见图 9-2）、医疗器械、电线电缆的绝缘材料及管道、中空制品（见图 9-3）等。

图 9-1　聚乙烯保鲜薄膜

图 9-2　聚乙烯水桶

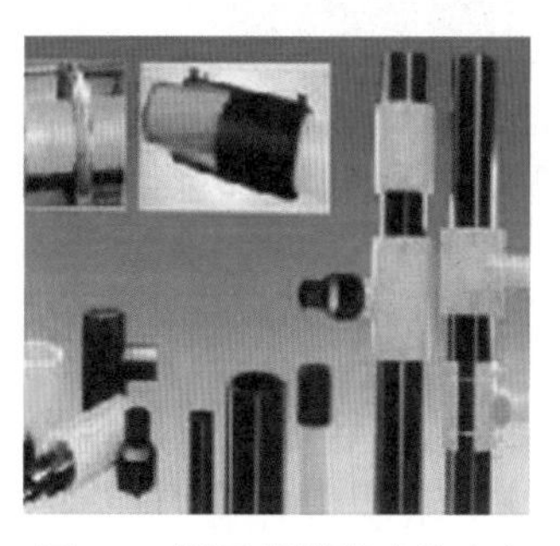

图 9-3　聚乙烯管材（给水）

活动与探究

塑料制品的黏结

取一些聚乙烯塑料薄膜，尝试用黏结法把它们黏结起来。通过实验探究黏结的最佳温度和操作方法。

2）聚氯乙烯

聚氯乙烯（PVC）由低分子氯乙烯聚合而成，随助剂用量不同，分为软、硬聚氯乙烯。软制品强度较低，柔而韧，手感黏;硬制品的强度较高，在曲折处会出现白化现象。化学性质稳定，不易被酸、碱腐蚀，耐热性较差。软聚氯乙烯主要用来制造薄膜（用于包装（见图 9-4）和农用）、汽车内饰品、手袋（见图 9-5）、人造革、标签、电线电缆、医用制品等。使用时必须注意，聚氯乙烯中的增塑剂对人的健康有不良影响，不能用来包装食品。硬聚氯乙烯主要用于管材（见图 9-6）、门窗型材、片材等挤出产品，以及塑料凉鞋、排水管、管接头、电气零件等，它们约占聚氯乙烯 65% 以上的消耗。

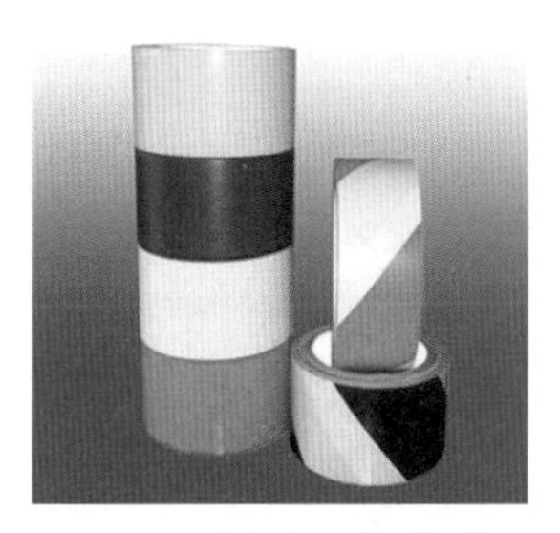

图 9-4　聚氯乙烯薄膜

图 9-5　聚氯乙烯手提袋

图 9-6　聚氯乙烯制品

3）聚酰胺塑料

聚酰胺塑料（PA）也称尼龙，它是人类第一次采用非纤维原料，在1928年由美国杜邦公司科学家通过合成的方法得到的化学纤维。继尼龙之后，科学家又不断合成出了涤纶、维纶、氯纶、氨纶、腈纶、丙纶等合成纤维，极大地丰富了人们的物质生活。

尼龙不仅是重要的生活用品材料，也是目前机械工业中应用较广的一种工程塑料。其特点是：在常温下具有较高的抗拉强度及良好的冲击韧性，且耐磨、耐疲劳、耐油、耐水等。但其吸湿性大，在日光曝晒下或浸在热水中易老化。聚酰胺塑料用来制作日常生活用品，如轮滑鞋壳（见图9-7），一般机械零件，如螺钉、螺母、轴承、齿轮（见图9-8）、凸轮轴、涡轮、管子、阀门、罩盖（见图9-9）零件等。

图9-7　高强度尼龙纤维轮滑鞋壳

图9-8　高强度尼龙齿轮

图9-9　尼龙发动机气门室罩盖

4）ABS塑料

ABS塑料是由丙烯腈、丁二烯和苯乙烯三种单体组成的共聚物。其优点是坚韧、质硬、刚性好、易着色，缺点是不耐高温，能燃烧。ABS塑料广泛用于日用器具、机械工业、电气工业、纺织工业、化学工业、汽车、轮船等。例如，可用ABS塑料制造橱柜（见图9-10），电视机、洗衣机外壳，各种玩具，计算机壳体（见图9-11），转向盘，仪表盘，车辆灯罩，摩托车壳体（见图9-12），化工容器，管道等。

图9-10　ABS整体橱柜

图9-11　ABS便携式计算机壳体

图9-12　ABS摩托车壳体

5）聚四氟乙烯

聚四氟乙烯（F-4）具有突出的耐低温、耐腐蚀、耐候性、电绝缘性，化学稳定性超过玻璃、陶瓷、不锈钢和金，故有“塑料王”之称。然而，其力学性能和加工性能较差。聚四氟乙烯主要用做特殊性能要求的零件和设备，如化工机械中的各种耐腐蚀部件（耐腐蚀泵、反应釜、阀体（见图9-13）），冷冻工业中储藏液态气体的低温设备，耐磨零件如自润滑轴承（见图9-14）、耐磨片、密封环等。生产、生活中各种塑料软管、垫片、胶带、生料带（见图9-15）等也是使用聚四氟乙烯制造的。

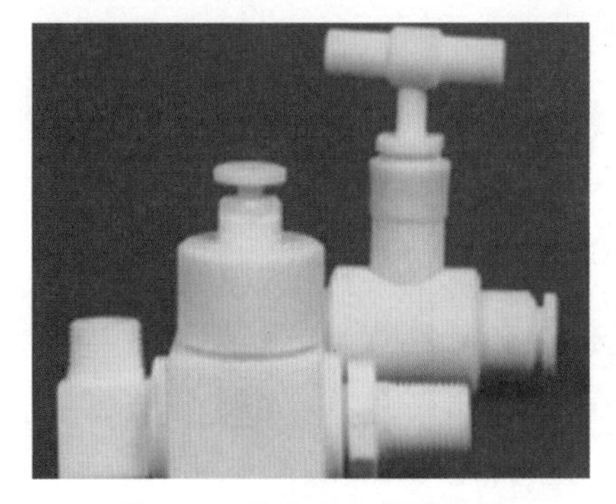

图 9-13　聚四氟乙烯截止阀

图 9-14　聚四氟乙烯轴承

图 9-15　聚四氟乙烯胶带、生料带等产品

6）聚甲基丙烯酸甲酯（PMMA）

聚甲基丙烯酸甲酯俗称有机玻璃。其特点是透明（透明率为 91% ~ 93%），强度高，耐磨性低，易老化。常用做要求透明的零件，如飞机挡风罩、显示器屏幕、透明管材（见图 9-16）、手表镜面（见图 9-17）、装饰品（见图 9-18）等。

图 9-16　有机玻璃管材

图 9-17　有机玻璃手表镜面

图 9-18　有机玻璃制品

7）酚醛塑料（PF）

酚醛塑料是最早投入工业化生产的高分子材料，由于其电绝缘性能优异，故称之为“电木”。其性能特点是耐热，绝缘，硬而耐磨，但脆性大，光照易变色，加工性能差。酚醛塑料广泛用于电气工业，如电绝缘板（见图 9-19）、电灯开关、插座、整流罩（见图 9-20）、电话机壳体（见图 9-21）等；也常用于制作摩擦磨损零件，如轴承、齿轮、凸轮、刹车片等。

图 9-19　酚醛塑料电绝缘板

图 9-20　酚醛塑料电气配件

图 9-21　酚醛塑料电话机壳体

8）氨基塑料（UF）

氨基塑料是一种绝缘性好，耐热、耐磨，易着色，价格低廉，应用广泛的塑料。它主要用来生产各种餐具（见图 9-22）、日用品（如沙发，见图 9-23）、纤维板、装饰板、电器仪表外壳等。

图 9-22　氨基塑料餐具

图 9-23　氨基塑料人造革沙发

你知道吗

塑料的“白色污染”

塑料制品在给人类带来福祉的同时，也给地球造成了触目惊心的“白色污染”。一个白色塑料袋或泡沫饭盒在地球上降解消失需要两百多年的时间。“白色污染”也是野生动物非自然死亡的重要原因。有人曾指出：“塑料是人类最愚蠢的发明。”因此，节减塑料制品的用量，不随便乱扔、遗弃塑料制品，保护好地球家园是我们每一个人的共同责任。

图9-24所示为塑料“白色污染”实景图。

图 9-24　塑料“白色污染”实景

交流与讨论

塑料是一种与人类关系很密切的材料，我们的生活中大量使用着塑料制品，请根据你的经验和认识，谈谈塑料的优点和缺点。

塑料的优点：____；

塑料的缺点：____。

橡胶

橡胶（rubber）不仅是重要的工程材料，也是制造日常生活用品的重要材料。自行车轮胎、橡皮筋、橡皮和篮球都是我们常用的橡胶制品。

1. 橡胶的组成

橡胶是以生胶为原料，加入适量的配合剂制成的高分子材料。

1）生胶

生胶按来源不同可分为天然橡胶和合成橡胶两类。天然橡胶是以热带的橡胶树中流出的胶乳为原料，经凝固、干燥、加压等工序制成的片状固体。由于天然橡胶的产量受地理环境的限制，其产量远不能满足工业生产的需要，因此人们通过化学合成的方法制成了与天然橡胶性质相似的合成橡胶。合成橡胶的品种很多，如丁苯橡胶、氯丁橡胶等。橡胶制品的性能主要取决于生胶的性质和硫化工艺。

2）配合剂

配合剂是为了提高和改善橡胶制品的性能而加入的物质。配合剂有以下几种。

（1）硫化剂。硫化剂能使生胶分子相互连成网状结构（见图 9-25）。天然橡胶中常加硫磺，合成橡胶中还要加入过氧化物及金属氧化物。

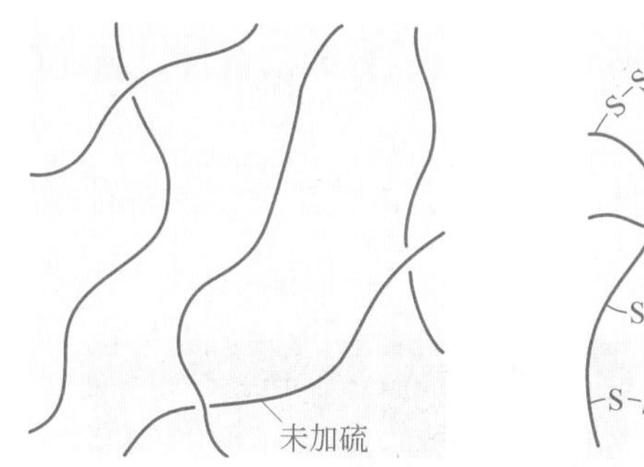

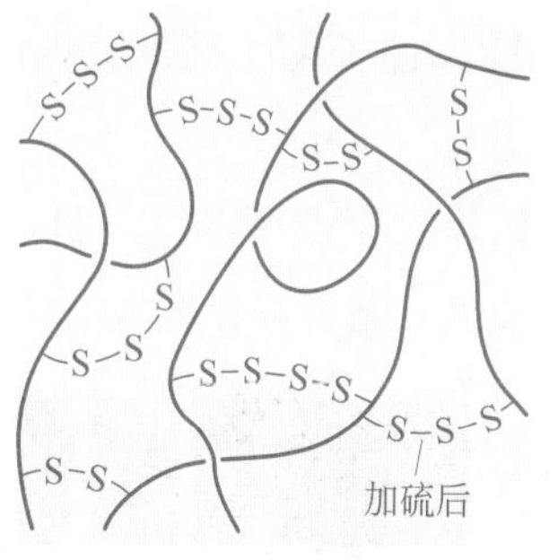

图 9-25　生胶硫化示意图

（2）促进剂。促进剂常选用有机化合物，目的是缩短硫化时间，降低硫化温度，同时还常加入氧化锌等活化剂。

（3）软化剂。软化剂常选用硬脂酸、精制蜡、凡士林及一些油类和酯类，目的是增加橡胶的塑性，改善黏附力，降低硬度和耐寒性能。

（4）补强剂。补强剂常选用炭黑、氧化硅、陶土、硫酸钡及滑石粉等，目的是提高橡胶的强度和硬度，增强耐磨性，降低成本。

（5）着色剂。着色剂选用钛白、立德粉、氧化铁、氧化铬等，目的是改变橡胶的颜色。

材料史话 

橡胶生产的革命——硫化处理

天然橡胶是利用天然胶乳作为原料制成的。天然胶乳原产于巴西，后盛产在泰国、马来西亚、菲律宾、越南、印尼等国的三叶橡树中。由于天然橡胶（生胶）是线形高分子，物理与力学性能都比较差，在受力较大或温度较高时，容易发生变形或脆裂，且形变后不能复原，因而天然橡胶在170多年前并不是一种很有用的东西。然而，天然橡胶的命运却在1839年发生了彻底的改变。英国橡胶商古德伊尔（Goodyear）一次意外将硫黄掉进生胶桶里，竟然意外地发现天然橡胶变得受热不黏，遇冷不脆，弹性也变得特别好。受此启迪，古德伊尔和汉考特（Handcock）共同发明了硫化处理，由此开创了天然橡胶生产和应用的新天地。之后，随着人工橡胶的不断合成和应用，橡胶已成为人们生活、生产中的一种重要材料，大大丰富了人类现代生活。

图9-26所示为天然胶乳采集实景图。

图 9-26　天然胶乳采集实景

2. 橡胶的性能和应用

橡胶具有很好的弹性和伸长率（100% ~ 1000%），良好的耐磨性、隔音性和绝缘性，其缺点是易老化。

橡胶的应用很广，如机械制造中的密封件、减振件，电气工业中的各种导线、电缆的绝缘件。橡胶的模压制品、橡胶带和热收缩管等在电气、电子工业和日常生活也有广泛应用，如图 9-27 所示。

图 9-27　橡胶的用途

3. 常用橡胶

（1）天然橡胶（NR）。天然橡胶的综合性能、耐磨性、抗撕裂性、加工性能良好，但耐高温、耐油、耐溶剂性、耐臭氧和老化性差。天然橡胶广泛用于制造轮胎、胶带、胶管及通用橡胶制品。

（2）丁苯橡胶（SBR）。丁苯橡胶是目前合成橡胶中产量较高的通用橡胶。丁苯橡胶具有耐磨性、耐热性、耐老化性，比天然橡胶质地均匀，价格低。但其弹性、机械强度、耐挠曲龟裂、耐撕裂、耐寒性等都较差，加工性能也较天然橡胶差。将丁苯橡胶与天然橡胶任意比例混用，可取长补短，弥补丁苯橡胶的不足。目前，丁苯橡胶主要用于制造汽车轮胎，也用于制造胶带、胶管及通用制品等，在铁路上可用做橡胶防振垫。

（3）氯丁橡胶（CR）。氯丁橡胶在物理性能、力学性能等方面都可以与天然橡胶相比，并具有天然橡胶和一些通用橡胶的优良性能。氯丁橡胶具有耐油、耐氧化、耐酸、耐碱、耐热、耐燃烧、耐挠曲和透气性好等性能，有“万能橡胶”之称。氯丁橡胶的缺点是耐寒性较差，密度大，生胶稳定性差，不易保存。氯丁橡胶在工业上用途很广，主要利用其对大气和臭氧的稳定性制造电线、电缆的包皮，利用其耐油、化学稳定性好制造输送油和腐蚀性物质的胶管，利用其机械强度高制造运输带。此外，氯丁橡胶还可用来制造各种垫圈、油罐衬里、模型制品等。

（4）硅橡胶（Q）。硅橡胶是特殊橡胶，其独特的性能是耐高温和低温，可在 –100 ~ 300°C 工作，电绝缘性优良，并具有良好的耐候性、耐臭氧性。但强度低，耐油性不好。由于硅橡胶具有耐高温和低温的特性，其主要用于制造飞机、宇航飞行器的密封制品、薄膜和胶管等，也可用于电子设备和电线电缆的包皮。此外，硅橡胶无毒无味，可作为食品工业的运输带、罐头垫圈及医药卫生橡胶制品，如人造心脏、人造血管等。

（5）氟橡胶（FPM）。氟橡胶也是特殊橡胶，其突出的性能是耐腐蚀、耐酸碱和耐强氧化剂腐蚀的能力在各种橡胶中是最好的。氟橡胶可在高温（315°C）下工作，耐油、耐高真空，抗辐射性能优良。但其加工性能差，价格较贵。氟橡胶应用范围较广，常用于特殊用途，如耐化学腐蚀制品（化工设备衬里、垫圈）、高级密封件、高真空橡胶件等。

交流与讨论

你认为橡胶材料最突出的性能是什么？生活、生产中哪些橡胶产品很好地利用了橡胶的这一性能？

练习与实践

一、填空题

1. 高分子材料分为__________和__________两类。

2. 塑料是以__________为基础，再加入__________制成的。按热性能不同可分为__________塑料和__________塑料。

3. 橡胶是__________为原料，加入适量的__________制成的高分子材料。

4. 欲制造下列用品或零件，请选用合适的塑料并填入表 9-1。

表 9-1 记录表

用品或零件	电灯灯头	电视机外壳	手表镜片	塑料螺钉、螺母	餐具
塑料名称					

塑料名称：ABS 塑料　氨基塑料　酚醛塑料　聚酰胺塑料　聚甲基丙烯酸甲酯

二、选择题

1. 无毒，常加工成薄膜用于食品包装、保鲜的热塑性塑料是（　　）。

A. 氨基塑料　　B. 聚氯乙烯　　C. 聚乙烯　　D. ABS 塑料

2. 无毒，可用来制造人造心脏、人造血管的橡胶是（　　）。

A. 天然橡胶　　B. 丁苯橡胶　　C. 氯丁橡胶　　D. 硅橡胶

3. “白色污染”通常是指（　　）。

A. 冶炼厂的白色烟尘　　B. 石灰窑的白色粉末　　C. 聚乙烯等塑料垃圾　　D. 白色建筑材料

4. 目前，你认为最有效地减少“白色污染”的方法是（　　）。

A. 掩埋处理　　B. 燃烧处理

C. 用纸制包装用品代替塑料包装用品　　D. 倒入江河湖海中

三、判断题

1. 塑料的主要成分是树脂。（　　）
2. 热固性塑料受热软化，冷却硬化，再次加热又软化，冷却又硬化，可多次重复。（　　）
3. 建筑上用的PVC管是用聚乙烯制成的。（　　）
4. 包装食品用的塑料是用PE制造的。（　　）
5. 橡胶最主要的性能是弹性好，最大的缺点是易老化。（　　）

四、简述与实践题

1. 有些塑料制品可以用热黏结法修补，有些可以用某些溶剂黏结，另一些则无法修补，你知道其中的原因吗?

2. 日常生活中使用的塑料薄膜袋，有的可以用于食品包装，有的不可以，为什么?

3. ABS塑料广泛用做装修材料、家用电器壳体、各种玩具、计算机键盘、交通工具的零部件，你知道什么是ABS塑料吗?

第二节　陶瓷材料

陶瓷在传统上是指陶器和瓷器。中国烧制瓷器的时间最早，技术水平最高。据专家考证，我国在距今约7000—8000年前的新石器时代就有了陶器。制瓷技术在东汉后期已经基本成熟，经三国、西晋、南北朝，至隋唐进入成熟阶段。到了唐代，烧制白瓷技术达到了很高的水平，其中江西景德镇瓷器最负盛名。正因如此，国外把瓷器叫china，即中国的意思。

随着科学技术的进步，陶瓷获得了飞跃发展，它已成为一种既古老又年轻的工程材料。人们采用纯度较高的人工合成原料研制出具有高强度、高硬度、高韧性、耐腐蚀、半导体、导电、绝缘、磁性、透光等性能优异的现代陶瓷，如特种陶瓷、透明陶瓷、纳米陶瓷等。制造出陶瓷切削刀具、陶瓷机床床身、陶瓷轴承、陶瓷柴油机、陶瓷装甲车等产品，使陶瓷的用途大大地超出了我们的想象。

陶瓷是用粉末冶金法生产的无机非金属材料，其生产过程是：原料粉碎、压制成形、高温烧结形成制品。

拓展视野

透明陶瓷和纳米陶瓷

一般陶瓷因为内部组织有杂质和气孔而不透明。用高纯度的原料可获得透明的陶瓷。透明陶瓷的透明度、强度、硬度都高于普通玻璃。用透明陶瓷制造的高压钠灯，发光效率比高压汞灯高一倍，使用寿命可达20000小时。透明陶瓷不仅光学性能优异，而且耐高温，熔点一般在2000°C以上。

人们把陶瓷粉体的颗粒加工到纳米级，便得到了纳米陶瓷。纳米陶瓷成功地解决了普通陶瓷易碎的问题。纳米陶瓷还具有较好的塑性和韧性，如室温下合成的TiO_2陶瓷可以弯曲。

陶瓷的分类与性能

1. 陶瓷的分类

陶瓷材料按其化学成分和结构可分为普通陶瓷和特种陶瓷两大类。

（1）普通陶瓷。普通陶瓷又称传统陶瓷，它是以天然的硅酸盐矿物（黏土、长石、硅砂等）为原料经过粉碎、成形和烧结而制成的陶瓷，主要用于日用品、建筑、卫生、工业低压（或高压电）、耐酸、过滤、隔热等领域。

（2）特种陶瓷。特种陶瓷主要是用人工合成材料制成的，具有许多优异性能的新型陶瓷，如用氧化物、氮化物、碳化物、硼化物和氟化物等经过粉碎、成形和烧结而制成的陶瓷。它主要用于化工、冶金、机械、电子等行业的新技术中。

2. 陶瓷的性能

陶瓷具有硬度高、抗压强度大、抗氧化性能好、耐高温、耐磨损、耐腐蚀等特点，但塑性差，脆性大，不能急冷急热。

常用的工业陶瓷

1. 普通陶瓷

普通陶瓷质地坚硬、不氧化、不导电、耐腐蚀、成本低、加工性能好，但强度低、脆性大。除大量用于日用器具（见图 9-28 和图 9-29）、建筑、卫生行业外，还广泛用于制作电气、化工、建筑和纺织行业中要求光洁、耐磨、受力小的零件（见图 9-30）。如化工行业中的耐酸（碱）容器、反应塔、管道；电气工业中的绝缘件等；机械的支持构件，如绝缘子等。

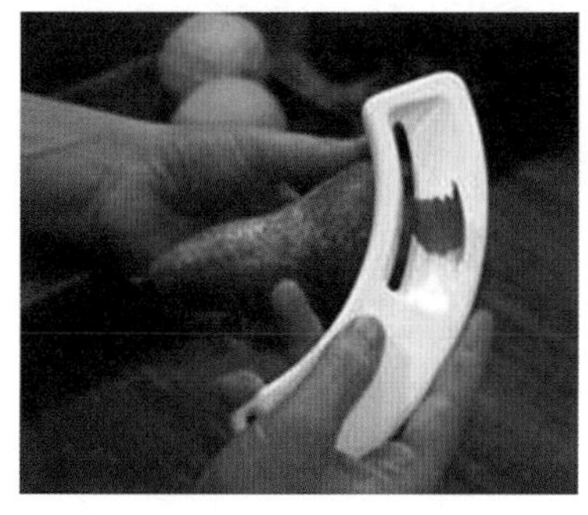

图 9-28　陶瓷水果削皮器

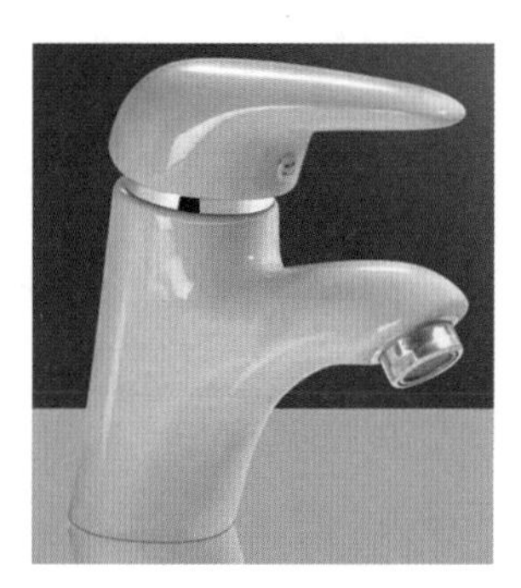

图 9-29　陶瓷水龙头

图 9-30　普通陶瓷磨具

2. 氧化铝陶瓷

氧化铝陶瓷的主要成分是 Al_2O_3，其强度比普通陶瓷高 2～3 倍，硬度很高（可达 78HRC 以上，仅次于金刚石、碳化硼、立方氮化硼和碳化硅而居第五位），耐高温（可在 1500°C 以下工作），电绝缘性和耐蚀性优良。缺点是脆性大，抗急冷急热性差。它常用于制作高温容器（如坩埚，见图 9-31）、内燃机火花塞、切削高硬度材料的刀具（见图 9-32）、耐磨件（如拉丝模）、高温轴承、结构件（见图 9-33）等。

图 9-31 氧化铝陶瓷坩埚

图 9-32 氧化铝陶瓷刀具

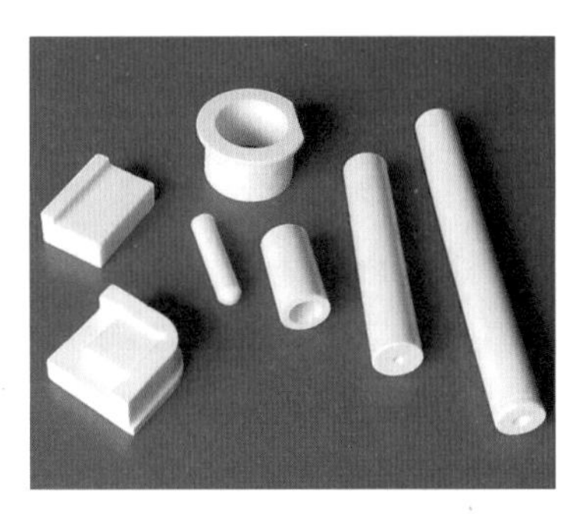

图 9-33 氧化铝陶瓷结构件

3. 氮化硅陶瓷

氮化硅陶瓷的主要成分是 Si_3N_4，其化学稳定性好，除氢氟酸外，能耐各种无机酸（如盐酸、硫酸、硝酸和王水），硬度高，耐磨、耐高温，电绝缘性和抗急冷急热性能优异。它常用于制作耐磨、耐蚀、耐高温、绝缘的零件，如切削刀具（见图 9-34）、高温轴承（见图 9-35）、各种泵的密封件、输送铝液的电液泵管道、阀门、燃气轮机叶片及其他结构件（见图 9-36）等。

用耐高温而且不易传热的氮化硅陶瓷来制造发动机部件的受热面，不仅可以提高柴油机质量，节省燃料，而且能够提高热效率。我国及美国、日本等国家都已研制出了这种柴油机。

图 9-34 氮化硅陶瓷刀具

图 9-35 氮化硅全陶瓷轴承

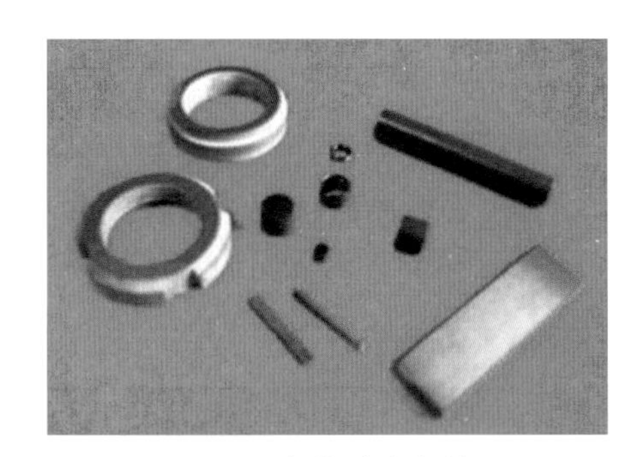

图 9-36 氮化硅陶瓷制品

4. 氮化硼陶瓷

氮化硼陶瓷的主要成分是 BN，立方氮化硼陶瓷的硬度极高（硬度可达 7300 ~ 9000HV），是一种优良的耐磨材料，其刀具的耐用性比硬质合金高 3 ~ 15 倍，红硬性可达 1400 ~ 1500°C，热导率与不锈钢相当，绝缘性、化学稳定性良好，但抗弯强度低。氮化硼陶瓷可用于制造陶瓷切削刀具（见图 9-37）、陶瓷模具（见图 9-38）、磨具（见图 9-39）、热电偶套管、熔炼金属的坩埚、冶金用高温容器和管道、玻璃制品成形模具、高温绝缘材料等。

图 9-37　氮化硼陶瓷切削刀具

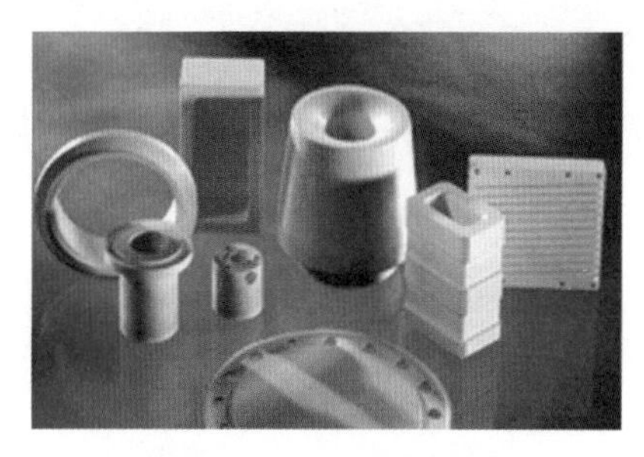
图 9-38　氮化硼陶瓷模具

图 9-39　氮化硼陶瓷磨具

交流与讨论

过去你对陶瓷材料的看法是怎样的？通过本节内容的学习，你对陶瓷材料的认识有了哪些改变？特种陶瓷具有哪些突出的性能？

练习与实践

一、填空题

1. 陶瓷的生产过程一般都要经过________________、________________和________________三个阶段。

2. 常用的工业陶瓷有____。

二、选择题

1. 制造熔炼金属的坩埚、玻璃制品成形模具，最好的材料应是（　　）。

A. 普通陶瓷　　B. 氧化铝陶瓷　　C. 氮化硅陶瓷　　D. 氮化硼陶瓷

2. 不适宜制造高速切削刀具的材料是（　　）。

A. 普通陶瓷　　B. 氧化铝陶瓷　　C. 氮化硅陶瓷　　D. 氮化硼陶瓷

三、简述与实践题

你所知道的哪几类材料可用于制造切削刀具？哪一类材料制造的刀具硬度最大，红硬性最高？

第三节　复合材料

不同的材料具有不同的性能。普通金属材料强度大，但易腐蚀；普通陶瓷材料耐高温，但易碎裂；合成高分子材料强度大、密度小，但易老化。人们在实践中发现，由两种或两种以上性质不同的材料组合成的复合材料，通常比原材料具有更优越的性能。

复合材料应用非常广泛，我们在日常生活中使用的搪瓷（搪瓷茶杯、搪瓷洗脸盆、搪瓷菜盘）就是用钢板作基体材料，然后在钢板表面涂上瓷釉，在高温下烧结得到的。建筑用的钢筋混凝土是以钢筋为结构，用水泥、大小不同的沙石浇筑复合而成。在航天等高科技领域更是大量使用着复合材料，波音767飞机的机身和机翼大量使用了碳纤维复合材料，美国“挑战者”号航天飞机使用的耐热陶瓷轴瓦是由氧化硅纤维、硼化硅纤维的增强陶瓷材料制成的。

常用复合材料的种类

通常，复合材料由基体材料和分散于其中的增强材料两部分组成。按复合材料的增强剂种类和结构形式的不同，复合材料可分为以下三类。

1. 纤维增强复合材料

纤维增强复合材料以玻璃纤维、碳纤维、硼纤维等陶瓷材料作增强剂，复合于塑料、橡胶和金属等基体材料之中。如橡胶轮胎、玻璃钢、纤维增强陶瓷等都是纤维增强复合材料。

2. 层叠复合材料

层叠复合材料是将两种以上不同材料层叠在一起而成的，如三合板、五合板和由钢、铜、塑料复合的无油润滑轴承等都是这类复合材料。

3. 细粒复合材料

细粒复合材料是一种或多种颗粒均匀分布在基体中所组成的材料。如硬质合金是由碳化钨和钴或碳化钨和钛等组成的细粒复合材料。

纤维复合材料

纤维复合材料是复合材料中发展最快，应用最广的一种材料。它具有密度小，比强度大，比模量高，减振性能和抗疲劳性能好，以及耐高温性能优异等特点，应用前景广阔。下面主要介绍玻璃纤维复合材料和碳纤维复合材料。

1. 玻璃纤维复合材料

玻璃是一种以脆闻名的物质，有趣的是，若将玻璃熔化并以极快的速度拉成细丝，它仿佛就完全忘掉了自己的本性，变得像合成纤维那样柔软，其坚韧的程度甚至超过了同样粗细的不锈钢丝。

玻璃纤维不仅是很好的电绝缘材料和绝热保温材料，而且制成光导纤维传导光的能力非常强，利用光缆通信能传递大量的信息。例如，一条光缆通路可同时容纳10亿人通话，也可同时传送多套电视节目。光导纤维除了可以用于通信外，还用于医疗、信息处理、传能传像、遥测遥控等方面。

玻璃纤维应用最广泛的领域是作为增强材料，制造玻璃纤维复合材料。最典型的玻璃纤维复合材料是玻璃钢。玻璃钢是用塑料树脂作基体材料，玻璃纤维作增强材料，将一层层的玻璃纤维布浸在热熔的塑料中加压成形制得的。以聚酰胺、聚苯乙烯、聚苯烯等热塑性树脂为黏结剂制成热塑性玻璃钢，以环氧树脂、酚醛树脂、有机硅树脂等热固性树脂为黏结剂制成热固性玻璃钢。

玻璃钢具有密度小（只有同体积钢铁的 1/4）、强度高（超过铜合金、铝合金）、耐腐蚀、绝缘等优良性能。但弹性模量小（作受力构件时，强度有余，刚性不足），耐热性差，易老化。

玻璃钢是一种新型的机械工程材料，广泛用于机械零件和工程结构，如齿轮、轴承、大型罐车；在化工、石油行业，玻璃钢广泛用于制造各种耐腐蚀的管道、泵、储罐（见图 9-40）等；玻璃钢也大量用来制造日常生活用品，如桌椅、安全帽、门窗（见图 9-41）、建筑型材、游艇外壳（见图 9-42）等。

图 9-40　玻璃钢储罐

图 9-41　玻璃钢门窗

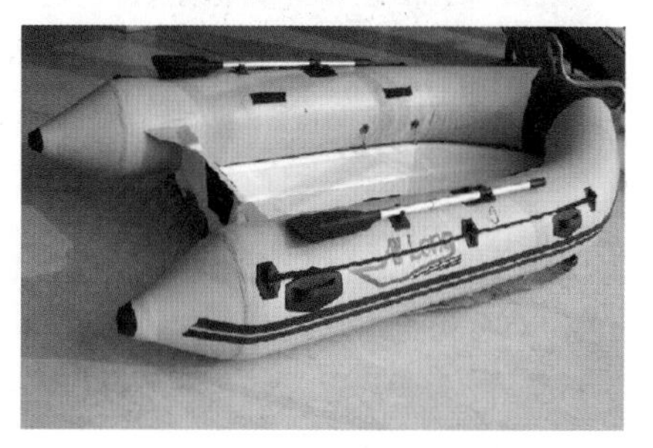

图 9-42　玻璃钢游艇

交流与讨论

某家庭准备装修门窗（计划使用10年），可供选用的材料有：木材、钢板、铝合金、塑钢（塑料和钢的复合材料）、玻璃钢，请分析每种材料的性能、价格、安装成本、利弊等，进行讨论分析，确定选用何种材料好？

提示：选择材料时，需考虑主要用途、外观、物理性质、化学性质、价格、加工难度、日常维修、对环境的影响……

2. 碳纤维复合材料

碳纤维主要是由碳元素组成的一种特种纤维，其含碳量随种类不同而异，一般在 90% 以上。碳纤维具有一般碳素材料的特性，如耐高温、耐摩擦、导电、导热及耐腐蚀等。但与一般碳素材料不同的是，碳纤维柔软，密度小，比强度优异，各向异性显著，沿纤维轴方向表现出很高的强度，可加工成各种织物。

以碳纤维作增强材料，选择不同基体材料可以制得性能各异的碳纤维增强材料，如碳纤维增强塑料、碳纤维增强铝、碳纤维增强陶瓷等。我国碳纤维增强复合材料的总产量已居世界第三位。

（1）碳纤维增强塑料。碳纤维增强塑料可以根据使用温度的不同选择不同的树脂基体，如环氧树脂、聚酰亚胺。碳纤维增强塑料的最大优点是密度小，只有钢铁密度的 1/4，比铝合金还要轻得多，而它的强度是钢的 4 倍还多，在弹性、抗疲劳断裂、热膨胀性方面具有超优异的性能，是一种极为理想的结构材料。

无与伦比的优异性能，使碳纤维增强塑料在航天、航空、导弹、汽车（见图 9-43）、机械、电子、纺织、医疗等领域获得了广泛的应用。新一代的体育运动器材，如自行车、羽毛球拍、网球拍（见图 9-44）、高尔夫球杆、滑雪板、撑杆（见图 9-45）、弓箭、钓鱼竿等都是用增强塑料制成的。如碳纤维增强塑料制造的羽毛球拍，具有重量轻、弹性好、刚性大、应变小的特点，可降低球与球拍接触的偏离度，使球获得较大的初速度。

图 9-43　碳纤维复合材料制造的赛车

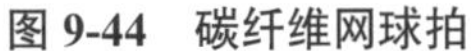

图 9-44　碳纤维网球拍

图 9-45　碳纤维撑竿

（2）碳纤维增强铝。碳纤维增强铝的密度只有钢的 1/3，强度比中碳钢好，具有耐高温、耐热疲劳、耐紫外线和耐潮湿等特性，是一种适合航空、航天领域的结构材料。

（3）碳纤维增强陶瓷。碳纤维增强陶瓷可以增加陶瓷的韧性，这是解决陶瓷脆性的途径之一。由碳纤维增强陶瓷做成的高速喷气飞机的涡轮叶片，能承受 1400°C 的高温和 30000r/min 的高转速；将碳纤维增强陶瓷做成的瓦片粘贴在航天飞机的机身上，能使航天飞机安全穿越大气层返回地球。

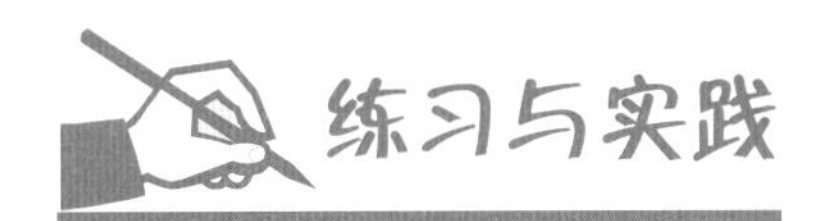

一、填空题

1. 复合材料是指____。

2. 按复合材料的增强剂种类和结构形式的不同，复合材料可分为________________、________________和________________。

3. 钨钴类硬质合金是__________和__________的复合材料，玻璃钢是__________和__________的复合材料，碳纤维增强塑料是__________和__________的复合材料。

二、选择题

1. 新一代的运动器材（如羽毛球拍、网球拍、高尔夫球杆、滑雪板、撑杆、弓箭等）质量轻、强度大、耐腐蚀，它们是选用（　　）材料制造的。

A. 碳纤维增强塑料　　B. 碳纤维增强铝　　C. 碳纤维增强陶瓷　　D. 玻璃钢

2. 玻璃钢的基体材料是（　　）。

A. 玻璃　　B. 玻璃钢纤维　　C. 塑料树脂

3. 下列材料属于复合材料的是（　　）。

A. PVC　　B. 普通陶瓷　　C. 金属陶瓷　　D. 环氧树脂

三、简述与实践题

轮胎是生活中常见的一种复合材料制品，你知道它是由哪些材料构成的？根据复合材料的定义，它保持了哪些有效功能？具有哪些特殊功能？

学习效果检测

节　次	学习内容	分值	自我测评	小组互评	教师测评
第一节　高分子材料	塑料	5			
	塑料的性能和应用	10			
	塑料的分类	5			
	常用的工程塑料	15			
	橡胶的组成	5			
	橡胶的性能和应用	10			
	常用橡胶	15			
第二节　陶瓷材料	陶瓷的分类	5			
	陶瓷的性能	5			
	常用的工业陶瓷	5			
第三节　复合材料	常用复合材料的种类	5			
	玻璃纤维复合材料	5			
	碳纤维复合材料	10			
合　计		100			

参 考 文 献

[1] 王运炎．金属材料与热处理 [M]．北京：机械工业出版社，1984.

[2] 苏家麟，李学之．金属工艺学 [M]．北京：国防工业出版社，1984.

[3] 劳动部培训司．金属材料与热处理 [M]．2 版．北京：中国劳动社会保障出版社，1990.

[4] 劳动部培训司．金属材料与热处理 [M]．3 版．北京：中国劳动社会保障出版社，1993.

[5] 娄海滨，杨泰正．金属材料与热处理 [M]．北京：高等教育出版社，2000.

[6] 丁建生．金属材料学与热处理 [M]．北京：机械工业出版社，2004.

[7] 王祖浩．化学与生活 [M]．南京：凤凰出版传媒集团，2004.

[8] 王祖浩．化学 [M]．南京：凤凰出版传媒集团，2006.

[9] 刘劲松．金属工艺学基础与实践 [M]．北京：清华大学出版社，2007.

[10] 孙晓旭．金属材料与热处理知识 [M]．北京：机械工业出版社，2008.

[11] 乐俊淮．点“石”成金——新材料技术 [M]．北京：解放军出版社，1998.

附录 A　布氏硬度与压痕直径对照表

压痕直径 d/mm	HBS或HBW d=10mm F=3000kgf	压痕直径 d/mm	HBS或HBW d=10mm F=3000kgf	压痕直径 d/mm	HBS或HBW d=10mm F=3000kgf	压痕直径 d/mm	HBS或HBW d=10mm F=3000kgf
2.40	653	3.18	368	3.96	234	4.74	160
2.42	643	3.20	363	3.98	231	4.76	158
2.44	632	3.22	359	4.00	229	4.78	157
2.46	621	3.24	354	4.02	226	4.80	156
2.48	611	3.26	350	4.04	224	4.82	154
2.50	601	3.28	345	4.06	222	4.84	153
2.52	592	3.30	341	4.08	219	4.86	152
2.54	582	3.32	337	4.10	217	4.88	150
2.56	573	3.34	333	4.12	215	4.90	149
2.58	564	3.36	329	4.14	213	4.92	148
2.60	555	3.38	325	4.16	211	4.94	146
2.62	547	3.40	321	4.18	209	4.96	145
2.64	538	3.42	317	4.20	207	4.98	144
2.66	530	3.44	313	4.22	204	5.00	143
2.68	522	3.46	309	4.24	202	5.02	141
2.70	514	3.48	306	4.26	200	5.04	140
2.72	507	3.50	302	4.28	198	5.06	139
2.74	499	3.52	298	4.30	197	5.08	138
2.76	492	3.54	295	4.32	195	5.10	137
2.78	485	3.56	292	4.34	193	5.12	135
2.80	477	3.58	288	4.36	191	5.14	134
2.82	471	3.60	285	4.38	189	5.16	133
2.84	464	3.62	282	4.40	187	5.18	132
2.86	457	3.64	278	4.42	185	5.20	131
2.88	451	3.66	275	4.44	184	5.22	130
2.90	444	3.68	272	4.46	182	5.24	129
2.92	438	3.70	269	4.48	180	5.26	128
2.94	432	3.72	266	4.50	179	5.28	127
2.96	426	3.74	263	4.52	177	5.30	126
2.98	420	3.76	260	4.54	175	5.32	125
3.00	415	3.78	257	4.56	174	5.34	124
3.02	409	3.80	255	4.58	172	5.36	123
3.04	404	3.82	252	4.60	170	5.38	122
3.06	398	3.84	249	4.62	169	5.40	121
3.08	393	3.86	246	4.64	167	5.42	120
3.10	388	3.88	244	4.66	166	5.44	119
3.12	383	3.90	241	4.68	164	5.46	118
3.14	378	3.92	239	4.70	163	5.48	117
3.16	373	3.94	236	4.72	161	5.50	116

附录 B　常用钢的临界温度

钢　号	临界温度 / ˚C				
	AC_1	AC_3	AC_{cm}	M_S	M_f
20	735	855	—	450	—
30	732	815	—	380	—
40	724	790	—	340	—
45	724	780	—	345～350	—
50	725	760	—	290～320	—
55	727	740	—	290～320	—
65	727	752	—	285	—
30Mn	734	812	—	355～375	—
65Mn	726	765	—	270	—
20Cr	766	838	—	390	—
20CrMnTi	740	825	—	360	—
25MnTiB	708	817	—	—	—
30Cr	740	815	—	350～360	—
30CrMnTi	765	790	—	—	—
35CrMo	755	800	—	271	—
38CrMoAlA	800	940	—	—	—
40Cr	743	782	—	325～330	—
40MnB	730	780	—	—	—
50CrMn	750	775	—	—	—
50CrVA	752	788	—	746	—
55Si2Mn	775	840	—	—	—
60Si2Mn	755	810	—	770	—
T7	730	770	—	—	—
T8	730	—	—	—	−70
T10	730	—	800	—	−80
T12	730	—	820	—	—
GCr15	745	—	900	—	—
GCr15SiMn	770	—	872	—	—
9SiCr	770	—	870	—	—
9Mn2V	759	—	765	125	—
CrWMn	750	—	940	—	—
Cr12MoV	810	—	1200	—	−80
3Cr2W8V	820	1100	—	—	−100
5CrMnMo	710	770	—	—	—
W18Cr4V	820	—	1330	—	—

后　记

在二十多年的金属材料学科教学中，先后使用了多部教材，这些不同时期体现不同教学内容和方法的知识载体，为学科的组织教学、传播知识起到了积极作用。然而，这些教材有的课程内容陈旧，与实践脱节，实用性、针对性不强，远离学生生活，脱离学生的接受能力；有的课程内容偏难、偏多，图片单色，可读性差，习题少而单一，清一色问答题，不能满足教学之用，教师不能通过作业了解、检查和评价学习质量。特别是随着高中阶段教育的全面普及，中等职业学校的生源发生了较大的变化，相当一部分进入中等职业学校的学生学习能力和行为习惯与现有的教材不相适应，导致教师难教，学生难学，教学效果不理想。

教材改革是中等职业教育课程改革的关键环节，教材的质量高低直接影响和决定着教育水平的高低。作者为推进中等职业学校机械专业教材的建设和改革，曾经撰写文章，建言献策，但令人失望的是至今未曾使用上较为理想的教材。

有鉴于此，2007 年初，笔者决意以二十多年金属材料学科的教学积淀，潜心研究课程内容及教学，汲取以往教材编写的成功经验，摒弃不足，兼顾传承与创新，编写了这本《机械工程材料》新教材。这本教材第 1 版于 2009 年 8 月出版，已经使用了十年多，此次改版增加了一些新的内容以使教材更符合实际教学。

《机械工程材料（第 2 版）》的编写以培养初、中级技术工人为目标，从学生的学习兴趣和生活实际出发，以“宽、浅、用、新”为原则重构课程内容，打破了以往教材编写的传统模式，采用主干知识加“交流与讨论”“拓展视野”“材料史话”等多栏目形式创新编写而成，对材料微观组织，特别是材料典型用途配置了大量的彩色图片，创设了一系列有助于学生学习方式转变的教学情景，引导学生认识身边的材料，帮助学生更多地了解机械工程材料在实际生产、科技发展及日常生活中的应用，学会运用机械工程材料知识，分析、解决一些简单的实际问题。

在本书的编写过程中，援引、参考了许多文献和网站的相关资料，也得到了浙江江山中专我的几位同事的鼎力相助，严豪咚老师对本书的编写提出了许多建设性的意见，祝水根、田洪平、陈方和崔红飞等老师帮助绘制、拍摄和处理了大量图片，在此对他们一并表示衷心的感谢！本书的出版得到了清华大学出版社的大力支持，在此同样表示诚挚的谢意！由于水平有限，本书难免有不妥之处，恳请广大读者批评、指正。

毛松发

2020 年 7 月